普通高等教育"十三五"规划教材

环境保护与可持续发展

任月明　刘婧媛　陈蓉蓉　主　编

刘　琦　张贺新　刘志亮　副主编

第二版

化学工业出版社

·北京·

内 容 简 介

《环境保护与可持续发展》（第二版）分为上、中、下篇，共 10 章内容。上篇包括地球环境遇到的问题，能源与环境保护，大气污染及防治，水体污染及防治、固体及其他环境污染与防治。中篇包括可持续发展基本理论和实施途径，环境保护实施途径，可持续发展的生产和经济模式，可持续发展的环境伦理。下篇包括 5 个环境监测基础实验：大气环境中颗粒物（$PM_{2.5}$）、水体 pH 值、电导率、溶解氧和重金属铬的测定；环境噪声监测；蔬菜中亚硝酸盐含量测定。

本书内容注重理论和实验知识相结合，带着读者从了解地球环境基本特点入手，来认识当今世界人类面临的能源短缺、环境污染和生态破坏等问题。介绍了从摇篮到摇篮、生态足迹、三重底线以及衡量可持续发展的新概念，让读者了解环境管理基本职能和手段、我国环境保护法体系，深刻认知人类社会全新的生产、经济发展模式和可持续发展伦理观。每章配备相关阅读材料和融入思政意识的视频知识点讲解，可通过扫描二维码观看，扩展视野，同时激发家国情怀。

《环境保护与可持续发展》（第二版）可以作为高等院校学生公共基础课的教材，也可以作为为普及环境知识、提高当代大学生的环境意识、提高公民素质的培训教材，同时还可作为从事环境保护的技术人员、管理人员及关注环境保护事业读者的参考书。

图书在版编目（CIP）数据

环境保护与可持续发展/任月明，刘婧媛，陈蓉蓉
主编 . —2 版 . —北京：化学工业出版社，2021.11
（2024.2 重印）
ISBN 978-7-122-39516-0

Ⅰ . ①环…　Ⅱ . ①任…②刘…③陈…　Ⅲ . ①环境保
护-可持续性发展　Ⅳ . ①X22

中国版本图书馆 CIP 数据核字（2021）第 135899 号

责任编辑：刘俊之　　　　　　　　　　　　装帧设计：韩　飞
责任校对：刘　颖

出版发行：化学工业出版社（北京市东城区青年湖南街 13 号　邮政编码 100011）
印　　装：河北鑫兆源印刷有限公司
787mm×1092mm　1/16　印张 16½　字数 403 千字　2024 年 2 月北京第 2 版第 6 次印刷

购书咨询：010-64518888　　　　　　　　　　售后服务：010-64518899
网　　址：http://www.cip.com.cn
凡购买本书，如有缺损质量问题，本社销售中心负责调换。

定　价：39.00 元

前　言

　　曾几何时，人们欣喜于拓荒耕地增加了多少，渔猎丰收了多少。如今，人们则注目于森林覆盖率多少，鱼儿回归多少。经济与技术的日新月异，观念在改变，发展与环境保护要齐头并进，谋求和谐、可持续发展将是未来全球发展战略的一个决定性挑战。

　　人类诞生于地球这个摇篮，也寄希望舒适地生活在其中，与大自然的风雨、白云密切相连，与一草一木息息相关，心旷神怡于青山绿水，乘洪荒之力于征服自然。然而，人类习惯于对大自然战天斗地般的改造、成就经济的发展，却造成地球空气污浊、土壤酸化、饮水泛腥等，更时有"鸟兽含冤入画图，鱼虾抱恨葬浆污"的事件发生。环境被动改变带来的生态失衡、地震海啸、气候异常、冰山融化、环境污染等严重影响了动植物栖息和人类健康，2020年新冠病毒的全球化传播不但危害人类健康而且使经济停滞。可见，环境问题已经成为人类可持续生存和发展的桎梏。

　　环境保护必须依靠健全的制度和法律，才能实现人与自然的和谐共存。"环境就是民生，青山就是美丽，蓝天也是幸福"。党的十八大报告首次将生态文明建设提升到"五位一体"的总体布局之中，要求把生态文明建设融入经济建设、政治建设、文化建设和社会建设的全过程。充分体现了新时代中国特色社会主义思想对生态文明的重视，是中华民族永续发展的千年大计，也是历史赋予我们每个人的使命。因此，加强全民尤其是高等院校学生环境保护意识和可持续发展理论的教育尤为重要。可持续发展已渗透至经济、贸易、政治、文化和军事、生活等各个领域。随着人类对环境与发展之间关系认识的不断深化，其理论也与时俱进。我们力图通过本书的编写使各行各业的读者了解当今世界人类面临的能源短缺、环境污染、生态破坏现状，掌握可持续发展相关理论、指标体系框架及实施情况，了解环境管理的基本职能和手段、我国环境保护法体系，深入了解人类社会可持续发展的生产模式、清洁生产的相关理论和方法、人类社会全新的循环经济和可持续发展的伦理观念。

　　环保意识的潜移默化、专业知识的储备和健全的环境管理体制将会对未来环境保护具有举足轻重的作用，必定会使我们诞生、繁衍的地球摇篮依然是"泥融飞燕子，沙暖睡鸳鸯"。本书第二版增加了事实案例讲解，并以微课视频的形式，融入相关思政案例内容，读者可通过扫码观看。愿本书成为传播环境保护与可持续发展意识和理论的种子，促使全社会各行各业共同行动，构建人

I

类可持续的发展模式，为子孙后代留下可持续发展的"绿色银行"，我见青山多妩媚，千秋万代应如是！

本书由任月明、刘婧媛和陈蓉蓉任主编，刘琦、张贺新和刘志亮任副主编。第1、2章由刘婧媛编写；第3、4章由岳琪编写，刘志亮修改；第5章由陈蓉蓉和夏淑梅共同编写；第6～8章由任月明编写；第9章由张贺新编写；第10章由刘琦、夏淑梅和刘岩峰共同编写，全书由任月明统稿。特别感谢岳琪对前言的润色，感谢杨雨松硕士、赵莹博士、李霄博士在本书编写过程中资料收集、文字校对方面所做的工作，感谢景晓燕教授、王君教授、李茹民教授在全书编写过程中给予的指导和建设性意见。

本书的课件和相关资料可无偿提供用于教学。选用本书作为教材的院校教师可向作者（rym0606@163.com）或化学工业出版社（cipedu@163.com）发电子邮件索取。

本书在编写中对国内外相关领域最新信息和成果进行了引用，使读者能够及时了解环保相关政策、法规和技术信息。在此向成果引用涉及的相关专家、学者致以衷心的感谢！

由于编写时间及编者水平有限，书中的不足和疏漏之处敬请读者批评指正。

编者

2021 年 5 月

目 录

上 篇

第 1 章　地球环境遇到的问题　2

1.1　我们的地球环境 ------ 2

  1.1.1　认识环境 ------ 2

  1.1.2　环境的类型 ------ 3

  1.1.3　环境基本特征 ------ 4

  1.1.4　地球环境的独特性 ------ 4

  视频 1　地球环境——人类命运共同体 ------ 4

1.2　环境问题 ------ 6

  1.2.1　环境问题的类型 ------ 6

  视频 2　贫困与战争对环境的影响 ------ 6

  1.2.2　环境问题的发展 ------ 8

  1.2.3　全球代表性的环境问题 ------ 11

  1.2.4　环境问题产生的原因 ------ 13

1.3　环境科学 ------ 15

  1.3.1　环境科学研究的对象和任务 ------ 15

  1.3.2　环境科学研究的内容和分支 ------ 16

阅读材料 ------ 17

习题 ------ 17

参考文献 ------ 17

第 2 章　能源与环境保护　18

2.1　认识能源 ------ 18

  2.1.1　能量与能源 ------ 18

  2.1.2　多种多样的能源 ------ 20

  2.1.3　能源的评价 ------ 21

2.2　能量转化规律 ------ 22

2.2.1　热力学三大定律与三个"不可能" ⸺⸺⸺⸺⸺ 23

2.2.2　生机勃勃的熵增世界 ⸺⸺⸺⸺⸺⸺⸺⸺ 25

视频3　"熵"世界观与可持续发展 ⸺⸺⸺⸺⸺⸺ 25

2.3　传统能源消耗与环境 ⸺⸺⸺⸺⸺⸺⸺⸺⸺⸺ 27

2.3.1　常规能源 ⸺⸺⸺⸺⸺⸺⸺⸺⸺⸺⸺⸺ 27

2.3.2　能源开发与环境效应 ⸺⸺⸺⸺⸺⸺⸺⸺ 28

2.3.3　能源利用引发的环境问题 ⸺⸺⸺⸺⸺⸺ 29

2.3.4　能源与环境的协调发展 ⸺⸺⸺⸺⸺⸺⸺ 29

2.4　新能源技术及未来 ⸺⸺⸺⸺⸺⸺⸺⸺⸺⸺⸺ 30

2.4.1　我国能源结构特点 ⸺⸺⸺⸺⸺⸺⸺⸺⸺ 30

2.4.2　新能源技术 ⸺⸺⸺⸺⸺⸺⸺⸺⸺⸺⸺ 31

2.4.3　新能源的未来 ⸺⸺⸺⸺⸺⸺⸺⸺⸺⸺ 35

阅读材料 ⸺⸺⸺⸺⸺⸺⸺⸺⸺⸺⸺⸺⸺⸺⸺⸺ 36

习题 ⸺⸺⸺⸺⸺⸺⸺⸺⸺⸺⸺⸺⸺⸺⸺⸺⸺⸺ 37

参考文献 ⸺⸺⸺⸺⸺⸺⸺⸺⸺⸺⸺⸺⸺⸺⸺⸺ 37

第3章　大气污染及防治　　38

3.1　大气环境 ⸺⸺⸺⸺⸺⸺⸺⸺⸺⸺⸺⸺⸺⸺⸺ 38

3.1.1　大气的分层 ⸺⸺⸺⸺⸺⸺⸺⸺⸺⸺⸺ 38

3.1.2　大气的成分 ⸺⸺⸺⸺⸺⸺⸺⸺⸺⸺⸺ 39

3.2　大气污染 ⸺⸺⸺⸺⸺⸺⸺⸺⸺⸺⸺⸺⸺⸺⸺ 40

3.2.1　何谓大气污染 ⸺⸺⸺⸺⸺⸺⸺⸺⸺⸺ 40

3.2.2　大气污染物来源及分类 ⸺⸺⸺⸺⸺⸺⸺ 40

3.2.3　典型大气污染 ⸺⸺⸺⸺⸺⸺⸺⸺⸺⸺ 43

3.2.4　空气质量指数 ⸺⸺⸺⸺⸺⸺⸺⸺⸺⸺ 48

3.2.5　我国大气污染 ⸺⸺⸺⸺⸺⸺⸺⸺⸺⸺ 50

3.3　室内空气污染 ⸺⸺⸺⸺⸺⸺⸺⸺⸺⸺⸺⸺⸺ 50

3.3.1　室内空气污染物 ⸺⸺⸺⸺⸺⸺⸺⸺⸺ 51

3.3.2　净化室内空气 ⸺⸺⸺⸺⸺⸺⸺⸺⸺⸺ 52

3.4　应对大气污染 ⸺⸺⸺⸺⸺⸺⸺⸺⸺⸺⸺⸺⸺ 53

3.4.1　大气污染防控原则 ⸺⸺⸺⸺⸺⸺⸺⸺ 53

3.4.2　大气污染防控措施 ⸺⸺⸺⸺⸺⸺⸺⸺ 54

视频4　秸秆的可持续利用 ⸺⸺⸺⸺⸺⸺⸺⸺⸺ 54

3.4.3　大气污染治理技术 ⸺⸺⸺⸺⸺⸺⸺⸺ 55

3.4.4　中国大气污染治理行动 ⸺⸺⸺⸺⸺⸺⸺ 58

阅读材料 ⸺⸺⸺⸺⸺⸺⸺⸺⸺⸺⸺⸺⸺⸺⸺⸺ 60

习题 ⸺⸺⸺⸺⸺⸺⸺⸺⸺⸺⸺⸺⸺⸺⸺⸺⸺⸺ 60

参考文献 ⸺⸺⸺⸺⸺⸺⸺⸺⸺⸺⸺⸺⸺⸺⸺⸺ 60

4.1　地球水资源 ──────────────────────────── 61

4.2　不同的水循环 ─────────────────────────── 62

　4.2.1　自然界水循环 ──────────────────────── 62

　4.2.2　社会水循环 ──────────────────────── 63

4.3　认识天然水 ─────────────────────────── 65

　4.3.1　不寻常的水分子 ───────────────────── 65

　4.3.2　天然水的原始状态 ──────────────────── 65

4.4　水体自身的调节能力 ────────────────────── 66

　4.4.1　认识水体自净 ──────────────────────── 67

　4.4.2　水质指标与水环境质量标准 ────────────────── 69

4.5　水体污染 ─────────────────────────── 71

　4.5.1　认识水体污染 ──────────────────────── 71

　视频 5　农民环保卫士——张正祥 ────────────────── 71

　4.5.2　我国水体污染特征 ──────────────────── 72

　4.5.3　水体污染的类型 ───────────────────── 73

　4.5.4　水体污染指数 ──────────────────────── 75

4.6　如何防治水体污染 ─────────────────────── 76

　4.6.1　水污染防治原则 ───────────────────── 76

　视频 6　水哲学与"构建节水型社会"的水观 ──────────── 76

　4.6.2　废水处理技术 ──────────────────────── 77

阅读材料 ───────────────────────────── 83

习题 ───────────────────────────────── 83

参考文献 ───────────────────────────── 83

● **第 5 章　固体废弃物及其他环境污染与防治**　　　　　　　　**84**

5.1　与日俱增的固体废弃物 ───────────────────── 84

　5.1.1　认识固体废弃物 ───────────────────── 84

　5.1.2　固体废弃物的综合利用与处置 ──────────────── 87

　5.1.3　典型固体废弃物 ───────────────────── 94

5.2　日渐贫瘠的土地 ──────────────────────── 99

　5.2.1　认识土壤 ───────────────────────── 99

　5.2.2　被污染的土壤 ──────────────────────── 101

　5.2.3　土壤荒漠化和沙化 ──────────────────── 103

　5.2.4　土壤修复技术及发展趋势 ───────────────── 104

5.3　其他污染及防治 ──────────────────────── 106

　5.3.1　吵闹的世界——噪声污染 ───────────────── 106

　5.3.2　健康的隐形杀手——放射性污染 ──────────────── 112

视频 7　生命摇篮海洋公地的"呐喊" ------------------------------ 113
　　5.3.3　无处不在的电磁辐射 ------------------------------ 117
阅读材料 ------------------------------ 118
习题 ------------------------------ 118
参考文献 ------------------------------ 119

中　篇

第6章　可持续发展基本理论和实施途径　　121

　6.1　源远流长的可持续发展 ------------------------------ 121
　　6.1.1　古代朴素的可持续思想 ------------------------------ 121
　　6.1.2　现代绵延的可持续发展理论 ------------------------------ 122
　6.2　深层次认识可持续发展战略 ------------------------------ 125
　　6.2.1　布伦特兰的可持续发展 ------------------------------ 125
　　6.2.2　未来需要的可持续发展 ------------------------------ 126
　　6.2.3　可持续发展战略基本原则 ------------------------------ 127
　　6.2.4　可持续发展战略基本思想 ------------------------------ 128
　6.3　从摇篮到摇篮的可持续发展 ------------------------------ 129
　　6.3.1　从摇篮到坟墓 ------------------------------ 129
　　6.3.2　从摇篮到摇篮 ------------------------------ 130
　6.4　可持续发展的三重底线 ------------------------------ 132
　　6.4.1　认识三重底线 ------------------------------ 132
　　6.4.2　三重底线的最佳实践 ------------------------------ 133
　6.5　地球人的生态足迹 ------------------------------ 135
　　6.5.1　生态足迹 ------------------------------ 135
　　6.5.2　水足迹 ------------------------------ 137
　视频 8　清楚你的水足迹 ------------------------------ 137
　　6.5.3　碳足迹 ------------------------------ 139
　6.6　可持续发展指标框架 ------------------------------ 141
　　6.6.1　联合国可持续发展指标体系构成 ------------------------------ 141
　　6.6.2　衡量可持续发展的单一指标 ------------------------------ 142
　　6.6.3　可持续发展的多指标加权评价 ------------------------------ 144
　6.7　中国可持续发展战略的实施 ------------------------------ 146
　　6.7.1　《中国 21 世纪议程》 ------------------------------ 146
　　6.7.2　中国可持续发展战略成果 ------------------------------ 147
阅读材料 ------------------------------ 149
习题 ------------------------------ 149
参考文献 ------------------------------ 150

第 7 章　环境保护实施途径 　　　　　　　　　　　　　　　**152**

7.1　环境管理 ———————————————————— 152

7.1.1　认识环境管理 ———————————————— 152

7.1.2　环境管理的基本职能 —————————————— 154

7.1.3　环境管理的实施手段 —————————————— 156

视频 9　让环保意识上升为民族忧患精神 ——————— 156

7.2　环境保护法 ——————————————————— 158

7.2.1　环境保护法体系结构 —————————————— 158

7.2.2　我国环境保护法基本制度 ———————————— 160

7.2.3　环境标准 —————————————————— 165

阅读材料 ——————————————————————— 168

习题 ————————————————————————— 168

参考文献 ——————————————————————— 168

第 8 章　可持续发展的生产和经济模式 　　　　　　　　　**170**

8.1　全新的工业生产模式 ——————————————— 170

8.1.1　清洁生产的"诞生" ————————————— 170

8.1.2　理解清洁生产 ———————————————— 171

8.1.3　实施清洁生产 ———————————————— 173

8.2　清洁生产分析工具 ———————————————— 174

8.2.1　清洁生产审核 ———————————————— 174

8.2.2　生命周期评价 ———————————————— 183

8.2.3　其他清洁生产分析工具 ————————————— 189

8.3　全新的经济发展模式 ——————————————— 194

8.3.1　循环经济——实现人类可持续发展的经济

模式 ——————————————————— 194

视频 10　循环经济典范——卡伦堡生态工业园 ———— 194

8.3.2　我国循环经济实践及成果 ———————————— 200

8.3.3　生态工业园 ————————————————— 201

8.3.4　工业园区与循环经济的典型模式 ————————— 202

阅读材料 ——————————————————————— 204

习题 ————————————————————————— 204

参考文献 ——————————————————————— 205

第 9 章　可持续发展的环境伦理 　　　　　　　　　　　　**206**

9.1　环境伦理 ———————————————————— 206

9.1.1　人与自然关系的认识 —————————————— 206

9.1.2　环境伦理的定义 ------------------------------------ 209

9.1.3　环境伦理基本原则 ---------------------------------- 209

9.1.4　环境伦理实施办法 ---------------------------------- 211

9.2　环境道德 --- 212

9.3　可持续环境伦理观 ------------------------------------- 215

9.3.1　可持续发展的意义 ---------------------------------- 215

9.3.2　可持续发展生态价值取向 ---------------------------- 216

9.4　可持续发展新理念 ------------------------------------- 218

9.4.1　我国新可持续发展环境道德 -------------------------- 218

9.4.2　碳达峰与碳中和 ------------------------------------ 220

视频 11　碳中和与碳达峰，中国一直在努力 ---------------- 220

习题 -- 221

参考文献 -- 221

下　篇

第 10 章　环境监测基础实验　　　　　　224

10.1　实验内容 --- 224

实验一　大气环境中颗粒物（PM$_{2.5}$）的测定 --------------- 224

实验二　水体水质监测与评价（pH 值、电导率和溶
　　　　解氧） --- 227

实验三　水中重金属铬的测定 ----------------------------- 231

实验四　环境噪声监测 ----------------------------------- 234

实验五　蔬菜中亚硝酸盐含量的测定 ---------------------- 236

10.2　实验基本操作 --------------------------------------- 239

10.2.1　常用的玻璃量器 ---------------------------------- 239

10.2.2　常压过滤 -- 243

10.2.3　分光光度法 -------------------------------------- 244

10.2.4　目视比色法 -------------------------------------- 245

10.3　实验测量仪器 --------------------------------------- 245

10.3.1　DDS-11A 型电导率仪 ------------------------------ 245

10.3.2　KC-6120 型综合采样器 ---------------------------- 246

10.3.3　BY-2003P 数字式大气压力表 ---------------------- 249

10.3.4　722N 型可见分光光度计 -------------------------- 250

10.3.5　BSA124S 电子分析天平 --------------------------- 251

10.3.6　CENTER-320 数字式噪声计 ------------------------ 252

参考文献 -- 253

上　篇

第1章 地球环境遇到的问题

2020 年伊始，新冠病毒引发的肺炎疫情几乎打乱了全世界每个人的生活节奏，使全球经济陷入衰退。面对新的环境问题——疫情、蝗灾、山火、雪灾、永久冻土层解冻、北极甲烷大爆发、珊瑚礁死亡等，一场波及 78 亿地球人的巨大阴云正悄然笼罩着我们。遗憾的是，多少人正在无视这些预警？这个时代，多少人为了追求物质而正在忽略环境的感受？

党的十九大报告明确指出"建设生态文明是中华民族永续发展的千年大计"，首次提出要牢固树立"社会主义生态文明观"，表明我国生态文明建设和绿色发展迎来了新的战略和机遇。习近平总书记在 2019 年中国北京世界园艺博览会开幕式上指出："地球是全人类赖以生存的唯一家园。我们要像保护自己的眼睛一样保护生态环境，像对待生命一样对待生态环境，同筑生态文明之基，同走绿色发展之路！"保护生态就是保护经济社会发展潜力的过程，保护自然环境就是保护自然价值和增值自然资本的过程，把生态环境优势转化为经济社会发展的优势。实现全面建成小康社会，应加快环境质量改善。

作为一名中国当代大学生，具备环境保护与可持续发展的基本理论和技能，是我国环境教育的要求，也是当代大学生应具有的基本素质，从而为我国顺利迈进绿色生态文明新时代、建设美丽国家、保障全球生态安全作出贡献。

1.1 我们的地球环境

1.1.1 认识环境

环境是指与某一中心事物有关（相适应）的周围客观事物的总和，中心事物是指被研究的对象。它不能孤立地存在，不同的中心事物形成不同环境范畴。对人类社会而言，环境就是影响人类生存和发展的物质、能量、社会、自然因素的总和。对环境科学而言，环境主要是指各种自然因素和社会因素的总称，即自然环境和社会环境。

《中华人民共和国环境保护法》第一章第二条明确指出："本法所称环境，是指影响人类生存和发展的各种天然的和经过人工改造的自然因素的总体，包括大气、水、海洋、土地、矿藏、森林、草原、野生生物、自然遗迹、人文遗迹、自然保护区、风景名胜区、城市和乡村等。"环境保护法所指的"自然因素的总体"有两个约束条件：一是包括各种天然的和经过人工改造的；二是并不泛指人类周围的所有自然因素（整个太阳系的、甚至整个银河系的），而是指对人类的生存和发展有明显影响的自然因素的总体。随着人类社会的发展，环境的定义也在发展。有人根据月球引力对海水的潮汐有影响的事实，提出能否将月球视为人类生存环境的问题。现阶段任何国家的环境保护法并未把月球规定为人类的生存环境，因为其对人类生存和发展的影响太小。但是随着宇宙航行和空间科学技术的发展，未来人类不但要在月球上建立空间实验站，还要开发利用月球上的自然资源，使地球上的人类频繁往来于月球和地球之间，那时月球就会成为人类生存环境的重要组成部分。因此，要用发展的、辩证的观点来认识环境。

1.1.2　环境的类型

环境是一个非常复杂的系统，可按不同的方法分类。环境科学将环境分为自然环境和社会环境。自然环境是社会环境的基础，社会环境又是自然环境的发展。

自然环境是自然因素的总体，是时刻围绕着人类的空间中，对人类的生存和发展产生直接影响的一切自然资源和自然条件所构成的整体，如大气环境、水环境、土壤环境、生物环境等，这些环境要素与人类共同构成了地球生态系统五大圈层即大气圈、水圈、生物圈、岩石圈和土壤圈，它们之间是相互联系、相互制约的自然环境系统。

自然环境是一个复杂多变的体系，具有因素多、层次多和各系统交错的特点。在人类出现之前，已按照其运动规律经历了漫长的发展过程。人类出现之后，自然环境就成为人类生存和发展的主要条件。人类不仅有目的地利用它，而且不断影响和改造它。按照人类对其影响和改造的程度，可将自然环境分为原生自然环境和次生自然环境。原生自然环境（第一类环境）指天然形成的，未受人类影响的自然环境。原生环境是完全按照自然规律发展和演变的区域。如极地、高山、沙漠、冻土区和原始森林等。次生自然环境（第二类环境）是指由于人类社会生产活动，导致原生自然环境的改变后形成的环境。次生环境是自然环境中受人类活动影响较多的地域。如耕地、种植园、鱼塘、人工湖、牧场、工业区、城市、集镇等，是原生环境演变成的一种人工生态环境，其发展和演变仍受自然规律的制约。

社会环境是指人类的社会制度等上层建筑条件，包括社会的政治制度、经济体制、文化传统、社会治安等。它是在自然环境的基础上，人类在长期生存发展的社会劳动中所形成的。社会环境是人类活动的必然产物，它一方面对人类社会进一步发展起促进作用，另一方面又可能成为束缚因素。社会环境是人类精神文明和物质文明的标志，随着人类社会发展不断地发展和演变。社会环境的发展与变化直接影响到自然环境。人类的社会意识形态、社会政治制度，如对环境的认识程度、保护环境的措施，都会对自然环境质量的变化产生重大影响。本书讨论的环境主要指自然环境。

 想一想

1.1　随着中心事物的不同，环境的范畴有什么变化？列举你所认识的不同环境。人类赖以生存的物质基础地球环境的组成有什么？

1.1.3 环境基本特征

自然环境的基本特征主要体现在以下三方面。

（1）整体性与区域性

环境的整体性是指环境各要素构成一个完整的系统。即在一定空间内，环境要素（大气、水、土壤、生物等）之间存在着确定的数量、空间位置的排布和相互作用关系。通过物质转换和能量流动以及相互关联的变化规律，在不同的时刻，系统会呈现出不同的状态。环境的区域性是指环境整体性的区域差异，即不同区域的环境有不同的整体特性。二者是同一环境特性在不同侧面上的表现。

（2）变动性与稳定性

环境的变动性是指在自然过程和人类社会的共同作用下，环境的内部结构和外在状态始终处于变动之中。人类社会的发展史就是环境的结构与状态在自然过程和人类社会行为相互作用下不断变动的历史。环境的稳定性是指环境系统具有在一定限度范围内自我调节的能力，即环境可以凭借自我调节能力在一定限度内将人类活动引起的环境变化抵消。环境的变动性是绝对的，稳定性是相对的。人类必须将自身活动对环境的影响控制在环境自我调节能力限度内，使人类活动与环境变化的规律相适应，以使环境向着有利于人类生存发展的方向变动。

（3）资源性与价值性

环境的资源性表现在物质性和非物质性两方面，其物质性（如水资源、土地资源、矿产资源等）是人类生存发展不可缺少的物质资源和能量资源。非物质性同样可以是资源，如某一地区的环境状态直接决定其适宜的产业模式。因而，环境状态就是一种非物质性资源。环境的价值性源于环境的资源性，是由其生态价值和存在价值组成的。环境是人类社会生存和发展所不可缺少的，具有不可估量的价值。

想一想

1.2 我国登山队1991年攀登珠峰过程中遇到了"黑色"暴风雪，被迫紧急撤退，后发现黑雪中含有大量炭、沥青颗粒和酸溶解物，分析这是环境的什么基本特征？

1.1.4 地球环境的独特性

地球环境是指大气圈（主要是对流层）、水圈、土壤圈、岩石圈和生物圈，又称为全球环境或地理环境。地球环境与人类及生物的关系

地球环境——
人类命运共同体

尤为密切。其中生物圈中的生物把地球上各个圈层密切地联系在一起，形成了总的人类生存的生态网，在生态圈内进行着物质循环、能量转换以及信息传递。

地球是我们赖以生存的家园，在宇宙中却是一颗最普通的星球，为什么太阳系中只有地球上有人类居住呢？毫无疑问地球环境是独特的，其自身的一些特殊性造就了丰富多彩的世界。它拥有最为合适的地日距离、薄厚恰当的大气层、液态水和适宜生命繁衍

生息的气候，这些都是地球的独特之处。从宇宙角度看，最不可思议的是地球相对稳定的环境。研究表明，从地球诞生生命开始，整整 35 亿年的时间，地球环境始终保持着极度的平稳，这种平稳给了生命进化的空间，人类才能最终诞生。

地球独特的环境是在长期进化过程中，生命和地球环境交互作用、适应并改造环境的结果。早期地球大气的主要成分为水蒸气、CO_2、CO、H_2、NH_3、N_2、SO_2 等，大部分是还原性气体，没有 O_2，因此无法形成臭氧层，导致各种宇宙射线以及太阳辐射中的紫外线直射地面。这些能量对当时大气中各种成分间的化学反应起重要作用，使之合成了多种结构简单的小分子有机物如氨基酸、嘌呤、嘧啶等。这些小分子通过自组织和自我催化作用产生了最早的生命。生命出现以后，太阳的辐射量增加了 30% 左右。然而，地球上的气候却变化较小，地球表面的平均温度一直在 15℃ 左右。大约 20 亿年前，能够进行光合作用的生物大量出现，地球大气中的 O_2 不断增加，后来一直稳定在 21% 左右。距地面 15～40 km 的臭氧层，保护着地球生命不受高能紫外线的照射。

地球表面多样的、既变化又保持相对稳定的环境条件看起来似乎是"特意"满足生命生存的。它的大气圈密度正好能保持一个液态水圈；它的含氧大气既保证了生命的呼吸和岩石的风化（风化的岩石提供生命必需的营养元素），还使大多数陨石或流星在到达地面前氧化燃烧掉，并有臭氧层屏蔽强烈的太阳紫外辐射，保护了地表生命；大气中 CO_2 含量正好能保持地表适当的温度，且能满足植物光合作用所需；地壳构造活动的强度正好能保证地幔与地壳之间的物质交换，保证地表生物营养元素的供应，而又不至于不稳定到生命不能立足。

生命只是地球总物质组成中很小的部分，我们需要重新认识地球生命，认识它对地球环境的改造作用和调节控制，它给地球带来的活力、生机以及复杂性和多样性。每一场灾难后，地球仍然是地球，而我们却不再是我们。我们毁灭不了地球，毁灭的只是自己。保护地球亦是保护人类自身。为保护地球环境每年 4 月 22 日被设立为世界地球日，历年世界地球日主题见表 1.1。

表 1.1　历年世界地球日主题

时间	主题	时间	主题
1974 年	只有一个地球	1975 年	人类居住
1976 年	水:生命的重要源泉	1977 年	关注臭氧层破坏、水土流失、土壤退化和滥伐森林
1978 年	没有破坏的发展	1979 年	为了儿童和未来——没有破坏的发展
1980 年	新的 10 年,新的挑战——没有破坏的发展	1981 年	保护地下水和人类食物链;防治有毒化学品污染
1982 年	纪念斯德哥尔摩人类环境会议 10 周年——提高环境意识	1983 年	管理和处置有害废弃物;防治酸雨破坏和提高能源利用率
1984 年	沙漠化	1985 年	青年、人口、环境
1986 年	环境与和平	1987 年	环境与居住
1988 年	保护环境、持续发展、公众参与	1989 年	警惕,全球变暖!
1990 年	儿童与环境	1991 年	气候变化——需要全球合作
1992 年	只有一个地球——一齐关心,共同分享	1993 年	贫穷与环境——摆脱恶性循环
1994 年	一个地球,一个家庭	1995 年	各国人民联合起来,创造更加美好的世界
1996 年	我们的地球、居住地、家园	1997 年	为了地球上的生命
1998 年	为了地球上的生命——拯救我们的海洋	1999 年	拯救地球,就是拯救未来
2000 年	2000 环境千年——行动起来吧!	2001 年	世间万物,生命之网
2002 年	让地球充满生机	2003 年	善待地球,保护环境
2004 年	善待地球,科学发展	2005 年	善待地球——科学发展,构建和谐
2006 年	善待地球——珍惜资源,持续发展	2007 年	善待地球——从节约资源做起
2008 年	善待地球——从身边的小事做起	2009 年	绿色世纪(Green Generation)
2010 年	珍惜地球资源,转变发展方式,倡导低碳生活	2011 年	珍惜地球资源 转变发展方式——倡导低碳生活
2012 年	珍惜地球资源 转变发展方式——推进找矿突破,保障科学发展	2013 年	珍惜地球资源 转变发展方式——促进生态文明 共建美丽中国

续表

时间	主题	时间	主题
2014 年	珍惜地球资源 转变发展方式——节约集约利用国土资源共同保护自然生态空间	2015 年	珍惜地球资源 转变发展方式——提高资源利用效益
2016 年	节约利用资源,倡导绿色简约生活	2017 年	节约集约利用资源,倡导绿色简约生活——讲好我们的地球故事
2018 年	珍惜自然资源 呵护美丽国土——讲好我们的地球故事	2019 年	珍爱美丽地球,守护自然资源
2020 年	人与自然和谐共生	2021 年	修复我们的地球

 **想一想**

1.3 生命在地球环境形成过程中起到了什么作用?

1.2 环境问题

环境问题是指由自然因素或人为因素引起的环境质量变化,以及这种变化直接或间接影响人类的生存和发展的一切客观存在的问题。大多数环境问题兼而有之。例如温室效应是人为破坏引起的后果,而其本身又是引起环境进一步破坏的原因。环境问题的实质就是由于人类在社会发展过程中不自觉的行为导致环境向不利于人类生存的方向转化。由于人类破坏生态平衡已经引起了历史上几次大规模的流行病:1910 年鼠疫事件、2003 年 SARS 事件、2020 年开始的新冠病毒。自然环境的变化可能改变致病因子的自然束缚,造成难以预料的结果。

1.2.1 环境问题的类型

按照环境问题的影响和作用,可将其分为全球性、区域性和局部性的不同等级。其中全球性的环境问题具有综合性、广泛性、复杂性和跨国性的特点。

贫困与战争对环境的影响

从引起环境问题的根源出发可分为原生环境问题和次生环境问题。前者是指自然因素引起的环境和生态破坏,也称第一类环境问题,如火山喷发、地震、海啸、洪灾、飓风、雷电等。后者是指人类生产、生活引起的生态破坏和环境污染,反过来危及人类生存和发展的现象,也称第二类环境问题,如工业生产造成的空气污染、水体污染、固体废弃物污染,以及由于乱砍滥伐、乱捕滥杀引起的土地荒漠化、生物多样性破坏等。

原生环境问题和次生环境问题常常相互影响,彼此重叠发生,形成复合效应。例如,过度开采石油及地下水有可能诱发地震;大面积砍伐森林可导致降雨量减少;大量排放 CO_2 可加剧温室效应。目前,人类对原生环境问题尚不能有效防治,只能侧重于监测和预报,环境科学研究的环境问题主要是次生环境问题。

人类面临的许多共同的环境问题主要表现为环境污染和生态破坏。从本质上看,大多数环境问题由化学物质污染引起。所谓环境污染,指的是由于自然的或人为的(生产、生活)原因,向处于正常状态的环境中附加了物质、能量或生物体,其数量或强度超过了环境的自净能力(自动调节能力),使环境质量变差,并对人或其他生物健康或环境中某些有价值物质产生有害影响的现象。

环境污染概念中所说的自然原因是指火山爆发、森林火灾、地震、有机物腐烂等。以火山爆发为例，活动性火山喷发出的气体中含有大量硫化氢、二氧化硫、三氧化硫、硫酸盐等，严重污染了当地的区域环境；从一次大规模的火山爆发中喷出的气溶胶（火山灰）其影响有可能波及全球。

环境污染的人为原因主要是指人类的生产和生活活动，包括矿石开采和冶炼、化石燃料燃烧、人工合成新物质（如农药、化学药品）等。随着人类社会进步、生产发展和生活水平的不断提高，也造成了严重的环境污染，影响了环境质量。自然环境质量包括化学、物理和生物学，这三方面质量相应地受到三种环境污染因素的影响，即化学污染物、物理污染和生物污染体。化学污染物指农用化学物质、食品添加剂、汞、镉、铅、氰化物、有机磷及其他有机或无机化合物等。物理污染因素主要是一些能量性因素，如放射性、噪声、振动、热能、电磁波等。生物污染体包括细菌、病毒、水体中有毒的或反常生长的藻类等。

生态破坏是人类社会活动引起的生态退化及由此衍生的环境效应，从而导致环境结构和功能的变化，对人类生存发展以及环境本身发展产生不利影响的现象。主要包括：水土流失、沙漠化、荒漠化、森林锐减、土地退化、生物多样性的减少，此外还有湖泊的富营养化、地下水漏斗等。

海拔 8848.13 米的珠穆朗玛峰是喜马拉雅山脉的主峰，也是全球最高峰。珠峰以她宝贵的资源和神秘莫测的高度赢得了一代代藏族人们的敬畏，珠穆朗玛即藏语"圣母"意思。在人们的心目中，珠峰是神圣的，也是圣洁的。1991 年，一支登山队在攀登珠穆朗玛峰时遇到了大雪，珠峰下雪自属平常，但令人惊奇的是，天上飘下的雪花居然是黑色的。黑色的雪花纷纷扬扬，使大地和天空笼罩在阴霾中。神圣的珠峰居然遭遇黑雪之祸，这引起了人们的担忧也让人们疑虑——是谁污染了这神圣而纯洁的圣母?!

引起这场黑雪的竟是 1990 年爆发的海湾战争。这场战争除了消耗掉军费 1000 亿美元，科伊两国双方死亡 10 万人之外，还给环境带来了深重的灾难，由于环境污染和生态破坏所造成的损失远远超过了战争的直接经济损失。

在这场战争中，参战各方共出动飞机 10 万架次，投掷 1.8 万吨炸药，不仅严重污染了大气，还殃及了臭氧层。战争中，科威特约有 700 眼油井被破坏，点燃的油井一直燃烧了 8 个月，最多时一天烧掉 80 万吨原油。这些被点燃的油井在燃烧中每小时排放出 1900 吨 CO_2，所产生的浓烟遮天蔽日，使白昼如同黑夜，人们白天开车要打亮车灯，步行则要靠手电筒照亮。油井燃烧引起了大规模的空气污染，导致气候异常。由于日照量的减少，植被和土壤也都受到了影响。燃烧使空气中 SO_2 和 CO_2 含量大大超过正常值，很多地方都出现高酸度降水，对植物造成了极大的破坏。有些地方的雨水甚至都无法饮用。石油燃烧后出现的大量尘埃弥漫扩散，这些黑烟经印度洋上空的暖湿气流向东移动，在飘过喜马拉雅山上空时就凝成了黑雪降落下来。黑雪会迅速吸收阳光，使冰雪融化，引起河水暴涨，成为引发洪灾的祸源。

这场战争使参战国付出的经济代价也许可以用数字计算，但给环境带来的灾难却是无法估量的。如果波斯湾确如专家们所料在 100 年后恢复到战争前的状态，那么这 100 年之间生活和生长在波斯湾的人和其他生物损失掉的却是人们难以预料的。

世界范围内的环境污染与生态破坏日益严重，更多的人开始认识到，人类应当更新观念，调整自己的行为，实现人与环境的和谐共处。保护环境也就是保护人类生存的基础和条件。生态环境一旦遭到破坏，需要几倍时间乃至几代人的努力才能恢复，有的甚至不能复原。环境已经向人类亮出了"黄牌"，习近平总书记在十九大报告中指出，"人与自然是生命共同体，人类必须尊重自然、顺应自然、保护自然"，人类只有遵循自然规律才能有效防止在开发利用自然上走弯路，人类对大自然的伤害最终会伤及人类自身，这是无法抗拒的规律。2020 年初开始的新冠肺炎疫情再次将人与野生动物，甚至生态环境之间的冲突关系推到了最前沿。人与自然的非正常互动是疫情爆发的深层缘由，某种程度上是大自然对人类破坏生态平衡行为的警告。知之愈明，则行之愈笃，正确认识人与自然的关系是实现二者和谐共生的前提，人类不是自然的主宰，而是依赖自然生存的一部分。

1.2.2 环境问题的发展

从人类诞生开始就存在着人与环境的对立统一关系，人类既是环境的产物又是改造者。环境问题是伴随着人类的出现而产生的，随着人类社会的发展也在变化，大体上经历了以下五个阶段。

(1) 环境问题萌芽阶段（工业革命以前）

人类在诞生以后很长的岁月里，主要进行生活活动，采集和捕食天然食物，通过新陈代谢过程与环境进行物质和能量转换，对自然环境的依赖性很强，能够利用环境但很少有意识改造环境。随后，人类学会了培育植物和驯化动物，发展了农业和畜牧业，出现了人类生产发展史上的农业文明。改造环境的行为越来越多，与此同时产生了相应的环境问题，如大量砍伐森林、破坏草原、盲目开荒，引起严重的水土流失、频繁的水旱灾害和沙漠化；兴修水利、不合理灌溉，引起土壤的盐渍化、沼泽化以及某些传染病的流行。在工业革命以前虽然已出现了城市化和手工业作坊（或工场），但工业生产并不发达，引起的环境问题微乎其微。

(2) 环境问题的发展恶化阶段（工业革命至 20 世纪 50 年代）

随着生产力的发展，18 世纪 60 年代至 19 世纪中叶，人类生产发展史上出现了伟大的工业革命。建立在个人才能、技术和经验之上的小生产被机器大生产所代替，劳动生产效率大幅度提高，人类利用和改造环境的强度不断增强，大规模地改变了环境的组成和结构，从而也改变了环境中的物质循环，扩大了人类的活动领域，与此同时带来了相应的环境问题。一些工业发达城市和工矿区的工业企业，排放大量的废弃物，环境污染事件不断发生，最突出的是震惊世界的"八大公害事件"中的前四件（表 1.2）。

表 1.2 八大公害事件

事件名称	发生时间	主要危害
比利时马斯河谷烟雾事件	1930 年 12 月	马斯河谷工业区排放的工业有害废气和粉尘使几千人患病，近 60 人死亡，心脏病、肺病患者死亡率大幅增高
美国洛杉矶光化学烟雾事件	1943 年 5～10 月	汽车废气产生光化学烟雾，造成大多数居民患眼睛红肿、喉炎、呼吸道疾患恶化等疾病，65 岁以上老人死亡 400 多人
美国多诺拉烟雾事件	1948 年 10 月	大气中 SO_2 及烟尘污染严重，形成硫酸烟雾，四天内 42% 居民出现咳嗽、呕吐、腹泻、喉痛等症状，17 人死亡
英国伦敦烟雾事件	1952 年 12 月	冬季燃煤引起的烟雾污染，五天内 4000 多人死亡
日本水俣病事件	1953～1968 年	食用汞污染鱼虾、贝类及其他水生动物，近万人中枢神经受损，甲基汞中毒患者 283 人，死亡 66 人
日本四日市哮喘病事件	1955～1961 年	石油冶炼和工业燃油产生废气严重污染大气，引起居民呼吸道疾患骤增，哮喘病严重
日本爱知县米糠油事件	1963 年 3 月	多氯联苯污染物混入米糠油内，人食用后造成 13000 多人中毒，数十万只鸡死亡
日本富山痛痛病事件	1955～1968 年	食用含镉河水、大米及其他含镉食物，就诊患者达 258 人，死亡者达 207 人

农业生产主要是生活资料的生产，其在生产和消费中所排放的"三废"可以纳入物质的生物循环，能够被迅速净化、重复利用。然而，工业生产将大量深埋在地下的矿物资源开采出来，加工利用后重新投入环境之中，许多工业产品在生产和消费过程中排放的"三废"都是生物难以降解的。总之，蒸汽机发明和广泛使用，大工业日益发展，生产力提高的同时人口大量繁衍，环境问题也随之发展且逐步恶化。

（3）环境问题的第一个高峰时期（20 世纪 50 年代至 80 年代）

随着工业发展、人口增加和城市化进程的加快，20 世纪 50 年代以后，环境污染和生态破坏日渐突出。这一时期除了石油和石油产品引起的污染急剧增加外，又出现了巨型油轮污染海洋、高空飞行器污染大气、有毒有害化学品和化肥、农药的大量使用，以及放射性、噪声、电磁辐射等新的环境问题。此时发生了震惊世界的"八大公害事件"中的后 4 件（表 1.2）。环境问题发展的第一个高峰期一方面人口迅猛增加，都市化的速度加快；另一方面由于工业不断集中和扩大，能源的消耗剧增。

当时，工业发达国家的环境污染已达到严重的程度，直接威胁到人们的生命和安全，成为重大的社会问题，激起广大人民的不满，也影响了经济的发展。1972 年在瑞典斯德哥尔摩召开的人类第一次环境会议，是人类认识环境问题的一个里程碑。工业发达国家把环境问题摆上了议事日程，采取了一系列行动，包括制定法律、建立机构、加强管理、采用新技术。20 世纪 70 年代中期，环境污染得到了有效控制，城市和工业区的环境质量有了明显改善。

（4）环境问题的第二个高峰期（20 世纪 80 年代至 21 世纪初）

1985 年英国科学家在南极上空第一次发现臭氧洞，引起世界对环境问题更深刻的认识和反思。随着人类经济活动和社会的发展，形成环境问题发展的第二个高峰期，特点是环境问题逐渐由区域性转变为全球性，人们共同关心的影响范围大、危害严重的环境问题有三类：一是全球性的大气污染，如"温室效应"、臭氧层破坏和酸雨；二是大面积的生态破坏，如大面积森林被毁、草场退化、土壤侵蚀和荒漠化；三是突发性的严重污染事件屡屡发生，1972～1992 年间，发生的著名"全球十大污染事件"见表 1.3。

表 1.3　1972～1992 年间"全球十大污染事件"

名称	发生时间	主要事件
北美死湖事件	20 世纪至今	美国和加拿大工业发达地区污染导致酸雨增多，很多湖泊酸性变强，一些湖中生物几乎全部死亡
卡迪兹号油轮事件	1978 年 3 月	卡迪兹号超级油轮在法国布列塔尼海岸沉没，漏出原油 22.4 万吨，污染了 350 公里长的海岸带，大量海洋生物死亡
墨西哥湾井喷事件	1979 年 6 月	墨西哥湾南坎佩切湾尤卡坦半岛附近海域发生严重井喷，历时 296 天才停止。流失原油 45.36 万吨，覆盖 1.9 万平方公里的海面
库巴唐"死亡谷"事件	20 世纪 60 年代	巴西库巴唐大肆发展炼油、石化等工业，浓烟弥漫、臭水横流。该地 20% 人患呼吸道过敏症，居民患癌症等致命疾病概率极高
西德森林枯死病事件	1871 年	工业污染的剧增导致酸雨，德国西德森林每棵树都染病，汉堡、鲁尔工业区的森林里，秃树、死鸟、死蜂随处可见，儿童感染特殊的喉炎症
印度博帕尔公害事件	1984 年 12 月	博帕尔市郊的一座存贮 45 吨异氰酸甲酯贮槽的保安阀出现毒气泄漏事故，15 万人因受污染危害而进入医院就诊，5 万多人双目失明
切尔诺贝利核泄漏事件	1986 年 4 月	苏联乌克兰切尔诺贝利核电站一组反应堆突然发生核泄漏，事故后 3 个月内 31 人死亡，15 年内 6 万～8 万人死亡，13.4 万人遭受辐射疾病折磨
莱茵河污染事件	1986 年 11 月	瑞士巴塞尔附近一装有 1250 吨剧毒农药钢罐爆炸，导致硫、磷、汞随百余吨灭火剂排入莱茵河，造成 70 公里污染带，河段鱼类大幅死亡
雅典"紧急状态事件"	1989 年 11 月	希腊首都雅典 CO_2 浓度剧增升至 604mg/m^3，许多市民出现头疼、乏力、呕吐、呼吸困难等中毒症状
海湾战争油污染事件	1990 年 8 月～1991 年 2 月	科威特南部的海湾战争导致 150 万吨石油泄漏并起火形成"黑雨"，短时间内使数万只海鸟丧命，毁灭了波斯湾一带大部分海洋生物

类似上述的突发性严重污染事件成为全球性大范围的环境问题，严重威胁着人类的生存和发展。1992 年在里约热内卢又一次召开了人类环境与发展大会，成为人类认识环境问题的又一里程碑。

（5）信息化时代下的环境问题（21 世纪以来）

21 世纪新技术特别是以信息、材料、生物等为代表的革命彻底改变了人类的生活。互联网、信息物流等的高度发展，产生了新的生态和环境问题。

信息化时代城市化不断加快，城市面积不断扩张，森林、湿地、草原等自然环境面积迅速缩小，给野生动物生存空间带来巨大压力。信息技术加快了工业生产，间接加速自然资源的消耗，引发更为严重的环境污染物的排放。

信息技术的发展加重了温室效应和城市热岛效应，加剧了全球气候变暖。1880～2020 年全球气温变化曲线如图 1.1 所示。全球变暖导致冰川大面积融化，存在其中的古老病毒会重新被释放出来。2020 年 2 月 9 日，巴西科学家在南极北端西摩岛首次测得气温高达 20.75℃。

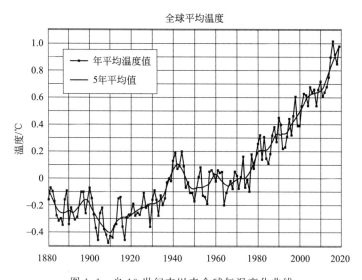

图 1.1 自 19 世纪末以来全球气温变化曲线

（图片来自：wikipedia@NASA Goddard Institute for Space Studies）

信息技术加快了国际贸易、全球一体化进程，打破了地域性，间接加重了生物入侵、病毒传播等生态问题。现代发达的信息物流、通信设备、交通工具等成为物种入侵或者病毒迅速扩散的有力工具。世界卫生组织（WHO）称，"全球化使人类出现历史上从未经历过的人员与物资的大规模跨国流动，这一全球快速流动潮正给各类病毒传播提供前所未有的捷径。"世界上一旦有一个地方爆发或流行新型传染疾病，那么仅仅几小时后，其他地区就有可能大难临头。

电脑、电视、手机、Wi-Fi 等电子产品成为人们时刻离不开的设备，电磁炉、微波炉等各种家用电器方便了生活，我们几乎处在电子产品包围之中。然而，电子产品使用过程会产生电磁波辐射，对人体生殖系统、神经系统和免疫系统造成直接伤害。电子产品（包括大量废旧电池）一旦废弃进入环境，其中含的很多有害物质，如铅、镉、汞、多溴二苯醚等会给本已十分脆弱的生态环境系统增添重负。传统的填埋、焚烧等电子垃圾处理方式只会加剧环境污染。垃圾场的重金属污染 70% 来自废弃的线路板、电线、钢铁外壳等。2018 年，全世界的电子垃圾总计 4850 万吨。每年全球扔掉的电子垃圾足够堆起 9 座大金字塔。到 2050 年，全球每年电子垃圾总量将达到 1.2 亿吨，只有 20% 被循环利用。

网上购物、外卖快餐成为信息时代人们的新型消费和生活方式，一方面增加了电子产品、电能等资源的耗费；另一方面伴随快递等业务的迅猛发展，邮寄产品、外卖的包装等大大增加了城市固废的数量，其中塑料袋、胶带等难以生物降解的大量废弃物，重复利用率低，给生态环境带来沉重负担。

阿·托夫勒曾说过"明天的技术必将比第二次浪潮时代更严格受到生态的制约"。我们应该将信息技术更多运用于生态环境建设之中，趋利避害，充分调动其优势为生态环境发展做贡献，构建生态文明的新型信息化社会。

> 1.4　环境问题发展的两个高峰期和现代环境问题有什么联系和区别？
>
> 1.5　信息时代下有哪些特别应该关注的环境问题？有人说"新冠病毒相当于掀起世界大战"，对此你怎么看？

1.2.3　全球代表性的环境问题

当前，全人类共同面临资源短缺、环境污染和生态破坏，全球代表性十大环境问题如下。

（1）资源短缺

资源对人类生存必不可少，人类的进步与发展是以大量资源消耗为前提的。地球上资源十分有限，不可再生资源如煤、石油及各种金属非金属矿物等存量已接近耗竭，为争夺这些资源引发战争（如伊拉克战争）的同时也极大地破坏着它们。可再生资源由于开发不合理、利用效率低、浪费等，降低了其再生能力，且污染严重，可利用的越来越少，如土地资源、水资源、粮食资源等匮乏。水资源、煤炭和石油是当今世界三大短缺资源。

（2）全球变暖

世界人口的增加、化石燃料的使用、工业生产和有机废物发酵过程中不断向大气排放 CO_2、CH_4、NO_x 等温室效应气体，它们在地球表面形成一个庞大的温室阻止了热量的散发。全球变暖会使降水重新分配、气候异常、海平面上升、冰川冻土消融、多种病毒和污染物被释放，导致生态系统失衡。地球的气温过去每千年升高约 0.5℃，按照现在世界能源消费格局，到 21 世纪中叶，全球平均温度可能上升 1.5～4℃，则澳大利亚发生山火的可能性将会增加 400%～800%。反之，2019 年澳大利亚 5 个月山火又向大气排放了约 4 亿吨 CO_2 加剧变暖危机。2020 年初始，人们监测到热带中东太平洋地区的表层海水温度一直高于平均水平；南极温度首次飙升到 20.75℃；北极大量冰川和永冻层融化，正在释放大量封印的 CH_4 气体。

全球气候变暖改变了全球的大气环流形势，通过海洋和大气、陆地和大气的相互作用影响到局地的气候。例如北极海冰情况直接影响我国的天气。我国的冷空气最初源自北极，盘踞在北极上空的极地涡旋会将冷空气"锁"在极地。同时，北极地区又是全球气候变化响应最敏感的区域，其地表气温的增暖速度是全球的 2 倍到 3 倍，被称为北极放大效应。在全球变暖的大背景下，2020 年 9 月北极海冰达到历史第二少，极地涡旋减弱、分裂，偏向欧亚地区，难以"固定"冷空气而由其南下。极端冷事件频发，正是对全球变暖的典型响应，寒潮也是一种极端天气气候事件。

（3）臭氧层破坏

臭氧具有强烈吸收有害紫外线的功能，是地球上生物的"保护神"。人类工业活动使用哈龙作制冷剂、除臭剂、喷雾剂等向大气中排放了大量氯氟烃类化合物，导致臭氧层变薄甚至在北极、南极和青藏高原的上空出现了"空洞"。破坏人类的免疫系统，增加皮肤癌和白内障的发病率，严重破坏海洋和陆地的生态系统，阻碍植物正常生长。为减少臭氧层空洞，联合国于 1987 年动员各国签署《蒙特利尔议定书》，主要目的是控制人类活动产生的氟碳化物的数量，认为这是造成臭氧空洞最大的根源，1991 年中国加入了这一协议。2018 年的臭氧空洞平均面积达到 22.9 万平方公里。蒙特利尔协议号召世界各国从 1989 年 1 月 1 日开始拒绝使用氟利昂，目前已经找到了它的替代品。联合国称从 2006 年开始，臭氧层正在以最高 3％的速度恢复。美国国家航空航天局的观测也进一步佐证了臭氧层得到保护的消息。科学家推测臭氧层空洞最早到 2050 年，最晚到 2100 年可以完全修复。

（4）生物多样性锐减

生物多样性在自然界不断变化。近百年来，由于人口剧增、资源的不合理开发、环境污染等对生态系统干预程度超过其阈值范围，致使生态失去平衡。据统计，全世界每天有 75 个物种、每小时有 3 个物种灭绝。按照此速度，2050 年地球陆地上 1/4 的动植物将遭灭顶之灾。我国大约已有 200 个物种灭绝；约有 5000 种植物（占中国高等植物 20％）和 398 种脊椎动物（占中国脊椎动物总数 7.7％）濒临灭绝。2003 年的严重急性呼吸综合征（SARS，非典）和 2020 年的新冠肺炎，极有可能是野生动物传染给人类并在人际传播的。2020 年 2 月 24 日十三届全国人大常委会第十六次会议审议通过《关于全面禁止非法野生动物交易、革除滥食野生动物陋习、切实保障人民群众生命健康安全的决定》，明确全面禁止食用野生动物，严厉打击非法野生动物交易。

（5）酸雨蔓延

酸雨是大气降水中酸碱度（pH 值）低于 5.6 的雨、雪或其他形式的降水，是严重的大气污染现象。酸雨的危害与人类的生产、消费水平以及能源消耗成比例。世界各国都受到不同程度的酸雨危害，河流、湖泊、森林的酸化妨碍动植物生长，土壤酸化破坏其营养，酸雨还腐蚀建筑材料。北美的五大湖地区、北欧和中国是世界三大著名的酸雨区。当前我国酸雨覆盖率以国土面积计算累计已近 40％，而且半数以上的城市受到酸雨的危害，其控制已被列入国家绿色工程计划。

（6）森林锐减

森林是地球的"肺"，与人类命运息息相关。然而，过度采伐和不恰当的开垦，气候变化等引起的森林火灾，致使世界上的绿色屏障每年约减少 2 亿平方千米。森林锐减导致水土流失、绿洲沦为荒漠、干旱、洪涝灾害、物种减少等一系列生态危机，对 CO_2 吸收减少进而加剧温室效应，国际社会对此给予了前所未有的关注。1984 年，罗马俱乐部的科学家们强烈呼吁："要拯救地球上的生态环境，首先要拯救地球上的森林。"第九次全国森林资源清查成果——《中国森林资源报告（2014—2018）》给出了最新的全国森林覆盖率——22.96％。这个数据比上一次森林资源清查提高了 1.33 个百分点，而净增森林面积则超过了一个福建省的面积。

（7）土地荒漠化

过度放牧及重用轻养使草地逐渐退化，开荒、采矿、修路等建设活动对土地的破坏作用甚大，加上水土流失的不断侵蚀，世界上约有 196 亿平方千米土壤正趋于荒漠化。土地荒漠化被公认为"地球的癌症"，威胁着全球三分之二国家和地区、五分之一人口的生存和发展。目前全球荒漠化面积已达 3600 万平方公里，占整个地球陆地面积的 1/4。更为严峻的是，荒漠化土地面积以每年 5 万～7 万平方公里的速度在不断扩大。联合国发布的一份评估报告中警告说，土地退化将在未来 30 多年里给全球带来 23 万亿美元的经济损失。

（8）水环境恶化

人口膨胀和工业发展所制造出来的污染物超过了天然水体的承受极限，本来清澈的水体变黑发臭、细菌滋生、鱼类死亡、藻类疯长。世界范围内已经确定存在于饮用水中的有机污染物已达 1100 种，每年约有 1500 万人死于水污染引起的疾病。水环境的污染使短缺的水资源更为紧张。水资源的短缺、水环境的污染和洪涝灾害，构成了人类的水危机。

（9）大气污染肆虐

燃煤过程中产生的细小悬浮颗粒被吸入人体容易引起呼吸道疾病，大约 23% 的肺癌由空气污染造成。现代都市工业废气和汽车尾气中的大量碳氢化合物、氢氧化物、一氧化碳等，与太阳光作用形成一种刺激性的烟雾，能引起眼病、头痛、呼吸困难等。全球约有 11 亿人口生活在空气污染的城市里。国际非政府环保组织"绿色和平"称，空气污染偷走了我们的生活和未来，它不仅给我们的健康带来重大危害，还造成全球损失 2250 亿美元的劳动力成本，以及数万亿美元的医疗成本。

（10）固体废物成灾

固体废弃物已成为城市的一大灾害。地球每年产生 100 亿吨以上的垃圾，处理能力远不及垃圾增加的速度。电子垃圾等固废任意堆放不仅占用土地，还污染周围空气、水体，甚至地下水。工业废弃物中含有易燃、易爆、致毒、致病、放射性等有毒有害物质。放射性和高毒性的危险性废物在国际上存在由发达国家向发展中国家、发达地区向不发达地区的非法越境转移。"白色垃圾"塑料袋的难生物降解性正在造成全球生态灾难。

砍伐森林、开垦草原、围湖造田、滥捕滥杀、采集珍贵的野生药材和植物、向大自然随意排放废弃物可带来极高的经济效益，但整个社会却要承受长远的经济和生态后果。宇宙只有一个地球，人类共有一个唯一赖以生存的家园，珍爱和呵护地球是人类的唯一选择。

 **想一想**

1.6　当今地球上的一半人口正居住在沿海 50 公里范围内，气候变暖对其影响有多大？面对当今世界环境问题，你如何思考人类的行为？

1.7　南极温度首次突破 20℃，过热的"天灾"，对地球意味着什么？

1.2.4　环境问题产生的原因

人类是环境的组成部分，二者密不可分。人类的生存发展要从环境中索取物质和能量，其新陈代谢和消费活动的产物要排放入环境，环境对人类生产生活的排泄物具有消纳能力。当人类向环境索取资源的速度超过了资源本身及其替代品的再生速度，便会出现资源短缺、生态破坏；而人类向环境中排放废弃物的数量超过了环境自净能力，就会导致环境质量下降形成污染。环境问题的持续恶化不仅破坏人类的生存环境，损害人们的健康，也会引起诸多社会纠纷，威胁生活的稳定，同时也成为国际政治斗争的焦点。认清环境问题的本质，有利于合理确定防治措施。环境问题产生的主要原因可以归纳如下。

（1）人口根源

美国著名的环境学家丹尼尔·科尔曼认为，人口增长被视为环境危机的重要根源。英国工业革命和第二次世界大战这两个历史节点是环境问题大规模出现之时，因为它是全球人口快速增长的起点，人口的持续增长对物质资源的需求和消耗随之增加，最终超出环境供给资源和消化废物的能力，进而出现各种环境问题包括大气污染、水污染和噪声等。但人口不是环境污染的直接原因，只要环保措施和资源使用方式得当，人口增长对环境的破坏力可以降得很低。

（2）资源和技术根源

资源不合理利用使局部地区生态系统失去平衡，成为全球环境问题的突破口。资源的循环再生需要时间，一些非可再生资源一旦枯竭，短时间内不可能循环再生，对其开采实际就是资源耗竭的过程。大规模开采矿产资源、破坏植被，扰乱了区域地理环境的正常运行，暴雨和旱灾的发生失去了规律性，给人们的生产生活带来了极大损失。20世纪，人类社会在科学技术上的巨大进步，带来空前的经济发展和繁荣，很多环境问题的产生，是由于技术发展的不足。随着技术的发展，人类的自主性却日益丧失，逐渐沦为技术的奴隶，对技术的滥用也使人类反受其害。如核能和生物技术的滥用，会导致无可估量的生态恶果。

（3）经济根源

片面追求经济增长成为环境问题的催化剂。传统的发展模式关注的只是经济领域的活动，其目标是产值、利润、物质财富的增加。在此发展观支配下，为了追求最大的经济效益，人们未认识到环境本身所具有的价值，继续采取以损害环境为代价来换取经济增长的发展模式，结果是在全球范围内相继造成了严重的环境问题，盲目追求经济增长的结果与长期发展目标背道而驰。进入 21 世纪，蓬勃发展的工业文明实践活动，加剧了人与自然的冲突，雾霾、沙尘暴、$PM_{2.5}$，污染、病毒等一系列新环境问题围绕着我们。

（4）制度文化根源

缺乏环境保护的长效机制使环境问题得不到有效控制。环保人士指出我国需要建立一套可持续的制度框架，建立我国特色的绿色 GDP 核算，将环保指标纳入官员政绩考核，调整行政规划区域并建立生态补偿机制，实行循环经济战略并大力开发新能源技术。最重要的是提供法律与政治上的保障，来支持环保领域内的公众参与度。

（5）伦理根源

在传统伦理学中，所谓伦理即是人伦之理。伦理学的研究对象，仅限于人与人之间的社会关系，而人与自然的关系则被排除于外。导致当代环境问题的深层根源便是狭隘的"人类中心论"。历史经验教训告诉我们，人的行为违背自然规律、资源消耗超过自然承载能力、污染排放超过环境容量，就会导致人与自然关系的失衡，造成人与自然的不和谐。环境伦理应兼顾自然生态的价值、个人与全人类的利益和价值、当代人与后代人的价值和利益。环境伦理规范体系要求人类应当培养生态公正、保护环境、善待生命、尊重自然和适度消费的伦理情操，尽到管理好地球家园的义务。

反思人类社会发展的经验与教训，转变以人为中心的价值取向，承认自然界的价值和权利，正确认识人与自然的关系，树立正确的环境伦理观念，不断追求人与自然的和谐，从而实现人类社会全面协调可持续发展。环境问题的实质不是环境对于我们的传统需要而言的价值，而是对后现代文明而言的价值。简单地说，就是环境在满足了人的生存需要之后，人类如何去满足环境的存在要求或存在价值，而同时人类才能满足自身较高层次的文明需要。

想一想

1.8　从人类社会与自然环境之间物质流动角度剖析环境问题产生的原因。

1.3　环境科学

恩格斯说："社会一旦有技术上的需要，则这种需要就会比十所大学更能把科学推向前进。"环境问题随着人类经济和社会的发展而恶化，人类在与环境问题斗争的过程中对环境治理技术和管理制度有了强烈的需求，环境问题的严重化促进了各类学科对环境问题的研究，直到 20 世纪 60 年代末才逐渐形成了新兴的环境科学。

环境科学是一门研究人类社会发展活动与环境演化规律的相互作用关系，寻求人类社会与环境协同演化、持续发展途径与方法的科学。其具有多学科交叉性和社会性等特点，是在自然科学、社会科学、经济科学和技术科学的基础上发展起来的，是化学、生物学、物理学、地学、医学、工程学及法学、经济学、社会学等学科的综合性汇集点。

环境科学是研究人类活动与其环境质量关系的科学。从广义上来说，它是对人类生活的自然环境进行综合研究的科学；从狭义上来说，它是研究由人类活动所引起的环境质量的变化，以及保护和改进环境质量的科学。

想一想

1.9　人类社会有多少学科门类，环境科学的作用是什么？

1.3.1　环境科学研究的对象和任务

环境科学以"人类与环境"这对矛盾为研究对象。在这一对矛盾中，人是矛盾的主要方面。因此，在环境科学中，人和社会因素占主导地位，决定环境状况的因素是人而不是物。环境科学绝不是纯粹的自然科学，而是兼有社会科学和技术科学的内容和性质。它不仅要研究和认识环境中的自然因素及其变化规律，而且要认识和了解社会经济因素及其技术因素与规律，以及人和环境的辩证关系。环境科学是以"人类与环境"系统为研究对象，研究其产生和发展，调节和控制以及利用和改造的科学，目的是要通过调整人类的社会行为，以保护、发展和建设环境，从而使环境永远为人类社会持续、协调、稳定的发展提供良好的支持和保证。

环境科学的任务就是揭示"人类与环境"这一对矛盾的实质，研究二者之间的辩证关系，掌握其发展规律，调控二者之间的物质、能量与信息的交换过程，寻求解决矛盾的途径和方法，以求人类与环境系统的协调和持续发展。主要任务可以概括如下。

（1）了解自然环境的发展演化规律

这是研究环境科学的前提。在环境科学诞生以前，人类已经积累了关于人类学、人口学、地质学、地理学、气候学的丰富资料。环境科学必须从这些相关学科中吸取营养，从而了解人类与环境的发展规律。

（2）研究人类与环境的相互依存关系

这是环境科学研究的核心。在人类与环境的矛盾中，人类作为矛盾的主体，一方面从环境中获取其生产和生活所必需的物质和能量；另一方面又把生产和生活中所产生的废弃物排放到环境中，这就必然引起资源消耗与环境污染问题。而环境作为矛盾的客体，虽然消极地承受人类对资源的开采与废弃物的污染，但这种承受是有一定限度的，即环境容量。这个容量就是对人类发展的制约，超过这个容量就会造成环境的退化和破坏，从而给人类带来意想不到的灾难。

（3）协调人类的生产、消费活动影响下环境的全球性变化

这是环境科学研究的长远目标。环境是一个多要素组成的复杂系统，其中有许多正、负反馈机制。人类活动造成的一些暂时性的、局部性的影响，常常会通过这些已知的和未知的反馈机制积累、放大或抵消，其中必然有一部分转化为长期的和全球性的影响。因此，关于全球环境变化的研究已成为环境科学的热点之一。

（4）开发环境污染综合防治的有效途径

这是环境科学的重点。主要是开展环境污染的防治技术和制定环境管理的法律法规。我国在这两方面均取得了一些成绩，但要达到控制污染、改善环境的目的，还要做出更大的努力。

1.3.2　环境科学研究的内容和分支

环境质量的变化和发展以及污染的控制技术是环境科学研究的核心问题。当前的研究重点是控制污染和改善环境质量，包括自然环境保护、环境污染综合防治和改善生态系统。通过研究在人类活动影响下环境质量的变化规律及其对人类的反作用，提出调控环境质量的变化和改善环境质量的有效措施。环境科学是介于社会科学、技术科学和自然科学之间的边缘性、交叉性科学，按其性质和作用划分为三部分：环境学、基础环境学及应用环境学，见图1.2。

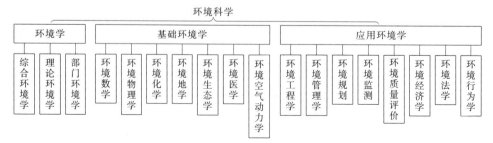

图 1.2　环境科学分支体系

阅读材料

▶扫码扩展阅读◀
地球环境遇到的问题

 习　题

1. 环境的定义、类型及其基本特征是什么？
2. 地球环境具有哪些独特性？
3. 环境问题的概念及类型是什么？
4. 环境问题的实质是什么？
5. 如何区别环境污染和生态破坏？
6. 环境问题的发展分为哪几个阶段？各有什么特点？
7. 全球代表性环境问题有哪些？有哪些危害和特点？
8. 环境科学的概念、研究对象及任务是什么？

参考文献

［1］　田京城，缪娟，孟月丽．环境保护与可持续发展．2 版．北京：化学工业出版社，2014.
［2］　程发良，孙成访．环境保护与可持续发展．3 版．北京：清华大学出版社，2014.
［3］　刘天齐．环境保护通论．北京：中国环境科学出版社，1997.
［4］　魏振枢，杨永杰．环境保护概论．3 版．北京：化学工业出版社，2016.
［5］　李训贵．环境与可持续发展．北京：高等教育出版社，2015.
［6］　张瑾，戴猷元．环境化学导论．北京：化学工业出版社，2008.
［7］　曲向荣．环境与可持续发展．2 版．北京：清华大学出版社，2014.
［8］　周国强，张青．环境保护与可持续发展概论．2 版．北京：中国环境出版社，2017.
［9］　张一鹏．环境与可持续发展．北京：化学工业出版社，2008.
［10］　杨永杰．环境保护与清洁生产．3 版．北京：化学工业出版社，2017.
［11］　刘芃岩．环境保护概论．2 版．北京：化学工业出版社，2018.
［12］　庞素艳，于彩莲，解磊．环境保护与可持续发展．北京：科学出版社，2018.
［13］　魏智勇，陈日晓，王民．环境与可持续发展．北京：中国环境出版社，2015.
［14］　马光，等．环境与可持续发展导论．3 版．北京：科学出版社，2014.
［15］　邹洪涛，陈征澳．环境化学．广州：暨南大学出版社，2011.

第 2 章 能源与环境保护

能源是一切生产生活的物质基础，也是人类赖以生存的重要资源。21 世纪以来世界能源需求迅猛增长。2018 年，全球一次能源消耗增长 2.9%，碳排放量增长 2.0%，是 2010 年以来增速最快的一年。2019 年，我国全年能源消费总量比上年增长 3.3%。能源紧缺的同时，能源开发利用带来的环境问题也不容忽视。我国能源和环境问题已成为亟待解决的现实和战略问题。

能源消费、环境污染和社会进步是互相联系、互相依存的。无序开发和利用化石能源导致酸雨以及土壤污染等现象频发，极大地危害了动植物的栖息以及人类健康。传统能源储量正在迅速枯竭，为了满足日益增长的能源需求，开发清洁能源、调整能源结构、减少环境污染是世界各国面临的新任务和新挑战，也是实现全球能源、社会与环境可持续发展的必然要求。

2.1 认识能源

2.1.1 能量与能源

（1）何谓能量

宇宙间一切运动着的物体都有能量的存在和转化。人类一切活动都与能量及其使用紧密相关。所谓能量，广义地说，就是"产生某种效果（变化）的能力"。即产生某种效果（变化）的过程必然伴随着能量的消耗或转化。按照现在对能量的认知，将其分为六种形式（表 2.1）。

表 2.1 能量的存储形式及对应的天然能量资源

能量存储形式	天然能量资源	能量存储形式	天然能量资源
机械能	风力、波浪、水力、潮汐	辐射能	太阳能
热能	地热、高温岩体	化学能	煤、石油、天然气等
电能	闪电	核能	铀、钍、钚、氚等

机械能是与物体宏观机械运动或空间状态相关的能量，前者称为动能，后者称为势能。其中势能包括重力势能和弹性势能。

热能是构成物质的微观分子运动的动能和势能总和，是能量的一种基本形式，反映了分子运动的激烈程度,其宏观表现是温度的高低,反映了分子运动的激烈程度。其他形式的能量都可以完全转换为热能,热能在能量利用中具有重要意义。

电能是和电子流动与积累有关的一种能量,可以通过发电机由机械能转换得到,也可以由电池中的化学能转换得到;反之,电能也可以通过电动机转换为机械能,从而显示出电做功的本领。

辐射能是物体以电磁波形式发射的能量。物体会因各种原因发出辐射能,其中从能量利用的角度而言,因热发出的辐射能(即热辐射能)是最有意义的。地球表面所接受的太阳能就是最重要的热辐射能。

化学能是原子核外进行化学变化时放出的能量,是物质结构能的一种。化学热力学中定义为物质或物质在化学反应过程中以热能形式释放的内能称为化学能。例如,石油和煤的燃烧、炸药爆炸以及人吃的食物在体内发生化学变化时所放出的能量,都属于化学能。

核能是蕴藏在原子核内部的物质结构能。轻质量的原子核(氘、氚等)和重质量的原子核(铀等)核子之间的结合力比中等质量原子核的结合力小,这两类原子核在一定条件下可以通过核聚变和核裂变转变为在自然界更稳定的中等质量原子核,同时释放出巨大的结合能,这种结合能就是核能。

能量具有状态性、可加性、转换性、传递性、做功性和贬值性六种基本属性,其中转换性和传递性是能量利用中最重要的属性,这两种属性使人类在不同地点得到所需形式的能量成为可能。不同形式的能量可以在一定条件下相互转换,转换过程服从能量守恒和转换定律,这就是能量的转换性。能量的利用通过能量传递得以实现,能量通过各种形式传递后,最终转移到产品中或散失于环境中,体现了能量的传递性、做功性和贬值性。

(2) 初识能源

自然界中可以直接或通过转换提供某种形式能量的资源称为能源(Energy Source),亦称能量资源,是国民经济的重要物质基础。能源是能量的来源或源泉,包括化石能源(煤炭、石油、天然气等)、水能、电能、太阳能、核能、生物质能、风能、海洋能、地热能、氢能等基本形式。

人类有意识地利用能源是从发现和利用火开始的。远古时代,人们学会了利用火和保存火种,并发明了摩擦生火。2004 年,考古学家在以色列发现了人类在 79 万年前使用火来加工食物和制造工具的证据,这是迄今为止考古发现人类最早的用火记录。作为一种生产力,火是从事生产、改进工具、提高生产效率的有效手段,制陶、冶炼金属、酿酒等工艺随着火的使用而出现。火的使用,是人类第一次认识和利用自然规律,自主支配自然,为人类进入文明时代创造了条件,从而最终把人与动物区分开来,直接成为人类解放的手段。

此后很长一段时间,人类的能源消费一直以薪柴为主,畜力为辅,并开始逐渐使用简单的水力和风力机械。直到 18 世纪 60 年代,英国产业革命的兴起,特别是蒸汽机的发明和使用,促使了煤炭勘探、开采、运输业的发展。人类的能源消费结构从以薪柴为主转变到以煤炭为主,是能源消费结构的第一次大转变。1920 年,煤炭占世界能源构成的 87%,跃居第一位。这一转变使人类的生活和技术水平极大提高,甚至从根本上改变了人类社会的面貌。

石油、天然气资源的开发和利用,开始了人类能源利用的又一新时代。从 20 世纪 20 年代开始,石油、天然气的消费量逐渐上升,到 20 世纪 50 年代,随着石油勘探和开采技术的提高,中东、美国和北非相继发现了巨大的油气田,同时石油炼制技术的提高使各种成品油价格低廉，供应充足。这些因素促使人类能源消费结构发生了第二次转变，即从以煤炭为主转变到以石油和天然气为主。这次转变极大地促进了世界经济的繁荣，人类进入了高速发展的快车道。

目前为止，全球各主要能源消费大国和世界平均能源消费结构仍处于该状态中。进入 21 世纪以来，随着石油、天然气储量的减少和洁净煤利用技术的日趋成熟，石油、天然气的消费量有所下降，而煤炭消费量出现回升，但能源的消费结构并没有发生大的变化。

两次能源消费结构的大转变，将人类从原始落后的以天然可再生能源为基础的时代带入了以煤炭、石油和天然气等不可再生能源为基础的时代。传统的工业文明比起原始的农耕文明发展速度快，但对大自然的索取量大大增加，可持续性差。能源消费量的持续增长给环境带来的压力日益严重，温室效应、化石能源枯竭、生态环境破坏等已成为威胁人类生存和发展的严重问题。如何使能源利用和环境保护相协调，维持人类社会的可持续发展，成为摆在人类面前的共同任务。20 世纪 70 年代开始，人类的能源消费结构开始进入一个新的转变期，即从以石油、天然气为主向以可再生能源为基础的持久、稳定的能源系统转变。这一转变将会是一个漫长的过程，随着石油、天然气的减少，煤炭、核能可能会重新成为主力能源，但最终将被可再生能源所取代。《BP 世界能源展望》2019 年版中按能源种类对一次能源消费和一次能源结构的展望如图 2.1 所示。

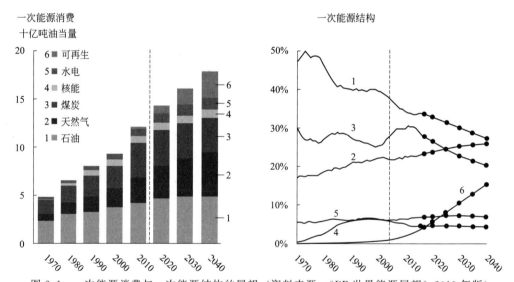

图 2.1　一次能源消费与一次能源结构的展望（资料来源：《BP 世界能源展望》2019 年版）

 **想一想**

2.1　能量和能源是什么关系？能量是守恒的，能源是守恒的吗？

2.1.2　多种多样的能源

能源是多种形式、可相互转换能量的源泉，种类繁多，人们从研究、利用和开发能源的角度出发，根据能源的特点和相互关系对其进行了分类。

（1）按来源分类

第一类能源是来自地球外天体的能源，如太阳能及宇宙射线。除了太阳的直接辐射外，还包括经各种方式转换而形成的能源。例如，千百万年前绿色植物经光合作用形成有机质和食用它们的动物遗骸，在漫长的地质变迁中形成的化石能源，包括煤炭、石油、天然气等化石能源；经空气或水转化形成的风能、水能、海洋能等。第二类能源是地球本身蕴藏的能源，主要指地热能和核能。此外，还包括地震、火山喷发、温泉等。第三类能源是地球和其他天体相互作用而产生的能源，主要指由于月球对地球的引力产生的潮汐能。

（2）按获得方法分类

可分为一次能源和二次能源。一次能源是指自然界中天然存在的，可供直接利用的能源。包括煤、石油、天然气、油页岩、风能、太阳能、潮汐能、地热能等。二次能源是指由一次能源直接或间接加工、转换而得到的能源。包括电力、蒸汽、煤气、汽油、柴油、液化石油气、氢气、焦炭等。

（3）按被利用程度分类

常规能源是指利用技术比较成熟，可以大规模生产和广泛利用的能源。包括煤炭、石油、天然气、水能等一次能源，以及煤气、焦炭、汽油、电力、蒸汽等二次能源。新能源是指开发利用较少或正在研究处于初步探索，尚未大规模应用的能源。包括太阳能、风能、生物质能、海洋能、地热能、氢能、核能等。在不同历史时期和科技水平下，新能源是相对于常规能源而言的，又称为非常规能源或替代能源。

（4）按能否再生分类

可再生能源是指自然界中可以不断再生并有规律得到补充的能源。常见的可再生能源包括太阳能、生物质能、水能、风能、海洋能、地热能等，它们不会随其本身的转化或人类的利用而日益减少。不可再生能源指经过亿万年形成，短期内无法恢复、可耗尽的能源，包括煤、石油、天然气、核燃料等。随着大规模开采利用，其储量越来越少，最终将出现枯竭。

（5）按能源对环境的影响分类

清洁能源是指不对环境造成损害或损害程度较小的能源，如太阳能、水能、风能等。非清洁能源是指对环境损害程度较大的能源，如煤、石油等。该类能源在使用过程中，可能会产生废水、废气和废渣，造成被污染区域内的水、空气、土地等质量的下降。

想一想

2.2　低碳能源和高碳能源是如何进行分类的？

2.1.3　能源的评价

能源的种类多样，为正确地选择和使用能源，必须对各种能源进行正确的评价。通常采用储量、能量密度、储能的可能性和供能的连续性、开发费用和利用能源的设备费用、运输费用与损耗、对环境的影响、能源品位、能源的可再生性八个方面对能源进行评价。

储量是指地球所蕴含的天然能源的总量，是能源评价中的重要指标。不同能源的储量对能源利用有重要影响，储量小的能源无法成为人类社会发展所需的主力能源，不同国家和区域由于地理构造的不同，能源的储量也存在较大的差异。例如，西亚国家为世界石油和天然气大国，而我国的煤炭和水力资源相对丰富，我国水资源总量和经济可开发量均居世界第一，煤炭远景储量和可开采储量均居世界第二。

能量密度是指在单位质量、空间或面积内，某种能源所能提供的能量。如果能量密度小，很难被用作主要能源。常规能源的能量密度均较大，核燃料的能量密度最大（^{235}U 核裂变的能量密度为 $7.0 \times 10^{10}\,kJ/kg$），而新能源中的太阳能（晴天平均能量密度为 $1kW/m^2$）和风能（风速 $3m/s$ 能量密度为 $1kW/m^2$）的能量密度相对较小。

储能的可能性是指能源不用时可以储存起来，需要时可以立即提供能量。化石燃料比较容易做到，而太阳能和风能比较难。风能需要通过能量转换为机械能、化学能或热能等形式进行保存或运输。多数情况下，能源使用也具有时间和地域的不均衡，如冬天需要热，夏天需要冷，东部需要多，西部需要少。因此，在能量利用中储能是重要的环节。

供能的连续性是指能源是否能够按照需要的量和所需的速度连续不断地供给能量。显然太阳能和风能很难做到，太阳能白天有，夜晚无，同时也受天气阴晴的影响；风力随季节变化较大。而煤、天然气等化石能源则易于进行连续性供能。

不同能源的开发费用和利用该种能源的设备费用相差悬殊。太阳能和风能无需开发费用即可获得，而各种化石能源从勘探、开采到加工需要大量投资。但利用能源的设备费用则恰恰相反，太阳能、风能等利用设备费按每千瓦计远高于利用化石燃料的设备费。因此，对能源进行评价时，开发费用和利用能源的设备费用是必须考虑的重要指标。

运输费用与损耗是指能源提供给能源用户过程中的运输费用和损耗。现有的能源输送技术中，太阳能、风能和地热能很难输送，而石油和天然气则很容易通过管道技术从产地输送至用户。同时，核电厂的核燃料运输费用极少，而燃煤电站的输煤却是很大一笔费用，因为核燃料的能量密度是煤的几百万倍。此外，运输过程中的能源损耗也不可忽视。

能源需要考虑在使用过程中可能给周围环境带来的影响，是很重要的评价因素。太阳能、风能对环境基本无污染；化石燃料对环境污染大；核电站在运行过程中有辐射危害，需要对其产能过程和核燃料、核废料存储、使用、处理等方面采取相应安全措施。在能源利用过程中，应该采取相应的治理措施，将污染降低到最小。

能源品位是指能源所含有用成分的百分率，有用成分百分率越高则品位越高。在热机循环过程中，热源温度越高，冷源温度越低，则循环的热效率越高。在使用能源时，要防止高品位能源降级使用。根据我国的能源结构特点，认识高品位能源的有限性和低效性，提高低品位能源的利用。高品位的能源主要指电能、燃气和液体燃料等，是相对那些不易利用的易造成浪费的能源而言的；低品位能源包括热能、生物质能等，二者之间可相互转化。

当今世界能源日益匮乏，能源的可再生性也是其评价的一个重要指标。煤、石油、天然气等化石能源均不可再生，而太阳能、风能、水能都是可再生能源。在条件许可的情况下，应尽可能使用可再生能源。

2.2 能量转化规律

自然界的能量形式和人类利用能量的方式多种多样，不同形式的能量可以相互转换且遵循能量转换规律。

2.2.1 热力学三大定律与三个"不可能"

(1) 第一类永动机幻梦的破灭

第一类永动机是指期望在没有外界能量供给的情况下，源源不断地得到有用功的动力机械。早在 13～18 世纪，制造永动机的梦想吸引了许多人，但均未能成功。反思这一失败的探索过程，它从反面给人类以启迪，说明在自然界不可能无中生有地获得能量。人们经过长期的实践，总结出能量守恒和转化定律，与细胞学说及进化论并称为 19 世纪自然科学三大发现。

能量守恒定律指出："自然界的一切物质都具有能量，能量有各种不同的形式，能够从一种形式转化为另一种形式，从一个物体传递给另一个物体，在转化和传递中能量的总量恒定不变。"把能量守恒与转化定律应用于热力学体系，就是热力学第一定律。

在化学变化中研究的能量变化形式主要是热和功，当物质和环境进行热交换并且做功或从环境获得功后，则体系的能量必有增加。根据能量守恒与转化定律，结果表现为体系自身热力学能 U 的变化。体系热力学能的改变值 ΔU 为 W 与 Q 之和。

$$\Delta U = Q + W \tag{2.1}$$

式(2.1) 为封闭体系中热力学第一定律的数学表达式。Q 和 W 分别表示变化过程中体系与环境交换或传递的热和功。

热力学第一定律宣告了第一类永动机的破灭，因为该类永动机违反了能量守恒定律，在任何永动机设计中，总可以找出在一个平衡位置上，各个力恰好相互抵消，不再有任何推动力使它运动。所有永动机必然会在这个平衡位置上静止下来。因此，热力学第一定律也常表述为"第一类永动机是不可能制成的"。

第一类永动机的破灭有力地促进了热力学第一定律的确立。热力学第一定律告诉我们，就能量守恒而言，世界上的物质是不灭的，大自然和人类社会所能改变的只是它们的存在方式。人类社会生产、生活中产生的垃圾并没有因其成为垃圾而失去能量，只是放错了位置的一种能量和资源，没有被充分开发利用，却引发了一系列环境问题如废气污染、固体废弃物污染等。1000 公斤废纸回收利用可生产 700 公斤新纸，1000 公斤废塑料可回炼 300 公斤无铅汽油和柴油，1000 公斤废钢可炼 750 公斤好钢，1000 公斤厨余垃圾可产生 300 公斤优质肥料，400 个铝制易拉罐回收利用可生产一辆自行车。当今世界物质资源已经相当丰富，人们的消费和浪费也极其严重。因此我们应该通过努力，开源节流，变废为宝，将垃圾转化为资源，建立可持续发展的长远规划，实现人、经济、社会、自然和谐发展。

 想一想

2.3 既然世界上的能量会遵循能量守恒定律，地球这样一个封闭系统，能量没有减少，为什么会有能源危机呢？

2.4 "我们要节约资源"与热力学定律有什么关系？

(2) 第二类永动机不可制

能量不仅有"量"的多少，还有"质"的高低。热力学第一定律说明了能量在"量"上要守恒，并没有说明能量在"质"方面的高低。第一定律只说明某一变化过程中的能量关系，并没有提及变化的方向。例如，由两个温度不同物体所组成的孤立系统，只说明两个物体之间存在热交换，一个物体得到的热量等于另一个物体散失的热量。但热力学第一定律没有说明热量传递的方向，即谁失去谁得到了热量。

自然界进行的能量传递和转换过程是有方向性的。无需借助外力就能自动进行的过程称为自发过程，反之为非自发过程。自发过程都有一定的方向，热量只能自发地从高温物体传递给低温物体，反之则不能传递。一辆汽车在水平地面上滑行，由于克服摩擦力做功，最终将停下来。任何机械的效率都不能达到100%，这个过程中，机械功不可避免的通过摩擦转化为热。机械功是有方向、有序的；而热是分子的无规则运动，是无序的。一个刚性绝热容器分隔成两室，分别储存有同种高压和低压气体，若在隔板上开一个小孔，高压气体就会自动流入低压气体一侧，直到两室压力相等时停止。

上述例子均是自发过程，都是朝着一定方向进行的，若要使其向自发过程反向进行，则需借助外力。因此，自发过程都是不可逆过程。有序的机械能通过摩擦转换为无序的热能，有序的电能通过电阻转换为无序的热能。这种通过摩擦或电阻使有序能不可逆转换为无序能的现象称之为耗散效应。

热力学第二定律的建立是与热机效率相联系的。热力学定律的发现是工业革命与技术革命的必然结果。蒸汽机的发明与不断改进促进了第一次工业革命，但当时效率很低，能量浪费很大。因而，制造能源利用效率高的机器成为人们研究的课题。德国物理学家、数学家克劳修斯和英国物理学家开尔文在热力学第一定律建立以后重新审查了卡诺定理（热力学一个定理，说明热机的最大效率只与其高温热源和低温热源的温度有关。），意识到卡诺定理必须依据一个新的定理，即热力学第二定律。他们分别于1850年和1851年提出了克劳修斯表述和开尔文表述。

克劳修斯表述为"不可能把热从低温物体传到高温物体而不产生其他影响"。指出了热量传递过程的单向性。在自然条件下热量只能从高温物体向低温物体传递，即自然条件下，这个转变过程是不可逆的。要使热传递方向倒转过来，只有靠做功来实现。例如，将烧红的铁块投入水中，结果只能是铁块温度降低，水的温度升高，最终二者温度相同。电冰箱的内部温度比外部温度低，为什么制冷系统还能不断地把箱内热量传给外界的空气呢？这是因为电冰箱消耗了电能，对制冷系统做了功，一旦切断电源，电冰箱就不能把其内部的热量传给外界的空气。相反，外界的热量会自发地传给电冰箱，使其温度逐渐升高。

开尔文表述为"不可能从单一热源取热，使之完全转换为有用的功而不产生其他影响"。说明了热能和机械能转换的方向性，自然界中任何形式的能都会很容易变成热，而反过来热却不能在不产生其他影响的条件下完全变成其他形式的能，说明这种转变在自然条件下是不可逆的。热机连续不断地将热变为机械功，一定伴随有热量的损失。

开尔文的表述更直接地指出了第二类永动机的不可能性。所谓第二类永动机，是指从单一热源吸热使之完全变为有用功而不产生其他影响的热机。例如，有人提出制造一种从海水吸取热量、利用这些热量做功的机器。这种想法并不违背能量守恒定律，因为它消耗海水的内能。有人曾计算过，地球表面有10亿立方千米的海水，以海水作为单一热源，若把海水的温度哪怕只降低0.25℃，放出的热量，将能变成一千万亿千瓦时的电，足够全世界使用一千年。但只用海水作为单一热源吸取热量使之完全变成有用功并且不产生其他影响，这违反了开尔文的说法。因此，热力学第二定律又可以表述为：第二类永动机是不可能制成的。

（3）绝对零度不可达

"温度是否可以一直降下去，直到一个最低的限度"，这是物理学家们一直关心和研究的问题。绝对零度的概念早在17世纪阿蒙顿（Amontons Grillaume）的著作中就已有萌芽。1699 年，法国科学家阿蒙顿发明了一种温度计，他观测到空气的温度每下降一等量份额，气压也下降等量份额。由此设想在某个温度下空气的压力将等于零，而当压强下降至零时温度就不能再降低。因而他推测出温度降低必有一极限值，且达到这个温度时，所有运动都将趋于静止，因此，任何物体都不能冷却到这一温度以下。虽然"绝对零度不可能达到"的观念在物理学家已经隐约预见，但是直到 1912 年，这一物理学基本原理才被德国物理化学家能斯特在他的著作《热力学与比热》中提出，"不可能通过有限的循环过程使一个物体冷却到绝对零度"，即绝对零度不可能达到，这就是热力学第三定律的表述。

热力学第三定律还有另一种等价表述，"在绝对零度时，任何纯物质的完美晶体的熵等于零"。熵（Entropy）是克劳修斯在 1865 年创造的。1877 年，奥地利物理学家玻尔兹曼对"熵"做出了更确切的解释，熵是用来度量无序化程度的，混乱度越大熵就越大。

第三定律被称为"热力学大厦封顶之作"，其提出虽然表明了绝对零度不可达到，但也驱动着科学家们不断地向绝对零度靠近，创造一个又一个的世界低温纪录。早在 1926 年，德拜和吉奥克用磁冷却法达到了 10^{-3} K。1995 年，科罗拉多大学和美国国家标准研究所的两位物理学家爱里克科内尔和卡尔威曼成功地使一些铷原子达到了 2×10^{-8} K。2003 年，由德国、美国、奥地利等国科学家组成的国际科研小组获得了 5×10^{-10} K。人们发现温度越低，逼近绝对零度就更加困难，说明绝对零度是低温的极限，是不可能达到的。

 **想一想**

　　2.5　如何将热力学第三定律中提到的系统熵值与环境问题联系起来？

2.2.2　生机勃勃的熵增世界

"熵"世界观与可持续发展

热力学第二定律指明了能量传递和能量转换过程的方向、条件和限度。开尔文的表述表明功变热是不可逆的；克劳修斯的表述说明热传递的不可逆性。而流传最广的一种表述为"在孤立体系的任何自发过程中，体系的熵总是增加的"即熵增原理。

$$\Delta S_{\text{孤立}} \geq 0 \tag{2.2}$$

　　式（2.2）只适用于孤立系统。

熵增原理是热力学第二定律的又一种表述，它比开尔文、克劳修斯表述更为概括地指出了不可逆过程进行的方向。随着熵增定律的提出，科学家认清了一个事实。热和功的数量可以相同，但是本质并不相同。功可以无条件地转化成热，而热转化为功是有条件的。熵增定律告诉我们从有序走向无序的过程不能做功，比如热能从高温趋向低温，成为耗散结构。但根据能量守恒定律，耗散的能量形成了空气的流动即形成了风。耗散结构理论告诉我们从无序走向有序的过程，比如风是耗散结构，我们制造风力发电机，重新将不能做功的能量存在形式风利用起来，成为可以做功的能量。从这两个理论中受到启发，用以判断地球能量的存在及转化形式。

熵增定律不仅适用于热力学所研究的对象，也在一定程度上适用于地球这一封闭系统（相对宇宙）。地球的熵值不断增大，有效能量不断减少。说明有一定的有效能量转化为不能做功的无效能量，构成了污染。例如，汽车排出的废气就是无效状态的能量。美国著名的经济学家布尔丁曾指出，生产过程是以产出高熵废料为代价来制造高度有序的低熵品。例如，人们燃烧煤、石油、天然气，将热能转变为发动机的机械能，由于热能是分子杂乱无章的无序运动，而机械能是发动机的有序运动，在生产过程中付出的代价是，将部分余热散失在大气中，将燃烧残留物也释放到大气中，造成了环境污染。

物质世界的状态总是自发地从有序转变成无序，从"低熵"变到"高熵"。那么我们如何从熵增定律得到启发，来解决我们面临的日益严重的环境问题呢？

地球经过漫长的地质年代，逐渐在地壳内部积累了巨大的能量，形成了巨大的应力作用。当地壳某些地带无法承受这种应力时，就会发生位错或断裂，以波的形式传到地面就形成了地震。热是各种地质作用的原始驱动力，火山活动就是地球内部热不均匀在地表的反映。海底地震和火山喷发，可能引起巨大的海浪向外传播，从而引发海啸。森林中的落叶和腐朽的树干等在干燥的气候条件下极易产生森林大火。

这些灾害发生时地球显得混乱不堪。地球通过灾害的发生，缓解其不平衡的紧张状态，重新回到平衡态。这也是熵增定律告诉我们的一个从有序到无序的过程，能量总有从高位能转为低位能的趋势，地球能量如果不能以一种缓和的方式发生，就要以剧烈的形式爆发，成为地球灾难。从而可以解释为什么地球上存在着无法避免的第一类环境问题（自然灾害）。地球灾害爆发时表现出来的巨大威力证明地球并不缺少能量，只是按照其自身规律运行。如果能遵循和利用它，让地球的能量有效地为人类服务，可以解决能源危机问题。随着科技发展进步，我们对风能、水能、潮汐能等的合理开发利用也将有效避免地球能量的过度累积。

海洋就像个巨大的太阳能集热和蓄热器。海洋温差能是指海洋表层和深层海水间因水温差所形成的能量。太阳投射到地表的能量大部分被海水吸收，使海洋表层水温升高。赤道附近太阳直射多，其海域的表层温度可达 25～28℃，波斯湾和红海由于被炎热的陆地包围，其海面水温可达 35℃。而在海洋深处 500～1000m 处水温却只有 3～6℃。这个垂直的温差就是可供利用的巨大能源。尽管卡诺定律告诉我们这个温差做功效率很低，但效率旁边乘上的却是一个巨大的热量，其乘积巨大，说明海洋热能的潜力相当可观。

发展是人类永恒的主题，人类的物质生活越富裕，经济水平越高，能源开采和利用越多，对环境的影响也就越大，使人类面临第二类环境问题。由于人类的活动打破了环境原有的自然规律和平衡，这个过程就是熵增过程。当熵值达到最大时，系统的混乱程度也将达到极限。人类活动的强度逐渐增大，如果我们不实施环保和开发新能源，系统必定向着熵值增大的方向发展，即第二类环境问题也不可避免，且会越来越严重，后果将不堪设想。因此，环境保护的意义在于增强环保意识，人为地控制和减缓系统熵值变为无序的过程，努力开发利用可再生的能源，维护生态平衡，走可持续发展的道路，使人们赖以生存的空间得到保护，使熵增世界愈发生机勃勃！

 想一想

2.6　熵增是一个从有序到无序的过程，而熵减则相反，是从无序到有序的过程。每一个孤立的系统一定会随着时间的推移总混乱程度随之增加，而且过程是单向的，像时间一去不复返一样不可逆。我们可以通过哪些措施控制自然熵增实现人为熵减？

2.3　传统能源消耗与环境

2.3.1　常规能源

煤炭是埋在地壳中的低等植物、浮游动物和高等植物，由于地壳运动等原因，经过一系列的物理和化学作用而形成的，也称作原煤。按煤炭中挥发物含量的不同，可将其分为泥煤、褐煤、烟煤和无烟煤等类型，其中泥煤的煤化程度最低，无烟煤的煤化程度最高。煤炭既是重要的燃料也是珍贵的化工原料，在国民经济的发展中起着至关重要的作用。煤炭在电源结构中约占 72%，在化工生产原料用量中约占 50%，在工业锅炉燃料中约占 90%，在民用生活燃料中约占 40%。

石油又称原油，在化石能源中的含量仅次于煤，是一种黄色、褐色或黑色的，流动或半流动的，黏稠的可燃性液体。石油中石蜡含量的高低决定了石油的黏稠度。此外，含硫量也是评价石油的指标，对石油加工和产品性质的影响很大。石油是一种用途极为广泛的天然宝贵矿藏，可作为陆海空交通运输的动力燃料，提炼可用作现代国防新型武器的燃料，重要的化工原料，与国民经济息息相关，被称为国民经济的"血液"，在国民经济中具有重要战略地位。

 **想一想**

　　2.7　从石油中提炼出的汽油、柴油、煤油之间有什么区别？近年来提出的生物柴油是如何得到的？

天然气是世界上继煤和石油之外的第三大能源，是地下岩层中以碳氢化合物为主要成分的气体混合物的总称，主要由甲烷、乙烷、丙烷和丁烷等烃类组成，其中甲烷占 $80\%\sim90\%$，还含有 H_2S、CO_2、N_2 和水蒸气及微量稀有气体氦和氩等。天然气可分为纯天然气（也称气田气）、石油伴生气、凝析气、煤层气和可燃冰，比空气轻、无色、无味、无毒，其在空气中含量达一定浓度会使人窒息，当浓度达到 $5\%\sim15\%$ 范围时，遇明火容易发生爆炸。因此，天然气公司在其中添加了臭味剂（四氢噻吩）用以快速察觉天然气的泄漏。天然气是 21 世纪重要能源和化工原料，燃烧时具有很高的发热值。

水能是指水体的动能、势能和压力能等能量资源，包括河流水能、潮汐水能、波浪能、海流能等，是一种可再生的清洁能源。构成水能的最基本条件是水流量和落差，流量大落差大，蕴藏的水能就大。早在 19 世纪末期，人们学会将水能转换为电能。水力交流发电机发明后，水能得以大规模开发利用。目前水力发电是水能利用的最主要方式，水电也是水能的代名词。水能资源最显著的特点是可再生、无污染。开发水能对江、河的综合治理和利用具有积极作用，改善能源消费结构，缓解由于消耗煤炭、石油等化石能源带来的污染。我国水能的理论蕴藏量、技术和经济可开发量均居世界第一，其次为俄罗斯、巴西和巴拿马。

 想一想

　　2.8　有人把"节约能源"列为继煤、石油、天然气、核能之后的"第五常规能源"，谈谈你对此的看法。

2.3.2 能源开发与环境效应

(1) 采煤的危害

煤炭是我国的第一能源，作为一种不可再生能源，煤炭的地下和露天开采都会引发背离可持续发展的诸多生态环境问题。

① 污染大气

煤炭开发过程中，会排放大量瓦斯气体。煤炭瓦斯中含有温室气体甲烷。据统计，我国每年采煤时排放的煤炭瓦斯气体约 200 亿立方米，约占我国工业生产甲烷排放量的 1/3，引起了国际社会的普遍关注。同时，煤炭开采过程中还会产生大量煤烟、粉尘以及以 SO_2、NO_x 等有害气体，容易引发雾霾天气。

② 污染水体

据统计，全国煤矿每年排放矿井水 22 亿吨，工业废水 312 亿吨，洗煤废水 15 亿吨，废水总量占全国工业废水总量的 11.4%。矿井水中含有大量煤粉等高浓度悬浮物质、石油类污染物质、重金属以及部分放射性物质。煤炭中通常含有黄铁矿（FeS_2），与进入矿井内的地下水、地表水和生产用水混合，使矿井的排水呈酸性。此外，矿区洗煤过程中也排出含硫、酚等有害污染物的酸性水。

③ 损害土壤和土地资源

煤矿区土壤中的有害元素主要来源于煤矸石风化自燃、淋溶，矿区大量粉尘、废气的沉降以及矿井水。有害元素通过导水砂层、地层裂缝、河流等发生污染转移，使矿区及周边地区的土壤质量下降、生态系统退化、农作物减产甚至威胁人体健康。同时，煤炭开采过程也对土地资源造成了直接损害，主要包括挖损、塌陷和压占三种类型。其中，土地塌陷对生态环境的损害程度最大。

④ 噪声污染

煤炭开采过程带来的噪声污染也逐渐受到人们的关注。煤矿噪声可分为井下噪声和地面噪声两种。井下噪声主要来自凿石、放炮、采煤、运输、提升、排水等所用的各种设备。煤矿噪声具有强度大、声级高、连续时间长、频带宽等特点。

(2) 石油开采的危害

石油开采过程中涉及的泥浆、含油污水和洗井污水均会对环境造成污染。泥浆中含有碱、铬酸盐等腐蚀性试剂；含油污水中含有酸、碱、盐、酚、氰等污染物都需经过处理后才能向外排放。此外，井喷事故、海上采油等，会造成严重环境污染，破坏海洋生态平衡。2010 年 4 月 20 日，英国石油公司在美国墨西哥湾租用的钻井平台"深水地平线"发生爆炸，导致美国历史上"最严重的一次"漏油事故。约 7.8 亿升原油泄入墨西哥湾，多地土壤受侵蚀，植被退化，某些海洋生物因此灭绝。

此外，石油加工过程会排出含油、硫、碱和盐以及酚类、硫醇等有机污水，每加工 1 吨原油需耗水 2~5 吨。炼油厂产生的废气和废渣也含有大量的有害物质。其中废气含有烃类、CO 和氧化沥青尾气等；废渣中毒性大的主要是石油添加剂废渣。石油加工或炼制的"三废"排放比煤气化和液化时多 10 倍以上。

(3) 天然气开采的危害

天然气在化石能源中属于最清洁的能源，开采过程对环境影响较小。随着天然气勘探开发领域的不断扩大，面临的对象复杂，天然气勘探开发难度和安全风险也越来越大。在天然气开发中，钻井会破坏地貌和地层结构，采气会降低地层压力，导致地面下沉，甚至引发地震灾害。另外，在钻井、试油、采气、输气和天然气净化时，还会产生大量的废气和废液（主要为 H_2S 和伴生盐水），这些废弃物排入环境将引发污染。

（4）水能开发的危害

水能是人类利用最早的一次能源。早期，人类利用水能的规模很小，主要利用水流的动能带动简单机械，对环境几乎无影响。目前，我国水电年发电量约占能源消费总量的 7%，根据应对气候变化和污染减排要求，到 2030 年，我国非化石能源占一次能源消费比重将达到 25% 左右。由此，大规模的开发水电可能影响陆生和水生生物并影响生物多样性。同时水力发电利用水流的机械能，需要高的落差，必须建筑大坝拦河蓄水，从而导致部分自然景观遭到破坏，甚至诱发地震。

 **想一想**

2.9　近年来，北方的冬季污染愈发严重，造成污染的主要原因就是燃煤，煤为什么会成为脏燃料呢？清洁煤炭的理念是否是"遥远的梦想"？

2.3.3　能源利用引发的环境问题

能源虽然可以给人类带来生产和生活上的便利，但过量地使用会给人类带来污染和危害。尤其是随着工业与运输业的迅猛发展，能源的消耗量逐渐增大，增加了环境负荷。常规能源利用对环境的影响主要有以下三种。

（1）温室效应

随着世界化石燃料消耗的急剧增长，排入大气中的 CO_2 呈增长趋势。工业革命前，大气中的 CO_2 按体积计算是每 100 万大气单位中约有 280 个单位，与海洋和绿色植物的吸收和存储基本平衡。之后，由于大量化石能源的燃烧，1988 年大气中 CO_2 浓度已达到 349 个单位，2008 年升高到 394 个单位。详见 3.2.3。

（2）酸雨

酸雨是另一个能源利用引发的综合性全球环境污染问题。详见 3.2.3。

（3）热污染

根据热力学定律，任何能量转换装置的效率都不能达到 100%。例如，使用非再生性的常规能源，火力发电厂将煤的化学能转化为电能的效率约为 40%，汽车发动机将石油化学能转化为机械能的效率约为 25%，核电站的效率约为 33%。大部分能源在利用过程中以热能的形式散失于环境中，造成热污染。一般包括水体热污染和大气热污染。水体温度升高，会对水生生物构成威胁。部分工业园区因燃烧燃料，随烟气排出大量的废热，机动车行驶和空调运行排放的热量可能使城市内气温升高，形成"热岛效应"。

2.3.4　能源与环境的协调发展

能源与环境的协调发展需要建立可持续的能源支持系统和不危害环境的能源利用方式。二者必须协调，以环境保护作为制约条件，促使能源开发、加工、储存、运输和利用的不断合理化、最优化，达到既能满足社会经济发展对能源不断增长的需要，又能保证能源的利用对环境产生极小的影响。

　　未来 15 年我国能源发展战略基本构想为：节能效率优先，环境发展协调，内外开发并举，以煤炭为主体、电力为中心，油气新能源全面发展，以能源的可持续发展和有效利用支持经济社会的可持续发展。主要包括：确立节能的优先地位，努力提高能源利用效率；加快产业结构升级，提高能源节约效率；大力推进洁净煤技术，减少环境污染，实现能源与环境保护协调发展；大力发展替代能源技术，改善能源结构；坚持科技先行，实现节能资源的多元化发展；加强国际合作，积极利用国内外能源。

　　"低碳经济"已在世界范围内达成共识，主要国家已开始采取有效措施以促进低碳技术和产业的发展。我国目前正在调整能源结构与经济结构，推进节能减排，拒绝先污染后治理的发展模式。习近平在致 2019 太原能源低碳发展论坛开幕的贺信中指出，能源低碳发展关乎人类未来。联合国 1980 年通过的《世界自然资源保护大纲》中指出：地球是宇宙中唯一已知的可维持生命的星球；人类寻求经济发展及享用自然丰富的资源，必须符合资源有限的事实以及生态系统的支撑能力，还必须考虑子孙后代的需要。因此，使能源与环境协调发展是摆在全人类面前的共同任务。

 **想一想**

　　2.10　"低碳社会""低碳城市""低碳超市""低碳校园"等词使得"低碳"成为一种时尚，你的日常生活中有哪些低碳的行为？

2.4　新能源技术及未来

　　新能源是相对于常规能源而言的，随着科学技术的发展，现有新能源可能变为常规能源，同时也会出现另一些新能源。我国在"十三五"规划主要目标中明确指出："生态环境质量总体改善，生产方式和生活方式绿色，低碳水平提高。"实现这一目标就要走绿色发展道路，发展新能源技术被提到前所未有的国家战略高度。"十四五"规划特别强调：我国将加快发展非化石能源，坚持集中式和分布式并举，大力提升风电、光伏发电规模，加快发展东中部分布式能源，有序发展海上风电，加快西南水电基地建设，安全稳妥推动沿海核电建设，建设一批多能互补的清洁能源基地，非化石能源占能源消费总量比重提高到 20％左右。

2.4.1　我国能源结构特点

　　我国能源总量丰富，人均占有量低；煤炭的生产和消费比重偏高，全国发电的78％左右是燃煤；能源总体需求量大，石油、天然气的生产量低，消费量高，供需缺口较大；新能源利用率低，发展潜力大，风能、太阳能、地热能、海洋能、生物质能源蕴藏丰富。未来能源将逐步降低煤炭、石油等一次性能源的消费比重，重点开发有利于社会和生态环境可持续发展的清洁可再生能源技术。

　　近年来，我国大力发展水能、风能、太阳能等清洁能源，能源结构调整步伐不断加快。2018 年，我国清洁能源消费量占能源消费总量的 22.1％（图 2.2），非化石能源消费占能源消费总量的 14.3％。其中，水电、风电、光伏发电装机规模均稳居世界首位。

国家统计局的数据也显示，截至 2018 年底，水电总装机容量约 3.5 亿千瓦时，稳居世界第一。2012～2018 年，水力发电量呈稳定增长趋势，水力发电量为 11027.5 亿千瓦时，同比增长 1.93%。

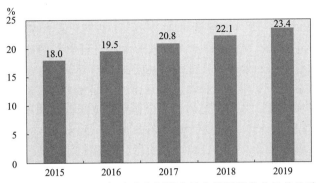

图 2.2　2015～2019 年清洁能源消费量占能源消费总量的比重

2019 年 12 月 12 日《中国 2050 年光伏发展展望》报告了近年来我国光伏发电发展迅速。预计 2025～2035 年间，我国光伏发电总装机规模将分别达到 730 吉瓦和 3000 吉瓦。到 2050 年，该数据将达到 5000 吉瓦，光伏将成为我国第一大能源，约占当年全国用电量的 40% 左右。2019 年，我国能源系统淘汰落后过剩产能，组织实施年产 30 万吨以下煤矿分类处置，关闭退出落后煤矿 450 处以上；有序发展优质先进产能，积极推进风电、光伏发电无补贴平价上网，首个核电供暖项目投入商运，持续推进煤电超低排放和节能改造。目前，水、风、光、核等非化石能源装机容量已达 7.99 亿千瓦。

2.4.2　新能源技术

新能源技术包括太阳能技术、核能技术、地热能技术、生物质能技术、风能技术、海洋能技术等。其中太阳能技术与核能技术是新能源技术的主要标志，对核能、太阳能的开发利用，打破了以石油、煤炭为主体的传统能源观念，开创了能源的新时代。

（1）太阳能——无私的众能之源

太阳是一个巨大的炽热气体球，直径约为 1.39×10^6 km（约为地球 109 倍），其内部不断进行热核反应，从而释放出巨大的能量。太阳以电磁波的形式向宇宙空间辐射能量。目前直接利用太阳能的方式有三种。

光热利用技术是目前直接利用太阳能的主要方式。所需的关键设备是太阳能集热器。有平板式和聚光式两种类型，在集热器中通过吸收表面（一般为黑色粗糙或采光涂层的表面）将太阳能转换成热能，用来加热传热介质（一般为水）。例如，薄层 CuO 对太阳能的吸收率为 90%，可达到的平衡温度计算值为 327℃；聚光式集热器则用反射镜或透镜聚光，能产生很高温度，但造价昂贵。在我国太阳能热水器，太阳能灶，太阳能干燥器、蒸馏器、采暖器，太阳能农用温室等已被推广使用。

光电利用技术是人们最感兴趣的太阳能应用方式。利用太阳能电池可直接将太阳辐射能转换成电能。目前用半导体材料制成的光电池已进入实用阶段，如单晶硅、多晶硅、非晶硅、硫化镉、砷化镓等制备的太阳能电池，可用作手表、收音机、计算器、灯塔、边防哨所等电源，还可用于汽车、飞机和卫星上的电源。1954 年美国贝尔实验室首次发明了以 p-n 结为基本结的硅太阳电池，揭开了太阳能光伏利用技术的序幕。我国在 1971 年发射的第二颗人造卫星上开始使用太阳能电池。1996 年 9 月"中国一号"太阳能电动轿车在江苏连云港面世，在轿车的前端盖面和顶盖共装有 $4m^2$ 的太阳能光电板，将光能转换为电能来驱动轿车。太阳电池还能代替燃油用于飞机上，世界上第一架完全利用太阳能电池作为动力的飞机——"太阳挑战者"号已经试飞成功，该飞机共飞行 4.5h，高度达 4000m，飞行速度为 60km/h，飞机上共装置了 16000 多个太阳能电池，最大输出功率为 2.67kW。随着空间技术的发展，科学家们计划在太空建造太阳能发电站，减少对化石能源的依赖，使能源利用更加清洁环保。

光化（学）利用技术是利用光和物质相互作用引起化学反应。例如，利用太阳能在催化剂参与下分解水制氢。另外，植物的光合作用对太阳能的利用效率极高，利用仿生技术，模仿光合作用一直是科学家努力追求的目标，一旦解开光合作用之谜，就可使人造粮食、人造燃料成为现实。

此外，太阳到达地球的能量，除直接的太阳辐射能外，风、流水、海流、波浪和生物质中所含的能量也来自太阳辐射能。因此，太阳能的间接利用也包括水能、风能、海洋能和生物质能等的利用。太阳能不会污染环境，破坏生态平衡，分布与使用范围很广，对交通不便的边远地区、山村、海岛具有更大优越性，是一种理想的清洁能源。专家预测，太阳能将成为 21 世纪人类的重要能源之一。太阳能的间歇性（受日夜、季节、地理和气候的影响）、能量密度较低、设备制造成本高是利用中的难题。因此，如何开发新型电池材料，设计新的电池结构以降低成本，有效地收集和转换太阳辐射能，提高光电转化效率，是太阳能利用的关键课题。

（2）核能——释放的潘多拉魔盒？

核能又称原子能，是原子核发生变化即原子核内的核子（中子或质子）重新分配和组合时释放出来的能量。能量释放方式一种是核裂变，另一种是核聚变。

核裂变反应是用中子（$_0^1n$）轰击较重原子核使之分裂成较轻原子核的反应。能引起核裂变的极好核燃料有铀-235 和钚-239。目前正在运转的核电厂使用的核燃料都是铀-235，它是自然界仅有的能由热中子（亦称慢中子，相当于在室温 $T=293K$ 时的中子）引起裂变的核。钚-239 是人工制备的可由热中子引起裂变的核。裂变产物非常复杂，已发现的裂变产物有 35 种元素（$_{30}Zn$ 到 $_{64}Gd$），其放射性同位素有 200 种以上。考虑各种可能的裂变方式，平均一次裂变放出 2.4 个中子。

裂变所释放出的巨大能量与质量亏损有关，可用爱因斯坦（Einstein）质能关系式进行计算：

$$\Delta E = \Delta m \cdot c^2 \tag{2.3}$$

式(2.3)中，ΔE 表示体系能量的改变量（$\sum E_{生成物} - \sum E_{反应物}$），$\Delta m$ 表示体系质量的改变量（$\sum m_{生成物} - \sum m_{反应物}$），$c$ 为光速（$2.9979 \times 10^8 m/s$），若以如下裂变反应为例：

$$_{92}^{235}U + _0^1n \longrightarrow _{56}^{142}Ba + _{36}^{91}Kr + 3_0^1n \tag{2.4}$$

已知 $_{92}^{235}U$、$_{56}^{142}Ba$、$_0^1n$ 和 $_{36}^{91}Kr$ 的摩尔质量分别为 235.0439、141.9092、1.00867 和 90.9056g/mol，则可求出 $\Delta m = -0.2118g/mol$。

$$\Delta E = \Delta m \cdot c^2 = -1.9035 \times 10^{10} kJ/mol$$

折合成 1.000g 铀-235 放出的能量是 $8.1 \times 10^7 kJ$。而每 1g 煤完全燃烧时放出的热量约为 30kJ。这就是说，1g 铀-235 裂变所产生的能量相当于约 2.7t 煤燃烧时所放出的能量，可见核能威力巨大。

核聚变是使很轻的原子核在异常高的温度下合并成较重的原子核的反应。反应进行时放出更大的能量。以氘（$_1^2$H）与氚（$_1^3$H）核的聚变反应为例：

$$_1^2\text{H} + _1^3\text{H} \longrightarrow _2^4\text{He} + _0^1\text{n} \tag{2.5}$$

已知 $_1^2$H、$_1^3$H、$_2^4$He 和 $_0^1$n 的摩尔质量分别为 2.01355、3.01550、4.00150 和 1.00867g/mol，所以，

$$\Delta E = \Delta m \cdot c^2 = -1.697 \times 10^9 \text{kJ/mol}$$

对于 1.000 g 的核燃料来说，因 $_1^2$H 和 $_1^3$H 的摩尔质量分别为 2.014、3.016g/mol，所以，

$$\Delta E = -1.697 \times 10^9 \text{kJ/mol} \times \frac{1.000\text{g}}{(2.014 + 3.016)\text{g} \cdot \text{mol}^{-1}} = -3.37 \times 10^8 \text{kJ}$$

即 1g 燃料核聚变所产生的能量约为核裂变相应能量的 4 倍。

核聚变的燃料主要为氘（$_1^2$H）与氚（$_1^3$H），氘可以从海水中提取，每升海水中约含氘 0.03g，因此是"取之不尽，用之不竭"的能源。氚是放射性核素（半衰期 12.5a），天然不存在，但可以通过中子与 $_3^6$Li 进行下列增殖反应得到：

$$_3^6\text{Li} + _0^1\text{n} \longrightarrow _2^4\text{He} + _1^3\text{H} \tag{2.6}$$

$_3^6$Li 是一种较丰富的同位素（占天然锂的 7.5%），广泛存在于陆地和海洋的岩石中，海水中也含有丰富的锂（0.174g/m^3），相对讲也是取之不尽的。

从人类能源需求的前景看，发展核能是必由之路。国务院批准的《核电中长期发展规划（2005—2020 年）》可以看出我国对核电发展的战略由"适度发展"变为"积极发展"。发展核能对于我国的可持续发展具有重要的战略意义，有利于确保我国长期的能源安全。核能除发电外，还将为交通运输和工业供热（如可用核能产氢和海水淡化等）提供能源，逐步取代日益短缺的石油资源。

（3）地热能——有深度就有温度

地热能是由地壳抽取的天然热能，这种能量来自地球内部的熔岩，并以热力形式存在，是导致火山爆发及地震的能量。地球内部地核的温度高达 5000～6500℃（图 2.3），而在 80～100km 的深度处，温度会降至 650～1200℃。地热能大部分来自地球深处的可再生热能，源于地球的熔融岩浆和放射性物质的衰变。还有一小部分能量来自太阳，大约占总地热能的 5%，表面地热能大部分来自太阳。按其在地下储存的形式，可以分

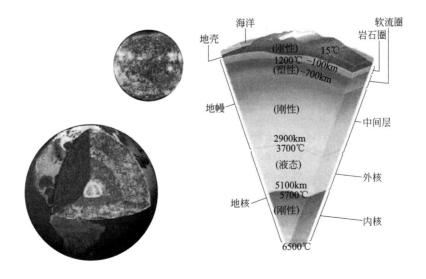

图 2.3　地球的温度

为四种类型：一是地热水或地热蒸汽，温度为 90～350℃，储藏深度在 100～450m；二是地压型地热，温度为 150～180℃，储藏深度在 3000～6000m；三是干热岩地热能，温度超过 200℃，需人工注水后才能开采；四是岩浆地热能，温度为 700～1200℃，可勘探深度在 3000～10000m。

我国地热资源储量丰富，经初步估算，约占全球地热资源的六分之一。但我国的地热资源以中、低温为主，高于 150℃ 的高温地热资源仅分布在西藏地区、云南腾冲和台湾。对发电来说，一般是温度越高越好，而中低温地热则更适于发展区域供暖、旅游、康养、保健等。

2017 年，国家发展改革委、国土资源部及国家能源局共同编制的《地热能开发利用"十三五"规划》正式发布。这是我国首个地热能开发利用的五年规划，被认为开启了我国地热产业的"第二个春天"。2018 年 1 月，六部委联合印发《关于加快浅层地热能开发利用促进北方采暖地区燃煤减量替代的通知》。2018 年 6 月，国务院印发《打赢蓝天保卫战三年行动计划》，提出按照宜电则电、宜气则气、宜热则热、宜煤则煤的原则推进清洁取暖。总体思路中添加了"宜热则热"，也意味着经过一段时间实践论证，地热供暖得到肯定认可，未来将得到更大规模的推广。

在各种可再生能源的应用中，地热能显得较为低调，人们更多地关注来自太空的太阳能量，却忽略了地球本身赋予人类的丰富资源，地热能将有可能成为未来能源的重要组成部分。中国科学院院士汪集暘指出"与多数可再生能源相比，地热的最大优势是'稳定'。这意味着在与其他不稳定的可再生能源协同时，地热可以发挥类似火电的调峰作用，有效减少弃风、弃光等问题"。

 **想一想**

2.11　地热能能否发电？是否存在潜在的污染？

（4）生物质能——被忽视的巨人

生物质是指通过光合作用而形成的各种有机体，包括所有的动植物和微生物。生物质能是太阳能以化学能形式储存在生物质中的能量形式，即以生物质为载体的能量（图 2.4）。它直接或间接地来源于绿色植物的光合作用，可转化为常规的固态、液态和气态燃料，取之不尽、用之不竭，是一种唯一可再生的碳源。

生物质能的利用主要有直接燃烧、热化学转换和生物化学转换三种途径。人类对生物质能的利用，包括直接用作燃料的农作物秸秆、薪柴等；间接作为燃料的有农林废弃物、动物粪便、垃圾及藻类等，它们通过微生物作用生成沼气，或采用热解法制造液体和气体燃料，也可制造生物炭。生物质能是世界上最为广泛的可再生能源。据估计，每年地球上仅通过光合作用生成的生物质总量就达 1440～1800 亿吨（干重），其能量约相当于 20 世纪 90 年代初全世界总能耗的 3～8 倍。但是尚未被人们合理利用，多半直接当薪柴使用，效率低，同时影响生态环境。现代生物质能的利用是通过生物质的厌氧发酵制取甲烷，用热解法生成燃料气、生物油和生物炭，用生物质制造乙醇和甲醇燃料，以及利用生物工程技术培育能源植物，发展能源农场。联合国粮农组织认为，生物质能有可能成为未来可持续能源系统的主要能源，扩大其利用是 CO_2 减排的重要途径。

未来我国生物质能产业发展的重点是沼气及沼气发电、液体燃料、生物质固体成型燃料以及生物质发电；促进生物质能产业发展的政策环境将进一步完善；技术水平进一

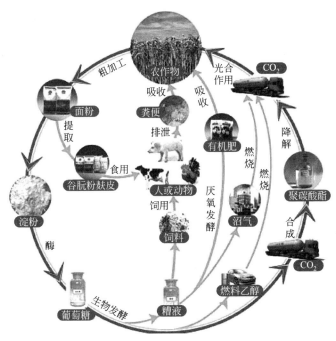

图 2.4　生物质能的循环

步提高；将有更多的大型企业参与；生物质能产业必将成为我国国民经济新的增长点。

(5) 风能——有前途的替代能源

风能是太阳辐射造成地球各部分受热不均匀，引起各地温差和气压不同，导致空气运动而产生的能量。据气象专家估计，一个来自海洋直径为 800 km 的台风的能量相当于 50 万颗 1945 年在广岛爆炸的原子弹的能量，说明风可带来巨大的能量。风能利用是综合性的工程技术，通过风力机将风的动能转化成机械能、电能和热能等。风能利用的主要形式有风力发电、风力提水、风力致热以及风帆助航等。

风能具有蕴藏量大、可再生、分布广、无污染的优点；同时，也有密度低、不稳定和地区差异大的弱点。风电清洁、环保，是我国推动能源转型、应对气候变化的需要，是提升非化石能源占一次能源消费比重目标的重要保障措施之一，其能源效益与环境效益显著。

(6) 海洋能——隐藏的蓝色能源

海洋能指依附于海水中的可再生能源，海洋通过各种物理过程接收、储存和散发能量，这些能量以潮汐能（3.9%）、波浪能（3.9%）、温差能（52.2%）、盐差能（39.2%）、海流能（0.8%）等形式存在于海洋之中。

海洋能的利用是指利用一定的方法、设备把各种海洋能转换成电能或其他形式可利用的能。我国拥有广阔的海洋国土和众多海岛，很多海岛远离大陆，电力和淡水供应十分紧张，研究高可靠、高效率、低成本的海洋波浪能发电技术意义十分重大。中国科学院广州能源研究所成功研发鹰式波浪能发电装置，在 2018 年经受住了超强台风山竹的洗礼。

2.4.3　新能源的未来

人们常说"21 世纪是生物技术的世纪，是信息技术的世纪，是海洋的世纪"目前我国新型能源技术主要体现在核聚变技术、生物质能技术、海洋能源的开发、太阳能源的开发等。2021 年是"十四五"规划的启航之年。在这个继往开来的时刻，新能源的未来将如何发展？

能源转型是世界各国能源发展的大趋势，各国都在积极探索未来能源转型发展路线，并将发展新能源和可再生能源作为推动未来能源转型的重点。美欧日等发达国家陆续出台了以支撑新能源发展为重点的能源发展战略。我国新能源发展战略可分为三个发展阶段：第一阶段到 2010 年，实现部分新能源技术的商业化，目前已经实现；第二阶段到 2020 年，大批新能源技术达到商业化水平，新能源占一次能源总量的 18% 以上；第三阶段是全面实现新能源的商业化，大规模替代化石能源，到 2050 年在能源消费总量中达到 30% 以上。

风电、光伏发电、水电等可再生能源既不排放污染物、也不排放温室气体，是天然的绿色能源。我国明确提出 2030 年前碳达峰、努力争取 2060 年前碳中和，对可再生能源发展提出了明确的要求，"十四五"规划和 2035 年远景目标纲要，也对可再生能源发展提出了明确任务。

国际能源署发布的 2020 年可再生能源报告显示，我国是 2020 年全球可再生能源容量增长的主要推动力之一。截至 2020 年底，我国可再生能源累计装机容量达到 9.34 亿千瓦，占全球可再生能源总装机规模的三分之一。特别是我国风电、光伏去年新增装机约 1.2 亿千瓦，占全球风电、光伏新增装机容量的一半以上，成为全球可再生能源发展的中坚力量。

截至 2020 年底，我国可再生能源发电装机占总装机的比重达 42.4%，较 2012 年增长 14.6 个百分点。其中，水电、风电、光伏发电、生物质发电分别连续 16 年、11 年、6 年和 3 年稳居全球首位。我国可再生能源的大规模发展也有力促进了风电、光伏为代表的新能源技术的快速进步，成本也快速下降，经济性快速提升，使全球可再生能源特别是风电、光伏发电加快成为新增主力能源。可以说，没有我国可再生能源的大规模发展，就不可能有全球可再生能源的快速蓬勃兴起，我国为全球能源转型、应对气候变化作出了中国贡献。

新型能源技术以一种更为先进无污染的方式进行资源利用，无疑将对未来社会的可持续发展产生巨大的推动力。展望未来，随着风能、太阳能等新能源技术的大规模应用，将进一步推低新能源技术成本，创新应用场景，变革商业模式，助推世界能源向低碳清洁转型。特别是在"一带一路"倡议的指引下，我国可与西亚、南亚、非洲等风能、太阳能资源条件好的地区进行新能源技术研发、装备制造、产能利用等领域的深度合作，不断提升世界可再生能源利用水平。

想一想

2.12 新能源汽车采用非常规的车用燃料作为动力来源，其中包括纯电动汽车、插电混合动力汽车、氢能源汽车。请你大胆设想下一代新能源汽车将以何种车用燃料作为动力来源？

阅读材料

▶扫码扩展阅读◀

能源与环境保护

习 题

1. 自然界中哪些能量之间可以相互转换？举例说明。

2. 什么是能量？简述能量存在的形式。

3. 什么是能源？可供人类利用的能源有哪些？如何进行分类？

4. 论述能源开发利用对环境的影响。

5. 从哪些方面对能源进行评价？

6. 如何解释机械能可以不花代价地全部转化为热能，而热能却不能全部转换为机械能？

7. 简述热力学三大定律，分析其与当今环境问题、节约自然资源等是否可以联系起来？

8. 火电厂进的是煤，出的是电，试说出这个过程中能量转化的形式。

9. 水壶中的水烧开时，壶盖会被顶起，用能量转化观点解释这一现象。

10. 简述几种常见的新能源。

11. 简述能源的开发利用引起的环境问题。

12. 我国能源结构的特点是什么？

13. 目前新能源主要有哪些？你认为哪种新能源的前景最好，并给出理由。

14. 煤的等级有何不同，为什么会存在这些差异？

15. 目前有哪些新型清洁能源可以开发利用？

16. 目前广泛使用的四大常规能源分别是_____、_____、_____和_____。

17. 家用煤气的主要成分是_____。为了避免煤气中毒，常在煤气中掺入微量异味气体比如_____使人们易于发现煤气泄漏。

18. 为什么天然气对温室效应的贡献比煤和石油小？

19. 生物质作为燃料的限制因素有哪些？

20. 核能的基本反应是什么？

21. 太阳能被称为一种理想的能量来源，它的缺点是什么？

22. 利用生物质能的主要影响是什么？广泛使用生物质能是否会产生温室效应？

23. 通过直接燃烧法利用生物质能会造成过量碳排放吗，为什么？

24. 简述太阳能的利用形式。

参考文献

[1] 陈砺，严宗诚，方利国. 能源概论. 北京：化学工业出版社，2019.

[2] 杨天华. 新能源概论. 北京：化学工业出版社，2013.

[3] 钱易，唐孝炎. 环境保护与可持续发展. 2 版. 北京：高等教育出版社，2016.

[4] 马光，等. 环境与可持续发展导论. 3 版. 北京：科学出版社，2014.

[5] 黄素逸，杜一庆，明廷臻. 新能源技术. 北京：中国电力出版社，2011.

[6] 卢平. 能源与环境概论. 北京：中国水利水电出版社，2011.

[7] 王新东，王萌. 新能源材料与器件. 北京：化学工业出版社，2019.

[8] 韦保仁. 能源与环境. 北京：中国建材工业出版社，2015.

[9] 冯俊小，李君慧. 能源与环境. 北京：冶金工业出版社，2011.

[10] 翁一武. 绿色节能知识读本：探寻公共机构节能之路. 上海：上海交通大学出版社，2012.

[11] Stanley E. Manahan, 环境化学. 孙红文，译. 9 版. 北京：高等教育出版社，2013.

[12] 郎铁柱，钟定胜. 环境保护与可持续发展. 天津：天津大学出版社，2005.

[13] 凯瑟琳·米德尔坎普，等，化学与社会. 8 版. 段连运，等译. 北京：化学工业出版社，2018.

第 3 章　大气污染及防治

3.1　大气环境

3.1.1　大气的分层

我们生活着的地球由一层大气包裹着，把地球与外太空分隔开来。围绕地球周围的气体称之为大气层，或称大气环境。其厚度为 2000～3000km，组分和物理性质在垂直方向上有显著差异，据此特征可将大气层分为若干层。按温度垂直变化的特点，自下而上将大气分为五层，如图 3.1 所示。

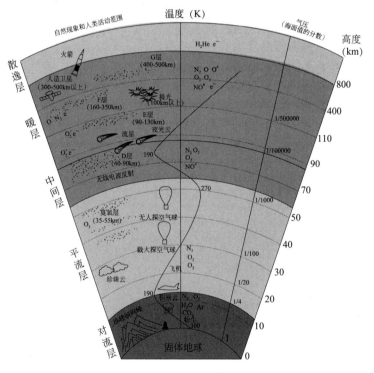

图 3.1　大气层结构

对流层是最接近地球表面的一层大气，也是大气的最下层，密度最大，所包含的空气质量几乎占整个大气质量的 75％，以及几乎所有的水蒸气和气溶胶。其厚度随着纬度和季节不同而不同。对流层平均厚度 12km，在赤道地区的平均厚度 19km，在两极地区的平均厚度 8～9km，并且呈现夏季厚、冬季薄的特点。对流层空气直接吸收太阳辐射很少，主要是吸收地面发射的红外辐射。大气受到地面加热，通过空气的对流运动将热量输送到上层空气。对流层内气温随高度升高而降低，平均高度每增加 100m，气温约下降 0.65℃。对流层中气象条件复杂，主要天气现象（如云、雾、雨、雪、雹等）都在此层形成。因此，对流层既会出现污染物，同时又有污染物易于扩散的条件，常见的一些空气污染都出现在对流层。

平流层是对流层层顶之上约 50～55km 处的大气层。在 15～35km 的范围内，氧分子在紫外线作用下，形成厚度约为 20km 的臭氧层。平流层内大气稳定，受地面长波辐射影响小，且臭氧层可直接吸收太阳的紫外线辐射使得该层大气气温增加。因此，平流层内高温层置于顶部，低温层置于低部，是上热下冷的一层。同时，平流层内垂直对流运动很小，只能随地球自转而产生平流运动，空气比对流层稀薄，水汽、尘埃含量很小，没有对流层中那种云、雨、风暴等天气现象，是一个静悄悄的世界。另外，平流层内透明度极高，是飞机飞行的理想空间。但是，污染物一旦进入平流层，就会在此层停留较长时间，有时可达数年之久，易造成大范围以至全球性的影响。

中间层是平流层顶到约 85km 高处的大气层。该层臭氧含量极少，不能大量吸收太阳紫外线，而氮、氧能吸收的短波辐射又大部分被上层大气所吸收，故气温随高度增加而迅速降低，垂直递减率大。中间层底部，高浓度臭氧吸引紫外线使平均气温徘徊在 0～−2.5℃ 之间；中间层顶附近的温度会降至 −83～−113℃。该层大气上冷下暖，致使空气有强烈的垂直对流运动。但由于空气稀薄，空气的对流运动不能与对流层相比。且层内水汽极少，几乎没有云层出现。中间层中上部，空气分子吸收太阳紫外辐射后可发生电离，习惯上称为电离层的 D 层，好像一面镜子，把广播台发出的电波反射回地面，这样我们就能收听到全世界的广播；有时在高纬度、夏季、黄昏时有夜光云出现。

暖层，又称"热层""热成层"，是从 85km 到约 800km 的大气层，它位于中间层顶以上。从热层底部向上，大气温度迅速增加，达到温度梯度消失时的高度，即为热层顶。该层的空气更为稀薄，本层空气质量仅占大气总质量的 0.5％。热层大气分子吸收了因太阳的短波辐射及磁场后其电子能量增加，其中一部分电离的离子和电子形成了电离层，可以反射无线电波，被人类利用进行远距离无线电通信。极光也是在热层顶部发生的。

散逸层，也称"外层""逃逸层"，距离地面 800km 以上的高空，位于热层（暖层）以上，是地球大气的最外层，大气圈向星际空间的过渡地带，没有确定的上界。在太阳紫外线和宇宙射线的作用下，大部分分子发生电离；使质子和氦核的含量大大超过中性氢原子的含量。散逸层空气极为稀薄，其密度几乎与太空密度相同，故又常称为外大气层。由于空气受地心引力极小，气体及微粒可以从这层飞出地球重力场进入太空。逃逸层的温度随高度增加略有增加。

3.1.2　大气的成分

地球表面的大气物质组成中分为恒定、可变和不定三种类型。其中恒定组分在地球上任何地方的体积分数几乎是不变的，寿命长于 10^3 年，比如氮气、氧气、惰性气体。而可变组分的含量会受到地区、季节、气象以及人类活动等因素的影响而有所变化，寿命从几年到几十年，比如 CO_2、水蒸气、CH_4、N_2O 的含量随季节和气象条件而改变，跟人类的活动关系密切。例如，水蒸气主要来自海水、江河、湖泊的蒸发以及土壤、植物的蒸腾作用，又可以通过降水回到生物圈和水圈。因此，水气含量也随空间位置和季节变化而改变，在热带达 4%，而在南北极则不到 0.1%。不定组分是由于火山爆发、森林火灾、海啸、地震等暂时性灾害所产生的大量尘埃、硫化氢、硫氧化物、氮氧化物等，有的是由于人类生产、生活活动所产生的废气，寿命小于 1 年，如表 3.1 所示。

表 3.1　大气成分及寿命

成分	体积分数	寿命	成分	体积分数	寿命
氮（N_2）	0.78083	$\sim 10^6$ 年	氪（Kr）	1.1×10^{-6}	$\sim 10^7$ 年
氧（O_2）	0.20947	$\sim 5 \times 10^3$ 年	氙（Xe）	0.1×10^{-6}	$\sim 10^7$ 年
氩（Ar）	0.00934	$\sim 10^7$ 年	氢（H_2）	0.5×10^{-6}	$6 \sim 8$ 年
二氧化碳（CO_2）	0.00035	$5 \sim 6$ 年	甲烷（CH_4）	1.7×10^{-6}	~ 10 年
氖（Ne）	1.82×10^{-6}	$\sim 10^7$ 年	一氧化二氮（N_2O）	0.3×10^{-6}	~ 25 年
氦（He）	5.2×10^{-6}	$\sim 10^7$ 年	一氧化碳（CO）	0.1×10^{-6}	$0.2 \sim 0.5$ 年

想一想

3.1　不同大气层对我们生活有什么影响？空气中有哪些恒定、可变和不定成分？我们每天呼吸的空气中含有哪些物质？

3.2　大气污染

3.2.1　何谓大气污染

按照国际标准化组织 ISO（International Organization for Standardization）的定义，大气污染是由于人类活动或自然过程引起某些物质进入大气中，呈现出足够的浓度，达到足够的时间，并因此危害了人类的舒适、健康和福利或环境的现象。换言之，只要是大气中某一种物质存在的量、性质及时间足够对人类或其他生物、财物产生影响，就可以称其为大气污染物，其存在造成的现象就是大气污染。

大气污染影响广泛。对人类呼吸道的影响最为直接和严重，与人类死亡率也有相关性。大气污染对材料、设备和建筑设施的腐蚀，从经济角度来看增加了工业生产费用，提高了成本，缩短了产品的使用寿命。由于大气污染而产生的酸雨，会影响植物的正常生长，对动植物和水生生物产生毒害。大气污染降低了能见度，减少到达地面的太阳光辐射量，日光比正常情况减少 40%。由于大气污染而产生的温室效应及"臭氧空洞"损害等，对全球的气候造成了不利影响。

3.2.2　大气污染物来源及分类

（1）来源

大气污染物主要来源于自然过程（天然源）和人类活动（人为源）两个方面。天然源主要包括：

① 自然尘（扬尘、沙尘暴、土壤粒子等）；

② 森林、草原火灾（会排放出 CO、CO_2、SO_x、NO_x、挥发性有机物等）；

③ 火山活动（会排放出 SO_2、硫酸烟尘等颗粒物）；

④ 森林排放（主要为萜烯类碳氢化合物）；

⑤ 海浪飞沫（颗粒物主要为硫酸盐和亚硫酸盐）；

⑥ 海洋浮游植物和海洋表层（会产生二甲基硫等挥发性含硫气体）。

人为源主要包括：

① 工业污染源。工业生产过程中排放到大气中的污染物种类繁多。如石油化工企业排放二氧化硫、硫化氢、二氧化碳和氮氧化物；有色金属冶炼工业排出二氧化硫、氮氧化物以及含重金属元素的烟尘等。

② 农业污染源。农业活动排放，农药及化肥的使用，会给环境带来不利影响。如田间施用农药时，一部分农药会以粉尘等颗粒物形式散逸到大气中，残留在作物体上或黏附在作物表面的仍可挥发到大气中。进入大气中的农药可以被悬浮的颗粒物吸收并随气流向各地输送，造成大气农药污染。

③ 交通运输污染源。汽车、火车、飞机、轮船等运输工具烧煤或石油产生的尾气也是重要的大气污染物。特别是城市中的汽车，量大而集中，对城市的空气污染很严重，成为大城市空气中的主要污染源之一。

④ 生活污染源。人类生活过程中会产生大量的固体废弃物，目前焚烧是处理固体废弃物的主要方法之一。用焚烧炉焚烧垃圾，虽然热能可以利用，但是垃圾中有害成分燃烧尾气排入大气会造成污染。

(2) 分类

大气污染物按与污染源的关系可将其分为一次污染物与二次污染物。一次污染物系指直接由污染源排放的污染物，如 SO_2、NO_2、CO、颗粒物等。它们又可分为反应物和非反应物，前者不稳定，在大气环境中常与其他物质发生化学反应，或者作为催化剂促进其他污染物之间的反应，后者则不发生反应或反应速度缓慢。二次污染物是指由一次污染物之间或一次污染物与大气的正常分子之间经化学反应或光化学反应形成的与一次污染物的物理、化学性质完全不同的新的大气污染物，其毒性比一次污染物更强。常见的二次污染物如硫酸及硫酸盐气溶胶、硝酸及硝酸盐气溶胶、臭氧、光化学氧化剂，以及许多不同寿命的活性中间物（又称自由基）如过氧羟基自由基（$\cdot HO_2$）、羟基自由基（$\cdot OH$）等。

大气污染物按其存在状态又可分为气溶胶状态污染物（亦称颗粒物）与气体状态污染物（简称气态污染物）。

气溶胶状态污染物是固体或液体小质点分散并悬浮在大气介质中形成的分散体系，即颗粒物大气，其粒径大致在 $0.002 \sim 100 \mu m$ 之间。按粒径大小可细分为总悬浮颗粒物（Total Suspended Particulate，TSP）、降尘、飘尘和可吸入颗粒物 PM_{10}、可入肺颗粒物 $PM_{2.5}$。近年来，细颗粒物 $PM_{2.5}$ 对环境空气质量以及人体健康造成了很大的影响，$PM_{2.5}$ 是指空气动力学直径小于或等于 $2.5 \mu m$ 的大气颗粒物，它的粒径不到人的头发丝直径的 $1/20$。其表面积大、粒径小，易于吸附大量有害物质且在大气中的停留时间长、输送距离远，可直接进入肺泡而沉积在肺部危害人体健康，是重污染天气"雾霾"的首要污染物。

$PM_{2.5}$ 的主要来源分为自然源和人为源，自然源包括森林火灾、火山喷发、土壤扬尘和植物花粉等；人为源危害更大，包括工业排放、燃煤排放、机动车尾气、垃圾焚烧、农村秸秆燃烧、建筑施工、道路扬尘和露天烧烤等。室内 $PM_{2.5}$ 来源于室外空气污染和室内吸烟。此外，大气中的气态污染物会通过大气化学反应生成二次颗粒物，使气体转换为固态相粒子，如 SO_2 氧化形成的 SO_4^{2-}，N_xO_y 或 VOC 在光照条件下反应生成的 NO_3^- 和有机物颗粒以及 NH_3 与大气中硫酸/硝酸中和形成的 NH_4^+ 等，形成二次颗粒物，从而造成大气污染。

$PM_{2.5}$ 主要对呼吸系统和心血管系统造成伤害。研究显示，被吸入肺部的 $2.5\mu m$ 以下的颗粒物，有 75% 沉积在肺泡内，细颗粒物作为异物停留在呼吸系统内，容易引发呼吸道阻塞或炎症。$PM_{2.5}$ 也能将致病病毒带入体内，引起流感、肺结核、肺炎和肺癌等疾病。

此外，$PM_{2.5}$ 是灰霾天气的主要成因。霾也称灰霾，霾的成分主要是直径不超过 $10\mu m$ 的颗粒，即 PM_{10} 和 $PM_{2.5}$。它们悬浮在对流层中，当逆温层出现时，雾霾将顷刻而至。

气体状态污染物主要是指含硫化合物、含氮化合物、碳氧化合物、臭氧、含卤素化合物、挥发性有机物（VOCs）等。

① 含硫化合物

二氧化硫（SO_2）是无色、有刺激性臭味的气体。当浓度为 $1\sim 5\mu L/L$（ppm）时就可以闻到臭味；$5\mu L/L$ 时长时间吸入可引起心悸、呼吸困难等心肺疾病，重者可引起反射性声带痉挛，喉头水肿以至窒息。最主要的是一定条件下 SO_2 可以进一步与氧气反应形成 SO_3，易溶于水形成硫酸颗粒，形成气溶胶即硫酸烟雾。若呼入这种气溶胶，易于被肺部组织吸收，对人体造成严重危害。著名的伦敦型烟雾就是硫酸烟雾，还可形成硫酸型酸雨。

硫化氢（H_2S）是一种无色、易燃的酸性气体。浓度低时带恶臭，气味如臭鸡蛋；高浓度可以麻痹嗅觉神经，反而没有气味。H_2S 有急性剧毒，短期内吸入高浓度的硫化氢后出现眼内异物感、咽喉部灼烧感和意识模糊等。极高浓度（$1000mg/m^3$）时可在数秒内突然昏迷，发生闪电型死亡。低浓度的硫化氢对眼、呼吸系统及中枢神经也有影响。H_2S 具有较强的还原性，很容易被氧化成 SO_2。

② 含氮化合物

一氧化氮（NO）是无色无味的气体，微溶于水，与易燃物、有机物接触易着火燃烧，在空气中易被氧化成二氧化氮（NO_2）。而 NO_2 有强烈毒性，是棕红色的刺鼻气体。吸入 NO_2 初期有轻微的眼及上呼吸道刺激症状等。常经数小时至十几小时或更长时间潜伏期后发生迟发性肺水肿、成人呼吸窘迫综合征等。NO_2 还是酸雨的成因之一，主要形成的是硝酸型酸雨。此外，氮氧化物是"光化学烟雾"的引发剂之一。

一般情况下空气中的氮和氧并不能直接反应生成氮氧化物，但是当空气遇到高温，如工厂采用煤进行高温燃烧时，汽车内燃机中温度也很高，这时氮气和氧气就会化合生成两个一氧化氮分子，即 $N_2+O_2=\!=\!=2NO$。随后 NO 容易与大气中的氧气反应生成 NO_2，即 $2NO+O_2=\!=\!=2NO_2$。此反应一般需要 NO 的浓度较高时反应的速率才比较快。在城市大气中氮氧化物约 2/3 来自汽车等流动源的排放。

氨（NH_3）是一种无色、有强烈刺激性的气体。对人体的眼、鼻、喉等有刺激作用，在一定条件下可被催化氧化为 NO。大气中的氨不是重要的污染物。

③ 碳氧化合物

一氧化碳（CO）是无色、无臭、无味的气体，它对血液中的血色素亲和能力比氧大 210 倍，CO 进入体内后会立刻与血红蛋白结合，从而阻碍血红蛋白输送氧的功能，能引起严重缺氧症状，当 CO 浓度达到约 $100\mu L/L$ 时就可以使人感到头痛和疲劳。

二氧化碳（CO_2）是一种无色无味的气体，密度比空气略大，无毒，但不能供给动物呼吸，是一种窒息性气体。在空气中通常体积含量为 0.03%，若含量达到 10% 时，就会使人呼吸逐渐停止，最后窒息死亡，是主要的温室效应气体。

④ 臭氧（O_3）

O_3 是氧气（O_2）的同素异形体，在常温下，它是一种有特殊臭味的淡蓝色气体。它是大气层中的抗氧化物和碳氢化合物等被太阳照射，发生光化学反应而形成的。O_3 在人们的日常生活中被广泛使用，可应用于食物及水资源的消毒。然而空气中 1h 内臭氧的平均浓度超过 $1.22\mu L/L$ 时，会影响人体的呼吸系统，即使 O_3 分子的浓度较低，锻炼期间也可以降低健康人的肺功能，还会造成灰霾和光化学烟雾等污染，影响植物的生长。

⑤ 含卤素化合物

大气中以气态形式存在的含卤素化合物大致分为以下三类：卤代烃、氟化物和其他含氯化合物。卤代烃如三氯甲烷（$CHCl_3$）、氯乙烷（CH_3CH_2Cl）、四氯化碳（CCl_4）等是重要的化学溶剂，也是有机合成工业的重要原料和中间体，在生产使用中因挥发进入大气。大气中主要含氯无机物如氯气和氯化氢来自于化工厂、塑料厂、盐酸制造厂等。氟化物包括氟化氢（HF）、氟化硅（SiF_4）、氟（F_2）等，其污染源主要是使用萤石、冰晶石、磷矿石和氟化氢的企业，如炼铝厂、炼钢厂、玻璃厂、磷肥厂、火箭燃料厂等。

⑥ 挥发性有机物（Volatile Organic Compounds，VOCs）

据世界卫生组织（WHO）的定义，VOCs 是在常温下，沸点 50℃至 260℃的各种有机化合物。在我国，VOCs 是指常温下饱和蒸气压大于 70Pa、常压下沸点在 260℃以下的有机化合物，或在 20℃条件下，蒸气压大于或等于 10Pa 且具有挥发性的全部有机化合物。

大气环境中挥发性有机物的浓度虽然低（一般为 $\mu g/m^3$ 数量级），却在大气化学过程扮演着极为重要的角色，影响着大气的氧化性、二次气溶胶的形成和大气辐射平衡等，对一些区域或全球气候环境问题也有着重要影响。而且，一些挥发性有机物（如甲醛、苯、甲苯等）还具有毒性、致畸致癌性，将严重危害人体健康。

想一想

　3.2　我们呼吸到的空气含有哪些污染物？气溶胶污染物包含哪些？其主要危害是什么？

3.2.3　典型大气污染

大气污染不仅给人类、其他生物带来严重危害，同时也对自然环境造成一定影响。大气污染现象主要有酸雨、光化学烟雾、温室效应及臭氧层破坏。

（1）酸雨

酸雨是指 pH 值小于 5.6 的天然降水（即湿沉降，包括雨、雾和雪等）和酸性气体颗粒物的沉降（干沉降）。最早引起注意的是酸性降雨，所以习惯上统称为酸雨。

酸雨中的阳离子主要有 H^+、Ca^{2+}、NH_4^+、Na^+、K^+、Mg^{2+}，阴离子主要有 SO_4^{2-}、NO_3^-、Cl^-、HCO_3^-。其中 Cl^- 和 Na^+ 主要是来自海洋，浓度相近，对降水酸

度不产生影响。在阴离子总量中 SO_4^{2-} 占绝对优势，在阳离子总量中 H^+、Ca^{2+}、NH_4^+ 占 80% 以上。酸雨区与非酸雨区，阴离子 SO_4^{2-} 和 NO_3^- 浓度相差不大，而阳离子 Ca^{2+}、NH_4^+、K^+ 浓度相差却较大。

大气中 SO_2、NO_x 经过气相、液相或者气液界面转化为 HNO_2、HNO_3、H_2SO_4 等导致 pH 值降低；在转化过程中，O_3、$\cdot HO_2$、$\cdot OH$ 等成为重要的氧化剂；Fe、Mn 等金属离子在氧化过程中扮演了催化剂的重要角色；大气中 NH_3、Ca^{2+}、Mg^{2+} 等使降水的 pH 值有升高的趋势。因此多数情况下，降水的酸碱性取决于该地区大气中酸碱物质的比例关系。

酸雨中含有的酸主要是硫酸（H_2SO_4）和硝酸（HNO_3），是化石燃料燃烧产生的 SO_2 和氮氧化物排到大气中转化而来的。酸雨成分因各国能源结构和交通发达程度等而异。我国酸雨 $H_2SO_4/HNO_3 \approx 10/1$，而发达国家为 $(1\sim2)/1$。

酸雨的形成需要具备的条件是：

① 污染源条件，即酸性污染物的排放以及转化条件。如果大气中 SO_2 的排放量大，污染严重，降水中 SO_4^{2-} 的浓度就高，pH 值就低。

② 大气中的气态碱性物质浓度低，对酸性降水的缓冲能力很弱。氨是大气中唯一的常见气态碱。由于它的水溶性，能与酸性气溶胶或雨水中的酸反应，中和作用而降低酸度。在大气中，氨与硫酸气溶胶形成中性的硫酸铵，SO_2 也可由于与 NH_3 的反应避免了进一步转化成酸。大气中氨的来源主要是有机物分解和农田施用中氮肥的挥发。

③ 大气中颗粒物的酸碱度及其缓冲能力。研究表明，降水的 pH 值不但取决于某一地区排放酸性物质的多少，而且和该地区的土壤酸碱性质有关，如果碱性土壤中颗粒漂浮到大气中后和酸性物质中和，不易形成酸雨。但是颗粒上的金属离子往往容易成为 SO_2 氧化的催化剂，加剧酸雨的形成。我国很多地方大气中颗粒物浓度较高，在酸雨研究中不容忽视。颗粒物作用，一是所含的催化金属促使 SO_2 氧化成酸，二是对酸起中和作用。

④ 天气形式的影响。如果地形和气象条件有利于污染物的扩散，则大气中污染物的浓度降低，酸雨就减弱，反之加重。比如重庆地区燃煤量仅相当于北京的 1/3，但是每年由于重庆地区山地不利于污染物扩散，所以容易形成酸雨。

酸雨的形成机理：酸雨的形成是一个复杂的大气化学、大气物理现象。一般认为，大气中的 SO_2 和氮氧化物（NO_x）通过气相、液相、固相氧化反应生成 H_2SO_4 和 HNO_3 形成酸雨（图 3.2）。

SO_2 的氧化过程：①人类排放 SO_2 通过催化氧化成 SO_3，进而与水生成硫酸，大气颗粒物中的 Fe、Cu、Mn 是成酸反应的催化剂，反应式表示为：$2SO_2 + 2H_2O + O_2 \Longrightarrow 2H_2SO_4$。②大气光化学反应生成的臭氧（$O_3$）等，也可以通过光化学氧化将 SO_2 氧化为 SO_3，进而生成 H_2SO_4。

NO_x 的氧化过程：一氧化氮（NO）或二氧化氮（NO_2）在空气湿度大并存在金属杂质的条件下，主要经过催化氧化生成硝酸或硝酸盐，反应式可表示为：$2NO + H_2O \Longrightarrow 2HNO_3$。$SO_2$ 和 NO_x 在大气中经历了以上复杂的过程后，形成了硫酸、硝酸等酸性污染物使降水酸化。

酸雨带来的危害主要有：

① 水体酸化。一方面使鱼卵不能孵化或成长，微生物的组成发生改变，有机物分解缓慢，浮游植物和动物减少；另一方面使许多金属溶解加快，例如鱼体内汞浓度升

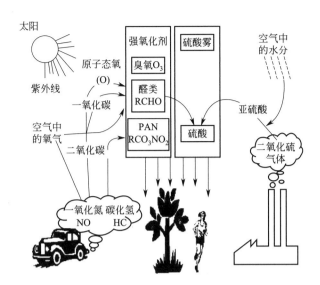

图 3.2 酸雨形成机理

高，一旦超过了鱼类生存的极限，导致鱼类大量死亡。

② 土壤酸化。土壤一般是弱碱性或中性的，经常降落的酸雨使土壤 pH 值降低，土壤里的营养元素钾、镁、钙、硅等不断溶出、流失，进而影响植物生长。

③ 森林遭受破坏。我国的四川、贵州、广东、广西四省因酸雨造成的森林破坏十分严重，在万州市的 650 万公顷松林中，已有 26％的松树枯死，还有 55％的松树遭到严重危害。

此外，酸雨对古建筑、雕塑、桥梁的侵蚀以及对人体健康的影响也十分显著。大理石的主要成分是碳酸钙，遭受酸雨的侵蚀、溶解生成硫酸钙，然后被雨水冲走或以结壳形式沉积于大理石表面，很容易脱落。水质酸化后，由于一些重金属的溶出，对饮用者也会产生危害。

（2）光化学烟雾

光化学烟雾是汽车、工厂等污染源排入大气的碳氢化合物和氮氧化物等一次污染物，在阳光照射下发生化学反应而产生的二次污染物，这种由一次污染物和二次污染物的混合物所形成的烟雾污染现象，称为光化学烟雾。因最早在 1943 年的美国洛杉矶首先发现，因此又称为洛杉矶烟雾。

世界许多大城市发生过光化学烟雾污染事件，包括日本东京、英国伦敦、中国的兰州西固石油化工区以及澳大利亚和德国等国的一些大城市。

当大气中的三个条件即强烈的太阳光、C_xH_y 和 NO_x 共存时，就会由光化学反应引发一系列的化学过程，产生一些氧化性很强的物质，如臭氧、过氧硝酸乙酰、醛类等二次污染物，该过程实际就是光化学烟雾的形成过程（图 3.3），主要反应为：

$$NO_2 + h\nu(290 \sim 430nm) \longrightarrow NO + O \tag{3.1}$$

$$O + O_2 + M \longrightarrow O_3 + M(M \text{ 为其他分子}) \tag{3.2}$$

$$O_3 + NO \longrightarrow NO_2 + O_2 \tag{3.3}$$

光化学烟雾呈蓝色，具有强氧化性，能使橡胶开裂，对植物叶子有害，对眼睛、呼吸道等有强烈刺激，并引起头痛、呼吸道疾病恶化，甚至造成死亡。其中刺激物的浓度峰值出现在中午和午后。光化学烟雾可随气流漂移数百公里，污染区域出现在污染源下风向几

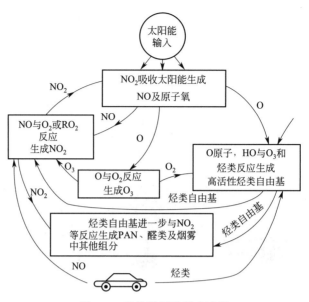

图 3.3 光化学烟雾形成过程

十到几百公里的范围内。随着光化学反应的不断进行，反应生成物不断蓄积，光化学烟雾的浓度不断升高。约 3～4h 后达到最大值。光化学烟雾对大气的污染造成很多不良影响，对动植物、建筑材料也有影响，并且大大降低能见度从而影响出行。

（3）温室效应

① 地球的热平衡 地球的热来源于太阳各种波长的辐射。这些辐射一部分在到达地面之前被大气反射回外空间或者被大气吸收后再次反射回外空间；一部分直接达到地面或者通过大气散射到达地面。到达地面的辐射有少量的紫外光、大量的可见光和长波红外光。这些辐射在被地面吸收之后，除了地表存留一部分用于维持地表生态系统热量所需，其余部分最终都以长波辐射的形式返回外空间，从而维持地球的热平衡。

② 温室效应 大气层中的某些微量气体如 CO_2、水蒸气，能让太阳的短波辐射透过加热地面，而地面增温后所放出的热辐射（长波红外），却被这些组分吸收使大气增温，这种现象称为温室效应。正常的温室效应，可以使地球表面保持在 15℃ 左右，保护着地球上的生命。但由于人类活动的影响，排放了过量的 CO_2、CH_4 和水蒸气等。近百年来，全球地面平均气温增加了 0.3～0.7℃，2020 年 2 月 9 日，巴西科学家在南极北端西摩岛测得 20.75℃ 的气温。这是 1880 年有气象记录以来，南极气温首次突破 20℃。

③ 温室气体 能使地球大气增温的微量组分，称为温室气体。主要的温室气体有 CO_2、氟利昂（CFC）、CH_4 及 N_2O 等。综合考虑其在大气中的浓度及其增长率，以及每个分子吸收红外线的能力，各温室气体对全球变暖所作贡献比例为：CO_2 占 55%、CFC 占 24%、CH_4 占 15%、N_2O 占 6%。CO_2 排放量的增加是全球变暖的主要原因，其中化石燃料燃烧所排放的 CO_2 占排放总量的 70%。另外森林的破坏导致绿色植物对 CO_2 吸收能力降低，绿色植物光合作用能大量吸收 CO_2，因此有人将森林比作"地球的肺"，据估算全球绿色植物每年能吸收 285×10^9 吨 CO_2，其中森林的吸收量占 42%。如果大气中 CO_2 含量增加一倍，地球表面温度将升高 4～6℃。

氟利昂（CFC）是氟氯烃的商品名，常用的有 CFC-11 和 CFC-12，分子式分别是 $CFCl_3$ 和 CF_2Cl_2。20 世纪七八十年代，科学家确认氟利昂不仅是温室气体的主要成分，还是破坏高空臭氧层的主要物质，各国便逐渐开始限制其生产和使用。近几年来氟利昂的排放已开始减少。因其寿命长，对大气的温室效应及臭氧层损耗仍有影响。

CH_4 造成的温室效应是 CO_2 的 25 倍。工业革命以前，大气中甲烷的质量分数仅为 $0.7×10^{-6}$，以每年 1%～2% 的速度增加，稻田耕作、家畜饲养、煤矿、天然气开采所排放的甲烷量为每年 3.6 亿吨；湿地发酵、生物体分解等自然源的甲烷排放量为每年 1.55 亿吨。2006 年，沃尔特就在《自然》杂志上撰文，警告人们随着西伯利亚永久冻结带的融化，甲烷释放量的增长可能会加速气候的变化。融化的永冻土正在向外界释放甲烷，目前科学家通过各种手段已经发现北极地区大量的甲烷泄漏点，数量或可达 15 万个。

N_2O 俗称笑气，是温室气体之一，N_2O 浓度增加的原因，一是由于农田化肥用量增加，导致氨氮化物浓度增加；二是燃烧过程中氨氮化物的排放量增加。温室效应使全球气候变暖、海平面上升。过去的百年里平均上升了 14.4cm，我国沿海的海平面也平均上升了 11.5cm。气候变暖还会使海滩和海岸线受侵蚀，海水倒灌和洪水加剧，严重影响低地势岛屿人民的生活，影响自然生态平衡，造成大范围的气候灾害，导致传染病的流行。图瓦卢是一个位于南太平洋的岛礁国家，国土面积仅有 26 平方公里，景色非常迷人，但由于全球气候变暖海平面上升，这个美丽的岛国将沉没在大洋之中。2013 年，图瓦卢领导人在一份声明中宣布放弃家园，将举国移民新西兰。

(4) 臭氧层破坏

臭氧层主要集中在 15～35km 的平流层中，它像一个屏障一样可以挡住太阳强烈的紫外线照射，使地面的动植物免受强烈紫外线的伤害。研究表明，平流层臭氧浓度减少 1%，紫外线辐射量将增加 2%，皮肤癌发病率将增加 3%，白内障发病率将增加 0.2%～1.6%。臭氧浓度减少还造成农作物减产、光化学烟雾严重、材料老化等问题。

1985 年，英国科学家首次发现南极上空出现了"臭氧空洞"，同年美国人造卫星"云雨 7 号"测到其面积与美国领土相当，深度相当于珠穆朗玛峰的高度。1987 年，世界 197 个国家共同签署了《蒙特利尔协定书》，以拯救臭氧层。2016 年，科学家表示，该协定真的发挥作用了，臭氧层正在逐渐恢复。自 2000 年以来，臭氧层空洞的面积减少了 400 万平方千米。

臭氧层破坏原因还存在着不同的认识，但比较一致的看法是：导致大气中臭氧减少和耗竭的物质，主要是平流层内超音速飞机排放的大量 NO，以及人类大量生产与使用的氯氟烃化合物（CFC），如 $CFCl_3$（CFC-11）、CF_2Cl_2（CFC-12）等。

氟利昂在对流层内性质稳定，但进入臭氧层后，未来得及消耗掉的部分就分解成活泼自由基，可作为催化剂引起连锁反应，促使 O_3 分解。其反应如下：

$$Cl+O_3 \longrightarrow ClO+O_2 \tag{3.4}$$

$$ClO+O \longrightarrow Cl+O_2 \tag{3.5}$$

$$O_3+O \longrightarrow O_2+O_2 \tag{3.6}$$

氮氧化物也像氟利昂一样，对平流层中的臭氧具有破坏作用。人类进行核试验爆炸的火球能从地面直达 30～40km 的高空，并将大量 NO_x 带到平流层，使 O_3 分解。现在已引起人们注意的是氧化亚氮（N_2O）。N_2O 的天然来源有土壤中的细菌作用和空中雷电等，其人为来源是施用化肥、化石燃料燃烧等。还有一些自然因素例如太阳高能粒子散射、火山大规模爆发等可能造成臭氧层破坏，但是这只能发生在地球局部地区，持续某一段时间，而不可能对臭氧层发生大规模永久性破坏。1995 年联合国大会指定 9 月 16 日为"国际保护臭氧日"，表明国际社会对臭氧层保护的关注。

想一想

3.3 大气酸雨污染、光化学烟雾产生原因及危害？温室效应、臭氧层破坏对我们生活的影响及如何控制？

3.2.4 空气质量指数

环境监测部门每天发布的空气质量报告中，包含各种污染物的浓度值，比如 SO_2 浓度为 $20.5\mu g/m^3$，PM_{10} 浓度为 $150.8\mu g/m^3$，$PM_{2.5}$ 浓度为 $130.7\mu g/m^3$ 等。但是，公众无法从这些数据中判断出当前的空气质量水平。于是将各种不同污染物含量折算成一个统一的指数，称为空气质量指数，即 Air Quality Index（AQI）。

AQI，又称空气污染指数，是根据环境空气质量标准和各项污染物对人体健康、生态、环境的影响，将常规监测的几种空气污染物浓度简化成为单一的概念性指数形式。它将空气污染程度和空气质量状况分级表示，适合于表示城市的短期空气质量状况和变化趋势。其数值越大、级别越高、表示颜色越深，空气污染越严重，对人体健康的危害也越大。

2012 年《环境空气质量标准》（GB 3095—2012）、《环境空气质量指数（AQI）技术规定（试行）》（HJ 633—2012）政策出台，并于 2016 年 1 月 1 日开始实施。新版的政策中 AQI 在原有 API 的 3 种污染物（SO_2、NO_2、PM_{10}）的基础上增加了细颗粒物（$PM_{2.5}$）、臭氧（O_3）、一氧化碳（CO）3 种污染物指标。相较 API，AQI 的分级限制标准更严，污染物指数更多，发布频次更高，其评价结果也更加接近公众的真实感受。

AQI 是根据各种污染物的浓度值换算出来的。要计算 AQI，需要事先确定各污染物在不同空气质量水平下的浓度限值，即空气污染浓度限值。主要的空气污染物浓度限值见表 3.2。

AQI 的计算公式：

$$I = \frac{I_h - I_l}{C_h - C_l}(C - C_l) + I_l \tag{3.7}$$

式中，I 为空气质量指数，即 AQI；C 为该污染物浓度，$\mu g/m^3$，即输入值；C_l、C_h 为该污染物最低和最高浓度限值，$\mu g/m^3$；I_l、I_h 为 AQI 最低和最高限值，4 个数值均为常量。

表 3.2 主要空气污染物浓度限值

AQI	SO_2 浓度（日均值）/($\mu g/m^3$)	NO_2 浓度（日均值）/($\mu g/m^3$)	PM_{10}（日均值）/($\mu g/m^3$)	O_3（1 小时平均值）/($\mu g/m^3$)	$PM_{2.5}$（日均值）/($\mu g/m^3$)
0	0	0	0	0	0
50	50	40	50	160	35
100	150	80	150	200	75
150	475	180	250	300	115
200	800	280	350	400	150
300	1600	565	420	800	250
400	2100	750	500	1000	350
500	2620	940	600	1200	500

利用这个公式，只要根据监测所得的污染物浓度 C，就可以计算出该污染物浓度对应的 AQI 的值了。例如，要计算 $PM_{2.5}$ 日均值浓度等于 $72\mu g/m^3$ 对应的 AQI，由表 3.2 可知，它在 35 和 75 之间，所以取 $C_1=35$、$C_h=75$，则对应的 $I_1=50$，$I_h=100$，将上述四个值代入式 (3.7) 得 96.25，取整数 96。在计算出 $PM_{2.5}$ 对应的 AQI 后，将其他几种污染物的 AQI 值分别算出来后，将各个污染物的 AQI 值进行比较，取数值最大的那个作为最终报告的 AQI 值。例如，若计算得 SO_2、NO_2、PM_{10}、O_3 对应的 AQI 值分别为 56、79、83 和 34，则最终报告的 AQI 值取最大值，本例为 96 即为 $PM_{2.5}$ 的值，而那个贡献了最大值的则称为首要污染物。

空气质量分为六个等级，如表 3.3 所示。当空气污染指数小于 100 时，人们可正常活动。例如自然保护区、风景名胜区的空气质量好，污染指数多小于 50，一般的商业区、居民区也在 100 以内；当空气污染指数达到轻度、中度污染（即 100～200 间）时，健康人群会出现刺激症状，心脏病和呼吸系统疾病患者应减少体力消耗和户外活动；当空气污染指数达到重度污染（即 200～300）时，健康人群也会普遍出现症状，应尽量减少户外运动，老年人和心脏病、肺病患者应停留在室内，并减少体力消耗和户外活动；当达到严重污染（即空气污染指数在 300 以上）时，则健康人也要避免室外活动。由于 AQI 值最高只有 500，当污染物浓度超出最高上限时，已无对应指数，这种情况被称为"爆表"，说明空气质量已达重度污染的程度。

表 3.3　空气质量指数 AQI 分级相关信息

AQI	AQI 级别	AQI 类别及表示颜色		对健康影响情况	建议采取的措施
0～50	一级	优	绿色	空气质量令人满意，基本无空气污染	各类人群可正常活动
51～100	二级	良	黄色	空气质量可接受，但某些污染物可能对极少数异常敏感人群健康有较弱影响	极少数异常敏感人群应减少户外活动
101～150	三级	轻度污染	橙色	易感人群症状有轻度加剧，健康人群出现刺激症状	儿童、老年人及心脏病、呼吸系统疾病患者应减少长时间、高强度的户外锻炼
151～200	四级	中度污染	红色	进一步加剧易感人群症状，可能对健康人群心脏、呼吸系统有影响	儿童、老年人及心脏病、呼吸系统疾病患者避免长时间、高强度的户外锻炼，一般人群适量减少户外运动
201～300	五级	重度污染	紫色	心脏病和肺病患者症状显著加剧，运动耐受力降低，健康人群普遍出现症状	儿童、老年人和心脏病、肺病患者应停留在室内，停止户外运动，一般人群减少户外运动
＞300	六级	严重污染	橘红色	健康人运动耐受力降低，有明显强烈症状，提前出现某些疾病	儿童、老年人和病人应当停留在室内，避免体力消耗，一般人群应避免户外活动

想一想

3.4　AQI 都包含哪些大气污染物？一般的口罩能起到防 $PM_{2.5}$ 的作用吗？

练一练

请根据你所掌握的大气数据，试计算空气质量指数。

3.2.5　我国大气污染

　　我国大气污染已经从 20 世纪煤烟型污染演变为区域性、复合型污染，成为全球气溶胶污染最为严重的地区，其中以京津冀、长三角、成渝、中原地区等为全球污染之最。目前，我国仍有超过半数的城市环境空气质量达不到国家环境空气质量的二级标准。

　　影响我国大气环境质量的主要污染物是颗粒物、SO_2 等，NO_2 的污染总体也呈现上升趋势，而在各类污染物中以颗粒物造成的污染最为严重。目前我国 $PM_{2.5}$ 年均浓度已超过 $70\mu g/m^3$，超过国家标准的 2 倍以上，高于世界卫生组织（World Health Organization，WHO）指导值的 7 倍以上。

　　在我国，北方地区大气污染较南方更为严重，采暖期内产生的主要污染物是颗粒物和 SO_2，非采暖期主要污染物则是颗粒物。近几年，北方地区春季常出现沙尘暴天气，主要集中在西北、华北和东北等地，尤其是内蒙古。

　　2009～2012 年卫星遥感表明，我国灰霾污染有持续加剧之势，其中华北、华中、华东及成渝地区增长趋势尤为突出。灰霾污染的频次、影响范围、影响强度均呈现增加态势，特别是 2013 年 1 月份发生的灰霾事件覆盖了我国整个华北及华东大部分地区，涉及的区域超过 130 万平方公里，影响人口 8.5 亿，严重污染暴露人口 2.5 亿人，其持续时间之长、覆盖范围之广、污染程度之高、危害人群之多在全球均属罕见。

　　SO_2 作为污染减排约束性指标之一，其导致的酸雨更是减排工作的重中之重。我国先后印发了《两控区酸雨和二氧化硫污染防治"十五"计划》及《国家酸雨和二氧化硫污染防治"十一五"规划》，自防治政策实施以来，酸雨的污染得到了明显的改善。

　　生态环境部发布的 2019 年酸雨情况如下：在全国 469 个监测降水的城市（区、县）中，酸雨频率平均为 10.2%，同比下降 0.3 个百分点；降水 pH 年均值范围为 4.22～8.56；酸雨城市比例为 16.8%，同比下降 2.1 个百分点；酸雨区面积约 47.4 万平方千米，占国土陆地面积的 5.0%，同比下降 0.5 个百分点。酸雨类型总体仍为硫酸型，主要分布在长江以南-云贵高原以东地区，主要包括浙江、上海的大部分地区、福建北部、江西中部、湖南中东部、广东中部和重庆南部等。可以看出，酸雨情况有所改善，总体呈现减弱、减少趋势。

想一想

　　3.5　目前我国哪些地区大气污染比较严重？联想你家乡的空气是如何变化的？烧荒会给大气带来哪些污染物？

3.3　室内空气污染

　　近年来，为了追求所谓的舒适，人们建立起完全封闭的、靠人工照明和空调来维系室内环境的大型建筑。为了维系这种脆弱的人造环境，需要使用大量的能源和特殊的建筑材料，同时还需要使用大量家用电器及办公设备对室内环境进行装饰，不可避免地造成了室内空气污染。大部分城市人一生中有 70%～90% 的时间在室内环境中度过，室内空气污染问题不容小觑。

室内空气污染物是有害的化学性因子、物理性因子和（或）生物性因子进入室内空气中并已达到对人体身心健康产生直接或间接，远期或近期，或者潜在有害影响的状况。

室内空气污染会引起"建筑综合征"（Sick Building Syndrom，SBS），包括头痛、眼、鼻和喉部不适，干咳、皮肤干燥发痒、头晕恶心、注意力难以集中、对气味敏感等。与此相关的是"建筑物关联症"（Building Related Illness，BRI），症状有咳嗽、胸部发紧、发热寒战和肌肉疼痛等。这些症状的大多数患者在离开建筑物后需要一定时间自行缓解。

影响室内空气污染的因素主要是建筑物的结构和材料、通风换气状况、能源使用情况以及生活起居方式等。室内空气污染可分为化学性污染、物理性污染和生物性污染三种类型。化学性污染主要来源于建筑材料、装饰材料，日用化学品，人体排放物，香烟烟雾，燃烧产物如 SO_2、NO、氨、甲醛、VOC 等。目前室内空气污染以化学污染最为严重。物理性污染主要包括电磁辐射、噪声、振动、不适宜的温度以及光线等。生物性污染包括细菌、真菌、病菌、花粉、尘螨等，来自于室内生活垃圾、现代化办公设备和家用电器、室内植物花卉、家中宠物、室内装饰与摆设。

3.3.1　室内空气污染物

室内空气污染物的来源可分为：室外污染物进入；室内装修材料；室内燃料的燃烧；人类活动；家用化学品等。其中室内装修材料是室内空气污染物最主要的来源。所带来的室内空气污染物主要是甲醛、氡气、总挥发性有机物（TVOC）及苯系污染物，这也是最典型的室内空气污染物。天花板、墙壁贴面使用的塑料、隔热材料及塑料家具中一般都含有甲醛。甲醛是一种无色易溶的刺激性气体，对人体会造成致敏作用、刺激作用以及致突变作用。当室内含量为 $0.1mg/m^3$ 时就有异味和不适感；$0.5mg/m^3$ 时可刺激眼睛引起流泪；$0.6mg/m^3$ 时引起咽喉不适或疼痛；浓度再高可引起恶心、胸闷、气喘甚至肺气肿；$30mg/m^3$ 时可当即导致死亡。长期接触低剂量甲醛还可引起慢性呼吸道疾病、妊娠综合征，其基因毒性作用还会造成染色体异常，甚至引起鼻咽癌等。

氡气的主要来源是放射性建筑材料，如花岗岩、水泥及石膏之类，特别是含有微量铀元素的花岗岩，易释放出氡气。当室内空气中的氡气浓度低于建筑结构中所含氡气浓度时，建筑物中的氡便向室内空气中扩散出氡气和氡离子体，放射出对人体有害的射线。而现代建筑从节约能源出发，建筑物的密闭程度较高，室内、外通气减少，因而室内氡气会浓缩和蓄积。高剂量的氡气可导致肺癌、白血病、皮肤癌及其他一些呼吸道病变。氡气已经成为引发肺癌的第二大因素，英国每年约有 1100 人死于室内氡气引发的肺癌。而所谓"法老王毒咒致人死亡"的传说，也是由于金字塔内累积的大量氡气引发接触者患上肺癌，进而导致其死亡。

室内总挥发性有机物（TVOC）主要来源是油漆、含水涂料、黏合剂、化妆品、洗涤剂、人造板、壁纸、地毯等。在室内已发现的 VOC 多达几千种，可分八类：烷类、芳烃类、烯类、卤烯类、酯类、醛类、酮类和其他。VOC 浓度过高将直接刺激人体的嗅觉和其他器官，引起刺激性过敏反应、神经性作用等。

苯系物在各种建筑装修材料的有机溶剂中大量存在，如各种油漆和涂料的添加剂、稀释剂和一些防水材料等。劣质家具也会释放出苯系物等挥发性有机物。壁纸、地板革、胶合板和油漆是室内空气中苯系污染物的重要来源之一。苯是严重致癌物质，人在短时间内吸入高浓度苯蒸气可引起中枢神经系统抑制的急性中毒，轻者头晕、胸闷、意识模糊等，重者会昏迷甚至呼吸、循环衰竭死亡。长期接触低浓度苯系物可引起慢性中毒，出现失眠、记忆力减退等神经衰弱症状，还会表现为对皮肤、眼睛和上呼吸道有刺激作用，出现血小板、白细胞减少，严重者可使骨髓造血功能发生障碍，对生殖功能也有一定影响。

除了以上四种室内空气污染物外，还存在燃气炉取暖、吸烟等行为带来的 CO 污染，以及室内装修材料带来的石棉污染等。

3.3.2 净化室内空气

室内空气污染对人体的伤害是长时间且慢性的，因此定期对室内空气采取净化措施可以有效地减小室内空气污染对人体的伤害。目前被普遍采用的净化室内空气污染的方式有：

（1）植物净化

在室内种植一些花草，除有欣赏价值外，还可增加室内氧气，保持室内温度和净化空气。科学实验证明，许多花草对有害物质有吸收、转化作用，如吊兰、芦荟、虎尾兰能适量吸收室内甲醛等污染物质，改善室内空气污染状态；茉莉、丁香等花卉分泌出来的杀菌素能够杀死空气中的某些细菌，使室内空气清洁卫生。

（2）仪器净化

使用空气净化器可以有效去除空气中的悬浮颗粒物，杀灭吸附其上的病毒和细菌，同时吸附分解空气中的有毒有害气体，从而达到清洁、净化空气的目的。

（3）强化通风

开窗通风是最省钱的一种办法。一般家庭在春、夏、秋季，都应留通风口或经常开"小窗户"，冬季每天至少早、午、晚开窗 10min 左右。若使用化学用剂后，不可马上关窗，至少通风换气半小时。注意厨房里的空气卫生，每次烹饪完毕开窗换气；在煎、炸食物时，加强通风也是一种好办法。

另外，强化通风最科学的办法就是安装新风系统，通过机械强制通风的方式排出室内污浊空气，把新鲜空气 24h 不间断送入室内。新风系统被形象地比喻成建筑物之肺，使用新风系统就如同给房屋安装了一套呼吸系统，让房屋真正呼吸起来。

（4）专业治理

室内空气净化技术是指针对室内的各种环境问题提供杀菌消毒、降尘除霾、祛除有害装修残留以及异味等整体解决方案，改善生活、办公条件，增进身心健康。

① 光催化技术

日本科学家最先发现光照的 TiO_2 单晶电极能分解水制氢，20 世纪 90 年代光催化技术被投入使用。当空气和水经过光触媒材料技术单元时，通过氧化还原反应产生大量的氢氧根（OH^-）、过氧羟基自由基（$\cdot HO_2$）、过氧离子（O_2^{2-}）、过氧化氢（H_2O_2）等弥漫在空气中，通过破坏细菌的细胞膜、凝固病毒的蛋白质杀菌消毒，分解各种有机化合物和部分无机物，祛除有害气体和异味。已被证明的光催化杀菌机理有：细胞渗透作用、辅酶 A 的破坏、内毒素的降解、蛋白质和脂类的变性分解和细胞矿化等。

② 定量活性氧技术

活性氧是一项成熟技术，它能迅速、彻底灭活细菌，是国际公认的最环保、最彻底有效的净化方式之一。同时，强氧化性使其能够与甲醛（HCHO）、苯（C_6H_6）等羰基、烃基化合物发生反应生成 CO_2、H_2O、O_2 等，从而彻底消除上述有害装修残留物。使用活性氧一定要控制浓度。

 **想一想**

> 3.6 苯系污染物包括哪些？具有什么危害？甲醛是如何危害人类健康的？面对室内装修你应该如何避免室内空气污染？

3.4 应对大气污染

3.4.1 大气污染防控原则

（1）合理调整工业布局和产业结构

在城市进行规划和改造的过程中，结合当地的环境和主导风向等条件，将企业选择在下风向处，确保空气可以正常流通。企业和居民区之间的距离应超过 1000m，同时还要做好防护林建设。在城市建设的过程中，做好产业结构调整，逐步完善和淘汰那些与国家政策和产业政策不相符的产业，进而减少排放大气中的污染物量。除此之外，大力提倡对大气环境有利的生产和消费模式，确保经济发展和环境之间和谐发展。加大力度推广清洁能源，对现有的技术进行创新和发展，不断改造设备，实现能源的循环利用和城市大气污染的治理。

（2）增强民众环境保护意识

随着城市大气污染程度不断加重，社会公众对城市大气环境质量的关注度逐渐增加，借助于天气预报、环境空气质量报告，人们可以很容易了解到空气质量，对环境保护的意识也会增强。政府要加强环境保护的宣传。人类对保护地球空气质量负有特殊责任，我们今天的生活不应以牺牲子孙后代的健康为代价。自觉地环保意识，在今后的生活和工作中做出有利于空气清洁的行为选择，对于大气污染治理贡献智慧。

（3）加大支持环保型科技企业

我国十分支持环保类和高科技企业的发展，且对"三高"企业的污染排放加大了监管力度，督促这些企业加大对环境保护方面的经济投入。对于生产过程中对环境造成严重污染的企业，需要政府部门采取有力措施，限期进行整改。加大力度监管污染企业的同时，还要大力扶持环保类和科技型企业，将大气污染防治工作做好。

（4）对生活污染源和交通加强控制

控制城市人口和城市规模的同时，要对城市内的汽车数量加强控制，使用科学合理的方法控制汽车尾气排放。同时做好汽车能源的创新改革，加强对新型能源汽车的开发，从根本上解决因汽车尾气排放产生的污染。北方在冬季采取集中供热的方式，禁止私自建设锅炉，厨房内尽量不使用煤灶，有效降低因煤炭燃烧对大气造成的污染。

3.4.2 大气污染防控措施

秸秆的可持续利用

长久以来，随着我国经济的不断增长，城市化和工业化进程持续加速发展，同时在城市人口急剧增长的共同作用下，空气污染所带来的严峻的生态环境与人群健康问题也随之凸显出来。因此，控制污染物的排放，改善人类生存环境，已经刻不容缓。针对大气污染的管控措施主要有以下几种：

（1）控制燃煤污染

一方面，采用原煤脱硫技术，可以除去燃煤中大约 40%～60% 的无机硫。优先使用低硫燃料，如含硫较低的低硫煤和天然气等。另一方面，改进燃煤技术，减少燃煤过程中二氧化硫和氮氧化物的排放量。例如，液态化燃煤技术是受到各国欢迎的新技术之一。它主要是利用石灰石和白云石与二氧化硫发生反应，生成硫酸钙随灰渣排出。

（2）交通运输工具废气的治理

减少汽车废气排放，主要是改善发动机的燃烧设计和提高油的燃烧质量，加强交通管理。另外，也可以开发新型燃料，如甲醇、乙醇等含氧有机物、植物油和气体燃料，降低汽车尾气污染排放量。

（3）区域集中供暖供热

可设立大的电热厂和供热站，实行区域集中供暖供热，尤其是将热电厂、供热站设在郊外，对于矮烟囱密集、冬天供暖的北方城市来说，是消除烟尘的十分有效的措施。

（4）烟囱除尘

烟气中的二氧化硫气体对环境和人体伤害极大，可采用生石灰为固硫剂将硫固定在灰渣中，还可采用石灰水为吸收液将二氧化硫吸收后变为亚硫酸盐沉淀于石灰水中，从而使烟气中的二氧化硫气体得到有效去除。

（5）严控渣土车撒漏扬尘

为加强渣土车的管理力度，交管部门要加强运前审批管理，组织运输源头属地支队对参与运输的车辆、驾驶人进行运前检查。同时，围绕施工项目周边道路及渣土运输较为集中的道路、时段，开展区域性集中治理行动，对存在渣土撒漏、违规运输等行为进行严厉管制。

（6）开发新能源

如收集太阳能使之转变为电力，采用高能量密度的核能代替石油资源等，对于减少大气污染物的排放也十分重要。

（7）合理安排工业布局和城镇功能分区

应结合城镇规划，全面考虑工业的合理布局。工业区一般应建设在城市的边缘或郊区，位置应当在当地最大频率风向的下风侧，使得废气吹向居住区的次数最少。

（8）加强对居住区内局部污染源的管理

如饭馆、公共浴室等的烟囱、废品堆放处、垃圾箱等均可散发有害气体污染大气，并影响室内空气，卫生部门应与有关部门配合、加强管理。

（9）加强绿化

坚持"依法治绿"的原则。城市园林绿化管理必须强法和执法，管理法规要完善，并要严格执行，依法办事。加快出台环境绿化管理的法律、法规，健全环境绿化管理法律法规体系，依法加强管理，走依法治绿之路。

 **想一想**

3.7 你所从事的专业会给大气带来污染吗？你对大气污染治理有何建议？哈尔滨冬季一到傍晚容易产生呛人的空气，分析其产生的原因及改进的措施。

3.4.3 大气污染治理技术

3.4.3.1 气态污染物控制技术

与颗粒污染物不同，气态污染物与载气可以形成均相体系。因此，气态污染物的控制要利用污染物与载气二者在物理、化学性质上的差异，经过物理、化学变化，使污染物的物相或物质结构改变，从而实现气态污染物分离或转化。常用气体污染物的控制技术有：气体吸收法、气体吸附法。

(1) 气体吸收法

由于不同气体在液体中溶解度不同，混合气体与液体接触时，气体中溶解度大的成分（比如污染物气体）会快速地溶解于液体中，污染物在气体中的浓度就会显著降低。或者是有害气体与吸收剂发生化学反应，从而将有害组分从气流中分离出来。不过需要针对不同的气体选择合适的吸收剂。该方法具有捕集效率高、设备简单、一次性投资低等特点。

物理吸收是单纯的物理溶解过程，适用于吸收污染物成分单一、溶解度大的废气。例如，烟台巨力异氰酸酯有限公司利用氯化氢吸收工序来进行氯化氢的溶解吸收。按照 $HCl：H_2O \geqslant 1：1.86$ 的重量比来实现高浓度氯化氢的溶解吸收。

在大气污染控制过程中，一般废气量大、成分复杂、吸收组分浓度低，单靠物理吸收难以达到排放标准，因此大多采用化学吸收法。例如用氨法脱硫技术，采用氨来吸收烟气中的 SO_2，结合化肥生产，将脱 SO_2 产物生成硫酸铵、磷铵或硝铵等化肥。作为我国特大型化肥生产企业的云南解化集团，以氨法脱硫技术为依托，利用集团每年产生的 20 万吨废弃氨水，对该集团大型燃煤锅炉进行烟气脱硫。实现了二氧化硫稳定达标排放，一年削减二氧化硫 1.8 万吨，而且每年还可以直接产生出 3.5 万吨硫酸铵化肥产品。不仅成功实现了脱硫运行"零"成本，而且实现的经济效益也非常可观。

(2) 气体吸附法

让废气与吸附剂接触，吸附剂通过吸附不同类型的有害气体分子，使气体净化的方法称为气体吸附法。吸附剂一般具有如下特点：比表面积大，具有选择吸附性，高机械强度、化学和热稳定性，吸附容量大，来源广泛，廉价等。常见的吸附材料有：活性炭、分子筛、活性氧化铝、硅胶等。

吸附可分为物理吸附和化学吸附。随着国六排放法规的逐步实施，颗粒捕集器已经成为燃油车处理系统的标准配置。其正是利用物理吸附将碳烟吸附在金属纤维毡制成的过滤器上，通过后续处理，将碳烟变为无害的 CO_2 排出。自 20 世纪 70 年代起，汽车尾气净化器开始被使用在汽车上，利用化学吸附来控制汽车的废气污染。其包含还原性蜂窝瓷及氧化性蜂窝瓷两部分，当废气通过还原性蜂窝瓷时，氮氧化物被分解为氮气和氧气。当废气通过氧化性蜂窝瓷时，一氧化碳和碳氢化合物被进一步氧化成二氧化碳及水。

除以上两种主要的方法外，气态污染物控制还可利用气体催化法、气体燃烧法和气体冷凝法等。气体催化法可以对工业烟气和汽车尾气中的 SO_2、NO_x 等进行催化净化，在催化剂作用下将污染物转换为无害的 H_2O、CO_2、N_2，净化效率高；气体燃烧法虽然原理简单，去除率高，但可能在燃烧过程中产生其他污染物；气体冷凝法主要用于含高浓度有机蒸气和高沸点无机气体的净化回收或预处理，但其不适用于低浓度的气体污染物，且运行成本较高。

3.4.3.2 颗粒污染物控制技术

颗粒污染物的治理通常称为除尘技术，是利用除尘设备去除粉尘的过程。除尘过程的机理主要是将含尘气体引入具有一种或几种力作用的除尘器，使颗粒物相对其运载气流产生一定的位移，并从气流中分离出来，最后沉降到捕集表面上。常用的除尘器有：机械式除尘器和过滤式除尘器。

(1) 机械式除尘器

机械式除尘器是通过重力、惯性力和离心力等质量力的作用使颗粒物与气体分离的装置。机械式除尘器主要有重力除尘器、惯性除尘器和旋风除尘器。

重力除尘器是使含尘气体中尘粒借助重力作用沉降，并将颗粒物与载气分离并被捕集的装置。一般捕集 $50\mu m$ 以上的大粒子。这种除尘器的优点是结构简单、施工方便、投资少、压力损失小，且可以处理高温气体。但是其体积庞大，占地多效率低。因此仅作为高效除尘器的预处理装置，去除较大和较重的粒子，见图 3.4。

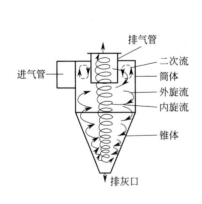

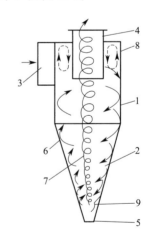

图 3.4　重力除尘器

图 3.5　旋风除尘器

1—筒体；2—锥体；3—进气管；4—排气管；
5—排灰口；6—外旋流；7—内旋流；
8—二次流；9—回流区

惯性除尘器是使含尘气流冲击挡板或使气流急剧地改变流动方向，然后借助粒子的惯性力作用将尘粒从气流中分离的装置。主要用来去除 $10\sim30\mu m$ 的微粒。按结构方式惯性除尘器可分为冲击式和反转式。惯性除尘器的捕集效率比重力除尘器高，结构简单，阻力较小。其一般用于高浓度、大颗粒粉尘的预净化。缺点是除尘效率低（50%～70%），不适宜于清除黏结性粉尘和纤维性粉尘。

旋风除尘器是借助于离心力将尘粒从气流中分离并捕集于器壁，再借助重力作用使尘粒落入灰斗。旋风除尘器的优点是结构简单，占地面积小，维修方便，设备费用低，可以用于高温、高压及有腐蚀性的气体，并可以直接回收干颗粒物等。但是其除尘效率不高。因此一般用作高浓度含尘气体预处理，见图 3.5。

（2）过滤式除尘器

过滤式除尘器是使含尘气体通过滤料，将粉尘分离捕集，使气体深入净化的装置。有内部过滤和外部过滤两种方式。内部过滤是把松散多孔的滤料填充于框架内作为过滤层，以此捕集粉尘。外部过滤是用滤布或滤纸等作滤料，以最初黏附在滤料表面上的粒层作为过滤层，但滤料上粉尘需要定期清灰收尘，清灰后的初层仍附着滤料。这种除尘装置可捕集 $0.1\mu m$ 以上的尘粒，效率可达 90%～99%，见图 3.6。

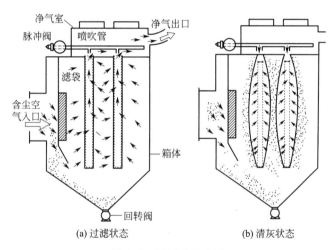

(a) 过滤状态　　　　　　(b) 清灰状态

图 3.6 过滤式除尘器

工厂除尘设备除了机械式除尘器和过滤式除尘器外，还有湿式除尘器以及电除尘器。湿式除尘器是通过液体（水）与含尘气体接触，利用水滴和尘粒的惯性碰撞及其他作用捕集尘粒或使粒径增大的装置，这种除尘器能处理高温、易燃易爆气体，但不适用于憎水性粉尘气体；而电除尘器则是通过高压电场将含尘气体电离后，利用静电吸附作用将尘粒捕集在工作电场的装置，虽然除尘效率高，但是投资高、技术要求高、占地面积大。

3.4.3.3　挥发性有机物控制技术

挥发性有机物的控制方法主要包括热力燃烧氧化法、催化氧化法以及吸附法。

（1）热力燃烧氧化法

其原理是将可燃的挥发性有机物气体直接燃烧分解，并通过配置热回收系统减少运行费用，在国内外的石化企业中应用很广。但是热力燃烧系统可能产生其他污染物。

（2）催化氧化法

催化氧化处理系统也是利用燃烧方法，由于催化剂的作用，催化氧化的温度在 370～480℃。与热力燃烧相比，催化氧化节约能源，所需温度低，净化效率高。但是催化剂材料极易受硫、氯和硅等非挥发性有机物的毒害而失活。由于更换催化剂的费用非常昂贵，因此其应用要少于热力燃烧。

（3）吸附法

活性炭吸附是一种广泛使用的挥发性有机物排放控制手段，其主要利用活性炭的表面吸附作用将挥发性有机物从气体中分离出来。除了活性炭作为吸附剂外还有沸石、聚合吸附剂和碳纤维。

除了以上三种常用方法，目前还有冷凝法、吸收法以及生物氧化法等挥发性有机物控制技术。冷凝法通过降温到沸点以下来吸收挥发性有机物，虽然对高沸点的挥发性有机物回收率高，但并不适用于低浓度的挥发性有机物。吸收法则是通过让含挥发性有机物的污染气体与液体溶剂接触，从而吸收污染物的方法。生物氧化法则是利用微生物来降解挥发性有机物，这种方法无二次污染，成本低，但所需空间大且反应时间长。

3.4.3.4 可吸入颗粒物 $PM_{2.5}$ 控制技术

日常生活中针对 $PM_{2.5}$ 的防控技术，可采用如空调、加湿器、空气清新器等过滤法，能明显降低 $PM_{2.5}$ 的浓度；采用如超声雾化器、室内水帘、鱼缸等的水吸附法，能够吸收空气中的亲水性 $PM_{2.5}$，采用植物吸收法，利用植物叶片大的表面积，吸附空气中的 $PM_{2.5}$。

工业生产过程中针对 $PM_{2.5}$ 的防治要控制源头，不能在城市上风向建大气污染重的企业，对大气污染严重的企业进行治理，减少废气排放；提倡使用天然气、水电、风能、核能和太阳能等清洁能源；发展新能源公共交通，燃油车控制尾气排放，提高机动车辆污染排放标准；控制生活污染，餐饮油烟机要定时清洗，干洗机要封闭操作；注意农村农业污染，少用农药和化肥。

3.8　请举一例说明颗粒污染物治理技术的原理及治理效果。气体污染物的治理技术中哪些技术效果比较好，为什么？

3.4.4　中国大气污染治理行动

随着时代的发展进步，我国在不断加强的现代化建设上取得了显著成效，但随之而来的环境问题也日益显现。工业废气、汽车尾气等的排放在一定程度上成了民生之患、民生之痛。保护环境，减轻环境污染，遏制生态恶化趋势，已经成为政府社会管理的重要任务。为此，我国制定了以下行动计划，通过优化产业结构，建立污染预警系统和增强公民的环保意识等方式，减轻大气污染。

（1）加快调整能源结构

我国能源结构以煤为主，其清洁化利用水平偏低，结构性污染问题突出。同时，我国煤炭消费具有消费量大、集中使用率低、重点区域消费强度高的特点。根据测算，一吨散煤大气污染物排放量是一吨电煤的 10～15 倍。因此加快调整能源结构、构建清洁低碳高效能源体系是治理大气污染的重要举措。其主要包括：实施跨区送电项目，合理控制煤炭消费总量，推广使用洁净煤。推行供热计量改革，开展建筑节能，促进城镇污染减排。加快淘汰老旧低效锅炉，提升燃煤锅炉节能环保水平。通过这一系列举措，截至 2020 年，我国燃煤锅炉已由最初的 62 万，降至不到 10 万台，其中重点地区完成 2500 万户的散煤替代。在产业领域，我国淘汰落后和化解过剩钢铁产能 2 亿多吨、1.4 亿吨地条钢全部清零。

（2）发挥价格、税收、补贴等的激励和导向作用

我国在治理大气污染的传统手段上，以依赖行政命令式为主，而市场激励型的经济措施是短板。2013 年，中央财政首次设立大气污染防治专项资金，对重点区域大气污染防治实行"以奖代补"政策。为得到中央财政资金，地方必须因地制宜采取成效最明显的污染防控措施。因此，"以奖代补"发挥了经济杠杆作用，强力促进了地方政府有效施治，提升了财政资金的使用绩效。除发挥中央财政的导向作用外，还应用好价格、税收等"无形之手"的调控作用。主要包括对煤层气发电等给予税收政策支持，完善购买新能源汽车的补贴政策，加大力度淘汰黄标车和老旧汽车，大力支持节能环保核心技术攻关和相关产业发展等。"十三五"期间，我国共淘汰机动车 1400 万辆，其中京津冀及周边地区、汾渭平原 90 多万辆国三及以下重型运营货车提前淘汰。

（3）落实各方责任

落实责任、强化问责是污染治理的关键所在。在大气污染防治中，地方各级人民政府应当对本行政区域的环境质量负责。主要措施为实施大气污染防治责任考核，健全国家监察、地方监管、单位负责的环境监管体制，完善水泥、锅炉、有色金属等行业大气污染物排放标准，规范环境信息发布等。

（4）落实"碳达峰""碳中和"目标

相关测算表明，每减少一吨二氧化碳排放，会相应减少 3.2 公斤二氧化硫和 2.8 公斤氮氧化物的排放，也就是说控制二氧化碳排放与减少 $PM_{2.5}$、氮氧化物和二氧化硫排放有正相关关系。因此，削减碳排放是大气污染治理的有效途径。2021 年，我国两会提出"二氧化碳排放力争于 2030 年前达到峰值，努力争取 2060 年前实现碳中和"的目标。

全国碳排放权交易市场是实现"碳达峰"与"碳中和"目标的核心政策工具之一。2011 年，中国在北京、天津等 7 个省市启动了碳排放权交易试点工作。截至 2020 年 11 月，试点碳市场共覆盖电力、钢铁、水泥等 20 余个行业近 3000 家重点排放单位，累计配额成交量约为 4.3 亿吨二氧化碳当量，累计成交额近 100 亿元人民币。

当前，我国仍处在工业化和城市化发展阶段的中后期，能源总需求在一定时期内仍会持续增长，碳排放也将呈缓慢增长趋势。为实现"碳达峰"与"碳中和"目标，我国一方面要大力节能，降低能耗强度。通过加强产业结构调整和优化，抑制煤电、钢铁、石化等高耗能重化工业的产能扩张，实现结构节能；同时通过产业技术升级，推广先进节能技术，提高能效，实现技术节能。另一方面要加快发展新能源，确保经济发展对新增能源的需求基本由新增非化石能源供应量满足。

阅读材料

▶扫码扩展阅读◀
大气污染及其防治

 习 题

1. 简述大气分层及每层的特点，大气成分都有什么及其存在的时间有多久？
2. 什么是大气污染及其危害有哪些？
3. 大气污染物来源及其分类有哪些？
4. $PM_{2.5}$ 是什么污染？其主要来源及其危害有哪些？
5. 挥发性有机物包括哪些物质？大气中含氮化合物污染物都有什么？
6. PM_{10} 和 $PM_{2.5}$ 有何区别？作为个体如何防控？
7. 什么是酸雨？酸雨的形成机制及其危害有哪些？
8. 什么是光化学烟雾事件？有哪些类型？它们有何区别？
9. 臭氧层破坏的原因是什么？你知道哪些排放到大气中消耗臭氧的物质？
10. 什么是空气质量指数 AQI？其主要包括几种大气污染物？AQI 如何进行计算？
11. 什么是室内空气污染？有哪些危害？
12. 室内空气污染物主要有什么？如何控制室内空气污染？
13. 大气污染防控原则和措施有什么？
14. 治理颗粒污染物有哪些技术，举一例详细说明其原理及特点。
15. 我国大气污染治理有哪些行动？

参考文献

[1] 程发良，孙成访. 环境保护与可持续发展. 3 版. 北京：清华大学出版社，2014.
[2] 郎铁柱，钟定胜. 环境保护与可持续发展. 天津：天津大学出版社 .2005.
[3] 凯瑟琳·米德尔坎普，等. 化学与社会. 8 版. 段连运，等译. 北京：化学工业出版社，2018.
[4] 冀海波. 对大气污染说不. 石家庄：河北科学技术出版社，2014.
[5] 任仁，张敦信，于志辉，等. 化学与环境. 北京：化学工业出版社，2005.

第4章 水体污染及防治

4.1 地球水资源

地球上的水分布在海洋、湖泊、沼泽、河流、冰川、雪山，以及大气、生物体、土壤和地层中。水的储存总量约为 $1.4 \times 10^9 km^3$，其中 96.53% 在海洋中，2.53% 是淡水，0.94% 是湖泊咸水和地下咸水（图 4.1）。淡水中绝大部分是两极的雪山冰川和距地表 750m 以下的地下水，能够被人们开发利用的仅仅是河流湖泊等地表水和地下水，仅占淡水总量的 0.34%。因此，人类可利用的水资源是有限的。

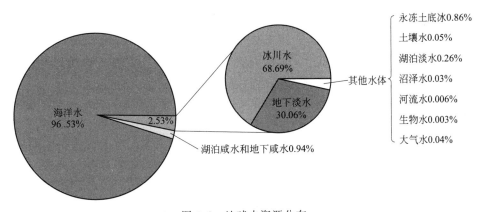

图 4.1 地球水资源分布

地表水是指河流、湖泊或是淡水湿地，由经年累月自然的降水（雨、雪）形成，并且自然地流入海洋或者是经由地表蒸发，以及渗流至地下。地表水系统的自然水来自于该集水区的降水，湖泊、湿地、水库的蓄水量、土壤的渗流性、此集水区中地表径流之特性等因素均影响系统中的总水量。

地下水是指贮存包气带以下地层空隙，包括岩石孔隙、裂隙和溶洞之中的水。水在地下分为许多层段便是所谓的含水层。严格地说，存在于地表之下饱和层的水体才是地下水，主要补给来源是大气降水。地下水悬浮颗粒物含量很少，水体清澈透明；无菌、盐分高、硬度大、含较少量的有机物；所含离子为 Fe^{2+}、Mn^{2+}、NO_3^-、Na^+、H^+ 和 Ca^{2+} 等。水温不受气温影响，各部位水层的水质也有很大差异，地下水的矿化度变化幅度很大。

我国水资源总量为 2.8 万亿立方米，其中地表水 2.7 万亿立方米，地下水 0.83 万亿立方米。我国水资源人均占有量为 2240 立方米，约为世界人均的 1/4，在世界银行连续统计的 153 个国家中居第 88 位。不同国家/地区人均水资源对比见图 4.2。我国地区分布不均，水土资源不相匹配。长江流域及其以南地区国土面积只占全国的 36.5%，其水资源量占全国的 81%；淮河流域及其以北地区的国土面积

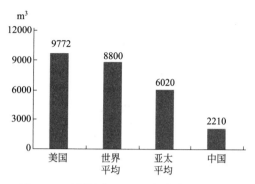

图 4.2　不同国家/地区人均水资源对比图

占全国的 63.5%，其水资源量仅占全国水资源总量的 19%。年内年际分配不匀，旱涝灾害频繁。大部分地区年内连续四个月降水量占全年的 70% 以上，连续丰水或连续枯水较为常见。

 **想一想**

4.1　地球水资源的分布及其含量是否能够保证人类的可持续发展？

4.2　不同的水循环

4.2.1　自然界水循环

自然界的水通过蒸发、降水、渗透、表面的流动和地底流动等，以气态、液态和固态的形式在陆地、海洋和大气间不断循环的过程就是自然界的水循环。

自然水循环是地球上最重要的物质循环之一，它实现了地球系统水量、能量和地球生物化学物质的迁移和转换、构成了全球性的连续有序的动态大系统，联系着海陆两大系统，塑造着地表形态，制约着地球生态环境的平衡和协调，不断提供再生的淡水资源。对于地球表层结构的演变和人类可持续发展都意义重大。

形成水循环的外因是太阳辐射和重力作用，为水循环提供了水的物理状态变化和运动能量；其内因是水在通常环境条件下气态、液态、固态三种形态容易相互转化的特性。降水、蒸发和径流是水循环过程的三个最重要环节，其构成的水循环决定着全球的水量平衡，也决定着一个地区的水资源总量。

水循环分为海陆间循环（大循环）、陆地内循环和海上内循环（小循环）。从海洋蒸发出来的水蒸气，被气流带到陆地上空，凝结为雨、雪、雹等落到地面，一部分被蒸发返回大气，其余部分成为地面径流或地下径流等，最终回归海洋。这种海洋和陆地之间水的往复运动过程，称为水的大循环。仅在局部地区（陆地或海洋）进行的水循环称为水的小循环。环境中水循环是大、小循环交织在一起的，并在全球范围内和地球上各个地区内不停地进行着，自然界水循环如图 4.3 所示。

蒸发是水循环中最重要的环节之一。由蒸发产生的水汽进入大气并随大气活动而运动。大气中的水汽主要来自海洋，一部分还来自大陆表面的蒸发。大气层中水汽的循环

是蒸发→凝结→降水→蒸发的周而复始的过程。海洋上空的水汽可被输送到陆地上空凝结降水，称为外来水汽降水。大陆上空的水汽直接凝结降水，称内部水汽降水。一地总降水量与外来水汽降水量的比值称该地的水分循环系数。全球的大气水分交换的周期为 10 天。

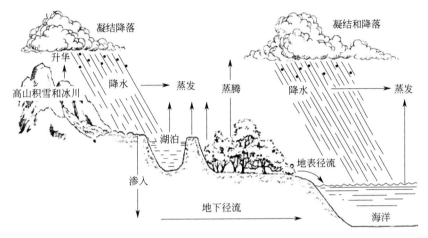

图 4.3　自然界水循环

径流是一个地区（流域）的降水量与蒸发量的差值。多年平均的大洋水量平衡方程为：蒸发量＝降水量－径流量；多年平均的陆地水量平衡方程是：降水量＝径流量＋蒸发量。但是，无论是海洋还是陆地，降水量和蒸发量的地理分布都是不均匀的，这种差异最明显的就是不同纬度的差异。

陆地上（或一个流域内）发生的水循环是降水→地表和地下径流→蒸发的复杂过程。陆地上的大气降水、地表径流及地下径流之间的交换又称三水转化。流域径流是陆地水循环中最重要的现象之一。地下水的运动主要与分子力、热力、重力及空隙性质有关，其运动是多维的。通过土壤和植被的蒸发、蒸腾向上运动成为大气水分；通过入渗向下运动可补给地下水；通过水平方向运动又可成为河湖水的一部分。地下水储量虽然很大，但却是经过长年累月甚至上千年蓄积而成的，水量交换周期很长，循环极其缓慢。

水循环的作用和意义表现在：

① 水是所有营养物质的介质，营养物质的循环和水循环不可分割地联系在一起。

② 水是良好的溶剂，在生态系统中进行能量交换和物质转移。陆地径流向海洋源源不断地输送泥沙、有机物和盐类；对地表太阳辐射吸收、转化、传输，缓解不同纬度间热量收支不平衡的矛盾，能够调节气候。

③ 水是地质变化的动因之一，矿质元素的流失和沉积需要通过水循环来完成。

④ 水循环维持全球水的动态平衡，水在这个庞大的系统中不断运动、转化，使水资源不断更新（一定程度上决定了水是可再生资源）。

⑤ 水循环造成侵蚀、搬运、堆积等外力作用，不断塑造地表形态，对土壤的质地产生影响。

4.2.2　社会水循环

人类从大自然取水，供自己生活和生产使用，用过的水排放，重新回到大自然当中。水的这一循环过程称之为社会水循环。社会水循环实质上是水自然循环的一部分，是水自然循环的旁支。水的社会循环是地球上水文大循环的人为支路，应服从于水的自然循环规律，如图 4.4 所示。

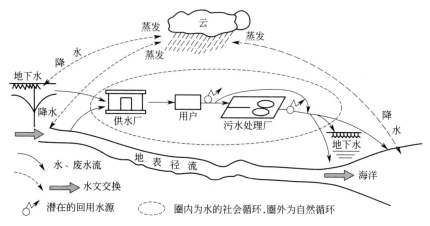

图 4.4 社会水循环与自然水循环的关联

社会水循环的基本要素包括供（取、配）水、用（耗、回用）水和排（处理）水，形成供水过程、用水过程和排水过程。供水是社会水循环的"源"，包括取水、净水、配水三个环节，即从河流或地下提取符合要求的水，输送到原水处理设施处理后再经过一定方式输送到用户或直接以其他产品形式输送到用户的过程。用（耗）水是社会水循环的核心或"消化系统"，包括农业耗水、工业耗水、生活耗水和人工景观生态耗水四个基本环节及子过程。排水是社会水循环的"排泄净化系统"，包括废污水收集、处理和排水三个基本环节及子过程。这三个要素的核心是取水（包括人工取水和降水利用）、耗水和排水，满足基本的水量平衡方程即：取水＝耗水＋排水＋漏损量。水的社会循环形成了人类社会的给水工程和排水工程。

（1）给水工程

给水工程是向用水单位供应生活、生产等用水的工程。任务是供给城市和居民区、工业企业、铁路运输、农业、建筑工地以及军事上的用水，并须保证上述用户在水量、水质和水压的要求，同时要担负用水地区的消防任务。其作用是集取天然的地表水或地下水，经过一定的处理，使之符合工业生产用水和居民生活饮用水的水质标准，并用经济合理的输配方法，输送到各种用户。给水工程的组成可分为：①取水工程是研究水源的选择和取集天然水的正确方法及其构筑物；②净水工程是研究在不同的原水水质和不同用户对水质要求下，采用各种水处理方法与构筑物；③输配水工程是研究在经济、安全、可靠条件下，如何将水自处理地点输配到各种用户的工程。

（2）排水工程

在城镇，作为人们生活、生产必不可少的水资源一经使用即成为污废水。从住宅、工业企业和各种公共建筑中不断地排出各种各样的污废水和废弃物，这些污水多含有大量有机物或细菌病毒，如不加以控制，任意直接排入水体（江、河、湖、海、地下水）或土壤中，将会使水体或土壤受到严重污染，引起环境问题。

为了保护环境，现代城市需要建设一整套完善的工程设施来收集、输送、处理和处置这些污废水，城市降水也应及时排除。排水工程是城市、工业企业排水的收集、输送、处理和排放的工程系统。城市排水系统的水主要是生活污水、工业废水或雨水的混合污水（城市污水）。其作用是收集城市内各类污水并及时地将其输送至适当地点（污水处理厂等）；妥善处理后排放或再重复利用。

根据水的自然循环和水的社会循环之间的关系，实现健康社会水循环，可以找到解决水资源短缺和控制水污染的总体思路，即增加水的自然循环量或减少水的社会循环量。实现健康社会水循环要推行需水管理、发展循序用水及污水再生利用。

想一想

4.2　自然界中水循环是怎样进行的？水在人类社会生产和生活中的循环具有什么作用？

4.3　认识天然水

4.3.1　不寻常的水分子

水是我们生命活动不可缺少的物质，让我们认识一下它不同寻常的性质。首先，水在常温常压下是液体，水的沸点（100℃）很高；水结冰时展现出的是异乎寻常膨胀的性质，而大多数液体固化时则是收缩。水的上述性质归于其组成和分子结构。水是氧的氢化物，具有 V 形结构的极性分子，这种结构使水分子正负电荷向两端集中，一端为两个氢带正电荷，一端为氧带负电荷，X 射线对水的晶体（冰）结构的测定发现 H—O—H 键角为 104.5°。通过对水蒸气分子的测定，O—H 距离为 96pm，H—H 距离为 154pm。水的极性很大（偶极矩 $\mu=1.84D$）、水分子间有很强的氢键是水

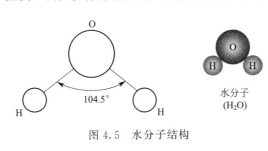

图 4.5　水分子结构

分子结构（图 4.5）的两个突出特点。

4.3.2　天然水的原始状态

广义上的水泛指处于自然界中所有的水，它具有水的所有特征和性能。天然水仅指处于天然状态的水，不包括人为因素的作用，不含有水的社会属性和经济属性。

（1）天然水组成

自然界中完全纯净的水是不存在的，水在循环过程中不断地与环境中的各种物质相接触，或多或少地溶解它们，天然水实际上是一种成分极其复杂的溶液。分析发现天然水中含有的物质几乎包括元素周期表中所有的化学元素，其溶质成分可分成：

① 常见八大离子为 K^+、Na^+、Ca^{2+}、Mg^{2+}、HCO_3^-、NO_3^-、Cl^- 和 SO_4^{2-}，占

天然水中离子总量的 95％～99％。这些离子决定了水体含盐量、硬度、碱度等，间接影响水的 pH 值、溶解氧等，常作为表征水体的化学特征性指标。

② 溶解性气体主要有 N_2、O_2、CO_2、H_2S，微量气体有 CH_4、H_2、He 等。

③ 微量元素有 I、Br、Fe、Cu、Ni、Ti、Pb、Zn、Mn 等。

④ 生源物质有 NH_4^+、NO_2^-、NO_3^-、HPO_4^{2-}、PO_4^{3-}。

⑤ 粒径为 1～100nm 的胶体物质，包括 $SiO_2 \cdot nH_2O$、$Fe(OH)_2 \cdot nH_2O$、$Al_2O_3 \cdot nH_2O$ 以及腐殖质等。

⑥ 粒径大于 100nm 的悬浮物质，包括铝硅酸盐颗粒、砂粒、黏土、细菌、藻类、原生动物和其他不溶物质等，肉眼可见，常常悬浮在水流之中产生浑浊现象。

(2) 天然水性质

① 碳酸平衡。CO_2 在水中形成酸，可与岩石中的碱性物质发生反应，并通过沉淀反应变为沉积物而从水中除去。在水和生物体之间的生物化学交换中，CO_2 占有独特的地位，溶解的碳酸盐化合物与岩石圈、大气圈进行均相、多相的酸碱反应和交换反应，对于调节天然水的 pH 值和组成起重要作用。水体中存在 CO_2、H_2CO_3、HCO_3^- 和 CO_3^{2-} 等四种化合态。

② 碱度和酸度。碱度（Alkalinity）指水中能与强酸发生中和作用的全部物质，亦即能接受质子（H^+）的物质总量。组成水中碱度物质有强碱如 NaOH、$Ca(OH)_2$ 等，在溶液中全部电离生成 OH^-；弱碱如 NH_3、C_6H_5- 等，在水中部分反应生成 OH^-；强碱弱酸盐如各种碳酸盐、重碳酸盐、硅酸盐、磷酸盐、硫化物和腐殖酸盐等，水解时生成 OH^- 或者直接接受质子 H^+。弱碱及强碱弱酸盐在中和过程中不断产生 OH^-，直到全部中和完毕。酸度（Acidity）指水中能与强碱发生中和作用的全部物质，亦即放出 H^+ 或经过水解能产生 H^+ 的物质的总量。组成水中酸度的物质为强酸如 HCl、H_2SO_4、HNO_3 等；弱酸如 CO_2、H_2CO_3、H_2S、蛋白质以及各种有机酸类；强酸弱碱盐如 $FeCl_3$、$Al_2(SO_4)_3$ 等。

③ 缓冲能力。天然水体的 pH 值一般在 6～8.5 之间，对某一水体 pH 几乎保持不变，表明天然水体是一个缓冲体系，具有一定的缓冲能力。各种碳酸化合物是控制水体 pH 值的主要因素，使水体具有缓冲作用。最近研究表明，水体与周围环境之间发生的多种物理、化学和生物化学反应，对水体的 pH 值也有重要作用。

4.3　天然水具有哪些性质？天然水与纯净水的区别？你每天的饮用水来自哪里？

4.4　水体自身的调节能力

水体又称水域，是海洋、河流、湖泊、水库、沼泽、冰川、地下水等地表水与地下贮水体的总称。在环境科学领域中，水体不仅包括水，也包括水中的悬浮物、底泥及水中生物，它是完整的生态系统或自然综合体。

如重金属容易从水中转移到底泥中生成沉淀、并被吸附螯合，仅从水着眼，似乎水未受到污染；但从整个水体看，则可能受到较重的污染，沉积在底泥中的重金属可能是该水体一个长期污染源。所以，要严格区分"水"和"水体"概念。

4.4.1　认识水体自净

正常情况下，当水体接纳了一定量的有机污染物后，在无人干预条件下，借助于水体自身的调节能力使污染物浓度不断降低，最后水质恢复到污染前的水平和状态，这种自我净化作用叫作水体自净。当"异物"进入自然水体后，可溶物或悬浮性固体微粒，在流动中得到扩散而稀释，固体物经沉淀析出，使污染物浓度降低；进入水中的有机物，可通过生物活动，尤其是微生物的作用，使它分解而降低浓度；水体中污染物还可能由于氧化、还原、分解和凝聚等而使浓度降低。受到污染的河流或其他水体，经过上述作用，使排入水体的污染物的浓度随水体向下游流动而自然降低，重新使水体中的各项水质指标（细菌、溶解氧、生化需氧量等，详见 4.4.2）及河流生物群恢复正常的自然过程。水体自净过程和机制见图 4.6 和图 4.7。

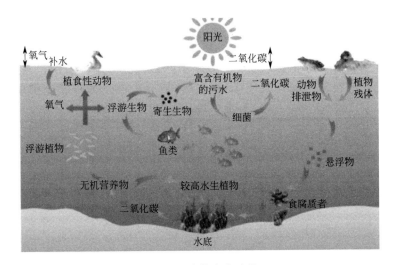

图 4.6　水体自净过程

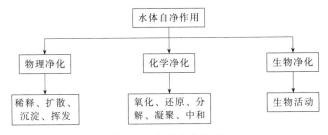

图 4.7　水体自净机制

（1）水体自净机制

① 物理净化　可沉性固体逐渐下沉，悬浮物、胶体和溶解性污染物稀释混合，浓度逐渐降低。稀释作用是一项重要的物理净化过程。流速、流量直接影响到移流强度和紊动扩散强度。流速和流量大，水体中污染物浓度稀释扩散能力随之加强，且水气界面上的气体交换速度也随之增大。河流中流速和流量有明显的季节变化，洪水季节，流速

和流量大，有利于自净；相反枯水季节不利于自净。河流中含沙量与水中某些污染物质浓度有一定关系。例如，研究发现黄河含沙量与含砷量呈正相关，因为泥沙颗粒对砷有强烈的吸附作用。

② 化学净化　指水体中的污染物质通过氧化、还原、化合、分解、吸附、凝聚等反应，使其浓度降低的过程。影响化学净化的环境因素有酸碱度、氧化还原电位和温度等。污染物本身的形态、化学性质和组成对化学净化也有很大影响。如温度升高可加速化学反应，在温热环境中有利于有机污染物的分解；酸性环境中金属离子活性增强，有利迁移；而碱性环境中易形成氢氧化物沉淀而减少环境中的有害金属离子。

③ 生物净化　利用各种生物（藻类、微生物等）生命活动特别是微生物对水中有机物的氧化分解作用使污染物降解，将污染物转变为无害物质的过程。它在水体自净过程中起着非常重要的作用。降低水中污染物的浓度可以通过微生物的降解作用或者某些水生物对污染物的富集作用。若水体中能分解和富集污染物的微生物或水生生物品种多、数量大，则利于水体自净。

水体中污染物的沉淀、稀释、混合等物理过程，氧化还原、分解化合、吸附凝聚等化学和物理化学过程以及生物化学过程等，往往同时发生，相互影响。一般地，物理和生物化学过程在水体自净中占主要地位。生物净化过程进行的快慢与污染物的性质和数量、（微）生物种类及水体温度、供氧状况等条件有关。水体污染严重，水体中溶解氧含量很低，而且氨化作用较强，微生物生长繁殖受到抑制，不利于水体自净。

（2）水体自净影响因素

水体的自净能力有一定的限度，每一类水体的自净作用都有一个最大阈值即自净容量。水体的自净容量是指在水体正常生物循环中能够净化有机污染物的最大量。如果排入水体的污染物数量超过某一界限时，将造成水体的永久性污染。影响水体自净的主要因素有：受纳水体的地理、水文条件、微生物的种类与数量、水温、复氧能力以及水体和污染物的组成、污染物浓度等。

水温直接影响水体中污染物质的化学转化速率，并影响水体中微生物的活动，进而影响生物化学降解速率。太阳辐射的直接影响能使水中污染物产生光转化，间接影响指引起水温变化和促进浮游植物、水生植物进行光合作用。河床底质对某些污染物的富集，河水与河床基岩和沉积物的物质交换过程，这两方面都可能对河流的自净产生影响。例如河底若有铬铁矿露头，则河水中含铬量可能较高；又如汞易被吸附在泥沙上，随之沉淀，从而在底泥中累积，虽较稳定，但在水与底泥界面上存在十分缓慢的释放过程，使汞重新回到河水中，形成二次污染。此外，底质、底栖生物的种类和数量不同，对水体自净作用的影响也不同。

易于化学降解、光转化和生物降解的污染物显然容易得以自净。例如酚和氰，由于它们易挥发和氧化分解，又能被泥沙和底泥吸附，因此在水体中较易净化。而难于化学降解、光转化和生物降解的污染物很难在水体中被自净。例如合成洗涤剂、有机农药等化学稳定性高的合成有机化合物，在自然状态下需十年以上的时间才能完全分解，它们以水流作为载体，逐渐蔓延不断积累，成为全球性代表性的持久性有机污染物（Persistent Organic Pollutants，POPs），对人类健康和环境具有严重危害。水体中某些重金属类污染物可能对微生物有害，从而降低了生物净化能力。

水域一旦水体自净能力被破坏，则需要及时进行人工干预以逐渐恢复水域水体自净能力。20 世纪 80 年代末以来，由于填湖造塘等活动，滇池草海大泊口水域水体富营养化严重。而近年来，人工打捞大部分漂浮植物后，昆明市滇池生态研究所对水体质量进行追踪检测，结果显示，减少了大部分漂浮植物后，水体透明度的提升，促进了沉水植物生长及光合作用，从而提高了水域溶氧量，提升了水域自净功能，其中对水体总氮的消减率为 40%，对总磷的削减率为 39.1%。

 **想一想**

　4.4　天然水体是否都存在自净的过程？详细解释天然水自净过程是怎样的？如果难以生物降解的污染物如抗生素、有毒重金属等被过多排入水体，将对水体生态系统如何产生影响？

4.4.2　水质指标与水环境质量标准

(1) 水质指标

水质指标是指水体中除去水分子外所含杂质的种类和数量，表示生活饮用水、工农业用水以及各种受污染水中污染物最高容许浓度或限量阈值。它是判断水污染程度的具体衡量尺度。指明水质状况的单项指标，表征水的物理、化学和生物特性，以此说明水质状况，如金属元素含量、溶解氧、细菌总数等；综合指标用来说明多种因素下的水质状况，如生物需氧量（BOD）表示水中能被生物降解的有机物的污染状况，总硬度表明水中钙、镁等无机盐类的含量。

感官物理性状指标包括温度、色度、嗅和味、浑浊度等。

① 温度。水的许多物理特性、水中进行的物理化学过程都与温度有关。地表水的温度随季节、气候条件变化较大，一般在 $0.1 \sim 30℃$。地下水的温度稳定在 $8 \sim 12℃$。工业废水的温度与生产过程有关。

② 色度。纯水是无色的。水的真色是由水中所含溶解物质或胶体物质导致，即去除水中悬浮物质后呈现的颜色；水的表色包括由溶解物质、胶体物质和悬浮物质共同引起的颜色。

③ 浑浊度。指水中含有悬浮物及胶体杂质而产生的浑浊程度。水体中悬浮物（SS，mg/L）含量是水质的基本指标之一，包括无机物和有机物。生活污水中沉淀下来的物质通常称为污泥，工业废水中沉淀的颗粒物则称为沉渣。

其他物理水质指标包括总固体、悬浮性固体、溶解性固体、挥发与固定性固体、电导率等。

① 总固体（Total Solids）：水样在 $103 \sim 105℃$ 温度下蒸发干燥后所残余的固体物质总量，也称蒸发残余物。

② 悬浮性固体（Suspended Solids）和溶解性固体（Dissolved Solids）：水样过滤后，滤样截留物蒸发后的残余固体量称为悬浮性固体；滤过液蒸干后的残余固体量称为溶解固体。

③ 挥发性固体（Volatile Solids）和固定性固体（Fixed Solids）。在一定温度下（600 ℃）将水样中经蒸发干燥后的固体灼烧而失去的重量。可略表示有机物含量。灼烧后残余物质的重量称为固定性固体。

④ 电导率。表示水溶液传导电流的能力。电导率与溶液中离子含量大致成比例变化，电导率的测定可以间接地推测离解物质总浓度，其数值与阴、阳离子的含量有关。该指标常用于推测水中离子的总浓度或含盐量。

一般化学性指标包括 pH 值、碱度、硬度、各种阴阳离子、总含盐量、有机物质等；有关毒性的化学性指标包括重金属、氰化物、多环芳烃、各种农药等；有关氧平衡的水质指标有溶解氧（DO）、化学需氧量（COD）、生化需氧量（BOD）、总需氧量（TOD）等。

① pH 值。是水中氢离子活度的负对数，即 $pH = -lg\alpha_{H^+}$。天然水的 pH 值多在 6.0～8.5，测定可用试纸法、比色法、电位法。

② 硬度。水的总硬度指水中钙、镁离子的总浓度；暂时硬度是指碳酸盐硬度（加热能以碳酸盐形式沉淀下来的钙、镁离子）；永久硬度是非碳酸盐硬度（加热后不能沉淀下来的那部分钙、镁离子）。

③ 溶解氧（Dissolved Oxygen，DO）。溶解在水中的分子态氧，单位 mg/L。水中 DO 与大气压力、水温及含盐量等有关。清洁地表水溶解氧一般接近饱和状态。当有大量藻类繁殖时，由于其光合作用，溶解氧可能过饱和；当水体被污染时，溶解氧含量不断减少，甚至趋于零，使厌氧菌繁殖活跃，有机物质腐败，水质恶化。水体中的溶解氧应不小于 4mg/L。

④ 生化需氧量（Biochemical Oxygen Demand，BOD）。表示在有氧条件下，好氧微生物氧化分解水中有机物所消耗的游离氧的量，单位是 mg/L。是间接表示水被有机物污染程度的指标，代表可生物降解的有机物的量。在 20℃ 下，微生物活性最高，如果得到完全的生化需氧量，需历时 100 天以上。在实际测定中考虑好氧分解速度在开始几天最快，在 20℃ 反应 5 天测定的 BOD 称为五日生化需氧量，记为 BOD_5。

⑤ 化学需氧量（Chemical Oxygen Demand，COD）。BOD_5 测定时间长，难以及时指导实践，且污水中难生物降解物质含量高时，测定误差较大。采用强氧化剂重铬酸钾，在酸性条件下将水中有机物氧化为 CO_2、H_2O 所消耗的氧，称为化学需氧量 COD_{Cr}（mg/L）。它是间接反映还原性物质（有机物、亚硝酸盐、硫化物、亚铁盐等）污染的程度，主要用于工业废水测定。污染比较轻微的水体或者清洁地表水采用高锰酸钾氧化法，记为 COD_{Mn}。COD 越高，一方面说明水体受有机物的污染越严重，另一方面则表明该水体自净能力较差，缺乏将复杂组分的有机物分解成简单组分无机化合物的环境自净能力。

⑥ 有毒物质。达到一定浓度后，对人体健康、水生生物的生长造成危害的物质。有毒物质种类繁多，非重金属中的氰化物、砷化物，重金属中的汞、镉、铬、铅是国际上公认的六大毒物。

水的生物学指标包括细菌总数，总大肠菌群数，各种病原细菌、病毒含量等。

① 细菌总数。是指 1 毫升水样在营养琼脂培养基中，于 37℃ 经 24h 培养后，所生长的细菌菌落的总数。水中通常存在的细菌大致可分天然水中存在的细菌（非致病菌）、土壤细菌和肠道细菌。水体中如果发现肠道细菌，认为已受到粪便的污染。我国颁布的生活饮用水水质标准规定每毫升水的细菌总数不得超过 100 个。

② 总大肠菌群数。又称大肠菌群指数，是指单位体积水中所含有的大肠菌群的数目。我国《地表水环境质量标准》（GB 3838—2002）规定第一级地面水大肠菌群≤500 个/L，第二级 ≤10000 个/L，第三级 ≤50000 个/L。我国《生活饮用水质标准》

（GB 5749—2006）规定生活饮用水总大肠菌群为未检出。

想一想

4.5　表示水质有机物污染的化学指标有哪些？BOD_5 测定过程中存在什么问题？用什么指标表示水的生物污染？

（2）水环境质量标准

水环境质量标准是为控制和消除污染物对水体的污染，根据水环境长期和近期目标而提出的质量标准。我国有关部门与地方制定了较详细的水环境质量标准、用水水质标准及污水排放标准，供规划、设计、管理、监测部门遵循。

水环境质量标准及用水标准主要有：《地表水环境质量标准》（GB 3838—2002）、《生活饮用水卫生标准》（GB 5749—2006）、《农田灌溉水质标准》（GB 5084—2005）、《渔业水质标准》（GB 11607—89）、《海水水质标准》（GB 3097—1997）。这些标准详细说明了各类水中污染物允许的最高浓度，以保证水环境及用水质量。

污水排放标准分为一般排放标准和行业排放标准两大类。一般排放标准主要有《污水综合排放标准》（GB 8978—1996）、《农用污泥污染物控制标准》（GB 4284—2018）等。

我国的造纸、纺织、钢铁、肉类加工等行业也都制定了相应的行业排放标准。

4.5　水体污染

4.5.1　认识水体污染

农民环保卫士——张正祥

水体污染是指排入水体的污染物在数量上超过了该物质在水体中的本底含量和水体的环境容量，从而导致水体的物理、化学和生物特征发生变化，使水体固有的生态系统和功能受到破坏。水体污染如图 4.8 所示。

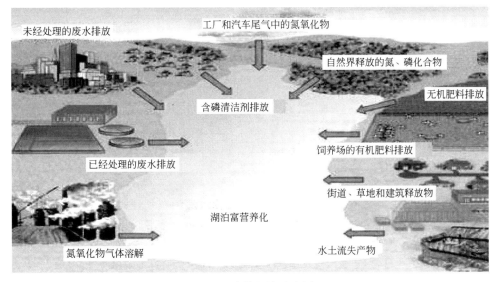

图 4.8　水体污染示意图

水体污染源是指造成水体污染的污染物的发生源，通常是指向水体排入污染物或对水体产生有害影响的场所、设备和装置。

根据污染物来源的不同，水体污染源可分为天然污染源和人为污染源。诸如岩石和矿物的风化水解、火山喷发、水流冲蚀地表、大气降尘的降水淋洗、生物释放的物质等都属于天然污染物的来源。人为污染源是指人类活动形成的污染源，按人类活动方式可分为工业、农业、交通、生活等污染源；按排放污染物种类不同，可分为有机、无机、放射性、重金属、病原体、热污染等污染源。其中人为污染源是环境保护研究和水污染防治中的主要研究对象。

按照污染物排放的空间分布方式可以分为点污染源和面污染源。

（1）点污染源

工业废水、生活污水和矿山废水管道、沟渠集中排入水体，因此常被称为点污染源。主要的点污染源有生活污水和工业废水。生活污水主要来自家庭、商业、学校、旅游服务业及其他城市公用设施，包括厕所冲洗水、厨房洗涤水、洗衣机排水、沐浴排水及其他排水等。污水中主要含有悬浮态或溶解态的有机物质（纤维素、淀粉、糖类、脂肪、蛋白质），还含有氮、硫等无机盐类和各种微生物。

工业废水来自工业生产过程，其水量和水质因生产过程而异，根据其来源可以分为工艺废水、原料或成品洗涤水、场地冲洗水以及设备冷却水等。根据废水中主要污染物的性质，可分为有机废水、无机废水、兼有有机物和无机物的混合废水、重金属废水、放射性废水等；根据产生废水的行业性质，可分为造纸废水、印染废水、焦化废水、农药废水、电镀废水等。

（2）面污染源

面污染源又称非点污染源，主要指农村灌溉水形成的径流、农村中无组织排放的废水、地表径流及其他废水污水。分散排放的小量污水，也可列入面污染源。农村废水一般含有有机物、病原体、悬浮物、化肥、农药等污染物；畜禽养殖业排放的废水，常含有很高浓度的有机物；过量地施加化肥、使用农药，农田地面径流中会含有大量磷营养物质和有毒的农药。

大气中含有的污染物随降雨进入地表水体，也可认为是面污染源，如酸雨。此外，天然性的污染源，如水与土壤之间的物质交换，风刮起泥沙、粉尘进入水体等也是一种面污染源。

4.6　水体污染是如何产生的？找找我们身边的水体污染源。

4.5.2　我国水体污染特征

水资源短缺已经成为制约我国经济社会可持续发展的瓶颈，我国的水资源利用仍然不合理，水污染日益严重，最常见的水污染有：

① 有机污染。中国多数污染河流存在有机物污染，表现为水体中 COD、BOD 浓度增高。当大量悬浮物排入受到有机污染的河流中，会沉淀至河底形成沉积物成为水体的潜在污染源。近年来，难降解合成有机物、海洋微塑料等新兴污染物日益

增加，即使在十分低的含量下也可能对人体健康有直接危害，如致癌、致畸、致突变。

② 重金属污染。重金属随工业或生活废水排入水体后，大多将沉淀至水底或与有机物形成毒性很强的金属有机物，由于中国对工业含重金属废水的排放控制较早，因此在全国范围内水体重金属污染面积不大。

③ 富营养污染。我国主要淡水湖泊都已呈现出富营养污染现象。原因是水体接纳了各种污染源排放的污染物，使水体溶解氧降低、水质恶化。例如，滇池是著名的高原湖泊，原来是昆明市的饮用水源，同时也是污水的受纳体。20 世纪 90 年代以来滇池水质只能满足灌溉水质的要求，湖中水葫芦覆盖面积和生长厚度逐年增加，内湖外湖中都出现了蓝藻滋生的现象。

4.7　调查了解滇池水质变化及其污染状况，看看你身边的水源状况。

4.5.3　水体污染的类型

水体污染物是指造成水体水质、水中生物群落以及水体底泥质量恶化的各种有害物质（或能量）。从化学角度可分为无机有害物、无机有毒物、有机有害物、有机有毒物 4 类。任何物质若以不恰当的数量、浓度、速率、排放方式排放水体，均可造成水体污染。根据水体中污染物种类，水体污染可以分成以下几类。

（1）感官性状污染

包括色泽变化，无色透明的水被污染后水色发生变化，如印染废水变红，炼油废水使水色变为黑褐色等。包括浊度变化，水体中含泥沙、有机质、微生物以及无机物质的悬浮物和胶体物，受污染后产生浑浊现象，以致透明度降低；包括产生泡状物，如洗衣粉等；包括臭味，水体污染发生臭味是常见现象。

（2）有机污染

有机污染主要是由城市污水、食品工业和造纸工业等排放含有大量有机物的废水所造成的污染。有的有毒，如酚、酮、醛、硝基化合物、有机含氯化合物、多氯联苯（PCB）和芳香族氨基化合物、染料等直接污染水体；有的无毒，如生活及食品污水中所含的碳水化合物、蛋白质、脂肪等，这些物质在一定条件下分解时能产生有毒物质如 CH_4、NH_3 和 H_2S 等使水体污染。水体中有机化合物大多数可为细菌所利用和分解，而在分解过程中消耗水中溶解氧，可使水中鱼类和其他水生生物因缺氧而受害、死亡，从而破坏水体的生态平衡，使水体失去自净能力。

（3）无机污染

酸、碱和无机盐对水体的污染。首先是使水的 pH 值发生变化，破坏其自然缓冲作用，抑制微生物生长，阻碍水体自净作用。同时，还会增大水中无机盐类和水的硬度，给工业和生活用水带来不利影响。

（4）有毒物质污染

各类有毒物质，包括无机有毒物质和有机有毒物质，如酚类，氰化物，汞、镉、铅、砷、铬等重金属和有机农药等。进入水体后，高浓度时会杀死水中生物；低浓度时，可在生物体内富集，并通过食物链逐级浓缩，最后影响到人体。重金属排放于天然水体后不可能减少或消失，只可能通过沉淀、吸附及食物链而不断富集。例如，著名的日本水俣病就是由于甲基汞破坏了人的神经系统而引起的。各种有机农药、有机染料及多环芳烃、芳香胺等往往对人体及生物体具有毒性，能引起急性中毒或是慢性病，有的已被证明是致病、致畸形、致突变物质。

（5）营养物质污染

营养物质污染又称富营养污染。生活污水和某些工业废水中常含有一定数量的氮、磷等营养物质，农田径流中也常挟带大量残留的氮肥、磷肥。这类营养物质排入湖泊、水库、港湾、内海等水流缓慢的水体，会造成藻类大量繁殖，这种现象被称为"富营养化"。大量藻类的生长覆盖了水面，减少了鱼类的生存空间，藻类死亡腐败后会消耗溶解氧，并释放出更多的营养物质。周而复始，恶性循环，导致水质恶化。

（6）油类污染

含有石油类产品的废水进入水体后会漂浮在水面并迅速扩散，形成一层油膜，阻止大气中的氧进入水中，妨碍水生植物的光合作用。石油在微生物作用下的降解也需要消耗氧，造成水体缺氧。同时，石油还会使鱼类呼吸困难直至死亡。食用在含有石油的水中生长的鱼类，还会危害人体健康。

（7）热污染

热污染主要来源于工矿企业向江河排放的冷却水，当高温废水排入水体时，使水温升高，物理性质发生变化，危害水生动、植物的繁殖与生长。引起水体水温升高，溶解氧含量下降，造成水生生物的窒息而死；导致水中化学反应速度加快，引发水体物理、化学性质的急剧变化，臭味加剧；加速水体中细菌和藻类的繁殖；某些有毒物质的毒性作用增强。热电厂、金属冶炼厂、石油化工厂等常排放高温的废水。

（8）生物性污染

生物性污染主要指致病菌及病毒的污染。生活污水，特别是医院污水和屠宰、制革、洗毛、生物制品等工业废水排入水体后，常含有病原体，会传播霍乱、伤寒、胃炎、肠炎、痢疾以及其他病毒传染的疾病和寄生虫病。随水体流动而传播。将对人类健康及生命安全造成极大威胁。

（9）放射性污染

放射性物质主要来自核工业和使用放射性物质的工业或民用部门。放射性物质能从水中或土壤中转移到生物、蔬菜或其他食物中，并发生浓缩和富集进入人体。放射性物质释放的射线会使人的健康受损，最常见的放射病就是血癌，即白血病。对人体有重要影响的放射性物质有 ^{90}Sr、^{137}Cs、^{131}I 等。

（10）微塑料污染

2004 年，英国普利茅斯大学 Thompson 教授在 Science 上首次提出"微塑料"（Microplastic）的概念。微塑料在海洋环境中丰度高，存在于海水、沉积物以及不同营养级生物体内，是一类新兴环境污染物。2011 年，海洋微塑料污染被联合国环境规划署（UNEP）列为全球要面对的一个新的环境问题。我国太湖、武汉城市水体、珠江支流、上海城市河道等淡水环境中，均监测到微塑料的存在，最高丰度比国外高 2～3 个数量级。

凡是尺寸小于 5mm 的塑料纤维、颗粒或薄膜即可被认定为微塑料。初生微塑料是指经过河流、污水处理厂等而排入水环境中的塑料颗粒工业产品，如化妆品等含有的微塑料颗粒或作为工业原料的塑料颗粒和树脂颗粒。次生微塑料是由大型塑料垃圾经过物理、化学和生物过程造成分裂和体积减小而成的塑料颗粒。

水环境中微塑料主要来源于水体流域范围内塑料产品的使用和不当处置。有别于传统化学污染物，微塑料不溶于水，以颗粒物的形式漂浮、悬浮在水中，或是沉降到沉积物中。塑料本身含有聚合物单体、塑化剂、阻燃剂、抗氧化剂等有毒化学物质，进入水体后将这些污染物逐渐释放出来。微塑料对多环芳烃（PAHs）、多氯联苯（PCBs）、有机氯农药（OCPs）等持久性有机污染物、重金属表现出较强的吸附能力。微塑料能通过食物链从低营养级向高营养级水生生物传递，形成"富集"效应毒性放大，导致动物生病甚至死亡；改变水体中细菌的群落组成，对淡水生态系统的结构和功能造成影响。大量的微塑料会迁移进入食物链的顶端人体内，这些难以消化的小颗粒可能对人产生难以预计的危害。

 **想一想**

4.8　水体污染种类有哪些？新兴的水环境微塑料污染在生态系统中是如何迁移和产生危害的？如何应对？

4.5.4　水体污染指数

类似于空气质量指数，对水体中污染物进行统计和归纳，以数值的形式综合反映水体污染程度。该指数主要用于对不同时间和地点的水污染情况进行比较，也可作为水污染分类和定级的依据。水污染指数评价法是环境质量现状评价的主要方法。可分为单污染指数评价法和综合污染指数评价法。

单污染指数评价法。该法只用一个参数作为评价指标，简单明了，可直接了解水质状况与评价标准之间的关系。其表达式为：

$$P_{i,j} = \frac{C_{i,j}}{S_i} \tag{4.1}$$

式中　$P_{i,j}$——水质评价参数 i 在第 j 点上的污染指数；
　　　$C_{i,j}$——水质评价参数 i 在第 j 点上的监测浓度，mg/L；
　　　S_i——水质评价参数 i 的评价标准，mg/L。

若某水质评价参数的污染指数 $P_{i,j} > 1$，表明该水质评价参数在 j 点上超过了规定的水质标准，已不能满足使用要求。因此，水污染指数评价法能客观地反映水体的污染程度，可清晰地判断出主要污染物、主要污染时段和水体的主要污染区域，能较完整地提供监测水域的时空污染变化，反映污染历史。

综合污染指数评价法。该法是目前我国主要采用的水质评价法，通过选择多项评价参数对水质进行的综合评价。下面以内梅罗水污染指数作具体介绍。

内梅罗建议的水污染指数的形式如下：

$$PI_j = \sqrt{\frac{\left(\mathrm{Max}\,\dfrac{C_i}{S_{i,j}}\right)^2 + \left(\dfrac{1}{n}\sum_{i=1}^{n}\dfrac{C_i}{S_{i,j}}\right)^2}{2}} \tag{4.2}$$

式中　PI$_j$——j 种用途水的水污染指数，mg/L；

　　　$S_{i,j}$——水质评价参数（污染物）i 的 j 种用途水的水质评价标准，mg/L；

　　　C_i——水质评价参数 i 的实测浓度，mg/L；

　　　n——水质评价参数的项目数。

内梅罗建议选取以下 14 项作为计算水污染指数的评价参数，即温度、颜色、透明度、pH 值、大肠杆菌数、总溶解固体、悬浮固体、总氮、碱度、氯、铁、锰、硫酸盐、溶解氧。并将水的用途分为：

①　人类接触使用的（PI$_1$），包括饮用、游泳、制造饮料等；

②　间接接触使用的（PI$_2$），包括养鱼、工业食品制备、农业用等；

③　不接触使用的（PI$_3$），包括工业冷却用、公共娱乐及航运等。

内梅罗根据水的不同用途，拟定了相应的水质评价标准作为计算水污染指数的依据，进而计算出各种不同用途水的水污染指数值。内梅罗水污染指数考虑了各种污染物的平均水平、污染浓度最大的污染物污染水平及水的用途这三方面因素，指数形式的设计比较合理。

为了表明各种用途用水的总水质指数，内梅罗建议根据 PI$_1$、PI$_2$、PI$_3$ 求和计算 PI 值。这里首先需要确定该水体在利用中不同用途占的份额（权系数），分别以 W_1、W_2、W_3 代表，这样，总水质指数用下式计算：

$$PI = PI_1 W_1 + PI_2 W_2 + PI_3 W_3 \tag{4.3}$$

式中　　　PI——总水质指数；

W_1，W_2，W_3——各种用途用水的权系数。

想一想

　　4.9　你还了解哪些水体污染指数？不同水体污染指数对衡量水污染有什么意义？

4.6　如何防治水体污染

4.6.1　水污染防治原则

水哲学与"构建节水型社会"的水观

"防"是指对污染源的控制，通过有效控制污染源排放，使污染物减到最少量。对工业企业推行清洁生产，以无毒无害的原料和产品代替有毒有害的原料和产品；减少对原料、水及能源的消耗；采用循环用水系统，减少废水排放量；回收利用废水中的有用成分，使废水浓度降低等。对生活污染源，减少排放量。如推广使用节水用具，提高民众的节水意识，从而减少生活污水排放量。提倡农田的科学施肥和农药的合理使用，减少农田中残留的化肥和农药，进而减少农田径流中所含的氮、磷和农药量。

"治"是通过各种水污染治理措施，对污（废）水进行妥善的处理，对于含有酸碱、有毒物质、重金属或其他特殊污染物的工业废水，应在厂内就地局部处理，使其能满足排放至水体或城市下水道的水质标准。性质上与城市生活污水相近的工业废水可优先考虑排入城市下水道与城市污水共同处理。城市废水收集系统和处理厂的设计，不仅应考虑水污染防治的需要，同时应考虑到缓解水资源短缺的需要。处理后城市污水可以回用于农业、工业或市政，成为稳定的水资源。

"管"是指对污染源、水体及处理设施的管理，科学的管理包括对污染源和水体卫生特征的经常监测和管理。建立国家和地方各级环境保护行政管理机构，执行有关环境保护法律和环境保护标准，协调和监督各部门、各工厂保护环境、保护水源。

4.6.2　废水处理技术

废水处理是利用各种技术措施将各种形态的污染物从废水中分离出来，或将其分解、转化为无害和稳定的物质，使废水净化的过程。

4.6.2.1　物理处理法

废水物理处理法是指采用物理分离或机械分离去除废水中不溶性的悬浮状态污染物（包括油膜、油珠）的方法，处理过程中污染物的化学性质不发生变化。主要方法有如下几种。

（1）重力分离法

利用重力作用使废水中的悬浮物与水分离，包括悬浮物沉降法和上浮法。使用的设备有沉砂池（图 4.9）、沉淀池（图 4.10）、隔油池（图 4.11）、气浮池（图 4.12）及其附属装置等。影响沉淀或上浮速度的主要因素有：颗粒密度、粒径大小、液体温度、液体密度和绝对黏滞度等。

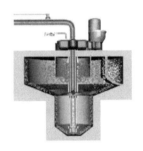

图 4.9　钟式沉砂池

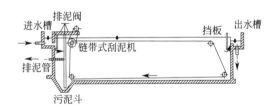

图 4.10　平流沉淀池

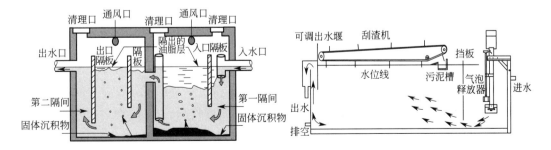

图 4.11　隔油池　　　　　　　　　　图 4.12　扩散气浮池

（2）筛滤截留法

利用留有孔眼的装置或由某种介质组成的滤层截留废水中悬浮固体的方法。有栅筛截留和过滤两种处理单元，设备有格栅（图4.13，截阻大块固体污染物）、筛网（截阻纤维、纸浆等较细小悬浮物）、布滤设备（截阻细小悬浮物）、砂滤设备（图4.14，截留更微细悬浮物）等。

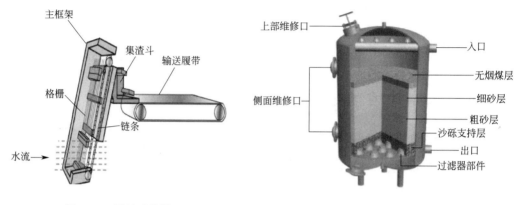

图 4.13　回转式格栅　　　　　　　　　图 4.14　砂滤罐

（3）离心分离法

利用容器高速旋转形成的离心力去除污水中悬浮颗粒的方法。分为水旋分离器和离心机两种类型。分离过程中，悬浮颗粒质和废水各自通过不同的出口排出，使悬浮颗粒从废水中分离。

物理法除以上三种主要方法外，还可以利用气液交换法和高梯度磁分离法等。气液交换法是通过氧化水中的某些化学污染物，或使废水中的挥发性污染物溢出对废水进行净化；高梯度磁分离法主要用于处理废水中磁性物质，具有工艺简便、效率高、成本低等优点。

4.6.2.2　化学处理法

化学处理法是通过化学反应和传质作用来分离、去除废水中呈溶解、胶体状态的污染物或将其转化为无害物质的废水处理法。

（1）沉淀处理法

向废水中投加可溶性化学药剂，使之与呈离子状态的无机污染物起化学反应，生成不溶于或难溶于水的化合物沉淀析出，从而使废水净化。投入废水中的化学药剂称为沉淀剂，常用的有石灰、硫化物和钡盐等。根据沉淀剂的不同，可分为：

① 氢氧化物沉淀法，即中和沉淀法，是从废水中除去重金属有效而经济的方法；

② 硫化物沉淀法，能更有效地处理含金属汞、镉的废水；

③ 钡盐沉淀法，常用于电镀含铬废水的处理。

（2）混凝处理法

向废水中投加混凝剂，使其中的胶粒物质发生凝聚和絮凝而分离，以净化废水。混凝是凝聚作用与絮凝作用的合称。凝聚作用指因投加电解质，降低或消除胶粒电动势，以致胶体颗粒失去稳定性，脱稳胶粒相互聚结而产生较大颗粒；絮凝作用指由高分子物质吸附搭桥，使胶体颗粒相互聚结而产生絮凝体，进而从水中分离出来。混凝剂可归纳为两类：

① 无机盐类：铝盐（硫酸铝、硫酸铝钾、铝酸钾等）、铁盐（三氯化铁、硫酸亚铁、硫酸铁等）和碳酸镁等；

② 高分子物质：聚合氯化铝，聚丙烯酰胺等。

影响混凝效果的因素有：水温、pH 值、浊度、硬度及混凝剂的投放量等。

（3）氧化处理法

利用强氧化剂氧化分解废水中污染物，以净化废水。强氧化剂能将废水中的有机物逐步降解成为简单的无机物，也能把溶于水的污染物氧化为不溶于水、而易于从水中分离出来的物质。常用氧化剂有：

① 氯类：有气态氯、液态氯、次氯酸钠、次氯酸钙、二氧化氯等；

② 氧类：有空气中的氧、臭氧、过氧化氢、高锰酸钾等。

氧化剂的选择应考虑：对废水中特定的污染物有良好的氧化作用；价格便宜，来源方便；常温下反应速率较快，反应时不需要大幅度调节 pH 值等。臭氧是一种极不稳定、易分解的强氧化剂，需现场制造。臭氧氧化处理法可以去除水中酚、氰等污染物；对水脱色，去除水中铁、锰等金属离子；去除异味和臭味等。

（4）中和处理法

利用中和作用处理废水，使废水中的 H^+ 或 OH^- 与外加 OH^- 或 H^+，相互作用，生成弱解离的水分子、可溶解或难溶解的其他盐类，从而消除它们的有害作用。可如下分类。

① 酸、碱废水（或废渣）中和法；

② 投药中和法，常用的碱性药剂是石灰，有时用苛性钠，碳酸钠、石灰石或白云石等；

③ 过滤中和法，用石灰石或白云石处理含酸浓度较低的废水。

为了有效地处理含有多种不同性质的污染物废水，常常将上述两种或者两种以上处理法组合起来。化学处理法与生物处理法相比，能较迅速、有效地去除更多的污染物，可作为预处理或者生物处理后的三级处理措施，如以折点氯化法或碱化吹脱法去除氨氮，以化学沉淀法除磷等。

4.10　如果工业废水中含有农药和杀虫剂，且水具有一定的臭味，选择什么样的处理方法能够使废水得到净化？

4.6.2.3　生物处理法

生物处理法利用微生物新陈代谢功能，使污水中呈溶解和胶体状态的有机污染物被降解并转化为无害的物质，使污水净化。生物处理法往往需要采取人工强化措施（曝气或厌氧封闭），营造有利于微生物的生长、繁殖环境：效率高、成本低、工艺操作方便且无二次污染等，生活污水和 90% 的工业废水处理主体工艺采用生物法。

（1）活性污泥法

由英国的克拉克（Clark）和盖奇（Gage）约在1913年于曼彻斯特的劳伦斯污水试验站发明并应用。该法能去除溶解性、胶体状态的可生化降解的有机物以及能被活性污泥吸附的悬浮固体，也能去除一部分磷素和氮素。

典型的活性污泥法是由曝气池、沉淀池、污泥回流系统和剩余污泥排除系统组成。将空气连续鼓入曝气池的废水中，一段时间后水中形成含有大量好氧性微生物的絮凝体，即活性污泥。活性污泥比表面积大，可吸附污水中的有机物；活性污泥中具有活性的微生物以有机物为食料，获得能量并不断生长增殖。从曝气池流出的混合液，经沉淀分离后，水被净化排放，沉淀分离后的污泥作为种泥，部分回流曝气池，剩余污泥（增殖的微生物）从沉淀池排放，基本流程见图4.15。

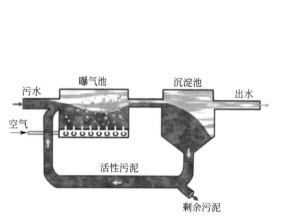

图4.15 活性污泥法基本流程

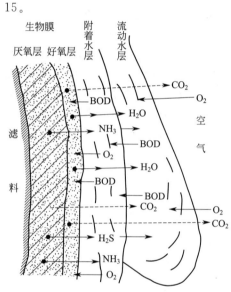

图4.16 生物滤料上生物膜构造

（2）生物膜法

是一种用来处理废水中好氧生物的固定膜法。经过充氧（充氧装置由曝气风机及曝气器组成）的污水以一定的流速流过填料时，微生物在填料表面附着形成生物膜（膜状生物泥），生物膜中的微生物会吸收分解水中的有机物，使污水得到净化。

生物膜是由高度密集的好氧菌、厌氧菌、兼性菌、真菌、原生动物以及藻类等组成的生态系统，其附着的固体介质称为滤料或载体。生物膜自滤料向外可分为厌氧层、好氧层、附着水层、流动水层（图4.16）。老化的生物膜从填料上脱落随污水流入沉淀池，经沉淀池沉淀分离。生物膜法有多种处理构筑物，如生物滤池、生物转盘、生物接触氧化池、生物流化床以及曝气生物滤池等。

（3）厌氧生物处理法

利用兼性或专性厌氧菌在无氧的条件下降解有机污染物，用于处理污泥及高浓度、难降解的有机工业废水。该法无需搅拌和供氧，动力消耗少；同时能产生大量含甲烷的沼气能源，用于发电和家庭燃气。按微生物的凝聚形态可将厌氧生物处理法分为厌氧活性污泥法和厌氧生物膜法。厌氧活性污泥法包括普通消化池、厌氧接触消化池、升流式厌氧污泥床（Up Flow Anaerobic Sludge Blanket. UASB）、厌氧颗粒污泥膨胀床（Expanded Granular Sludge Bed，EGSB）等；厌氧生物膜法包括厌氧生物滤池、厌氧流化床和厌氧生物转盘等。

除常用的物理法、化学法和生物法外，污水处理工艺还包括自然生物处理法、氧化沟、厌氧-缺氧-好氧法和吸附-生物降解工艺等。自然生物处理法是利用自然条件下生长、繁殖的微生物处理污水，该法工艺简单、费用低、效率高；氧化沟则多用于处理中、小流量的污水，可以间歇或者连续运转；厌氧-缺氧-好氧法是颇有发展前途的污水处理工艺，电耗少，费用低，是经济有效的脱氮除磷技术；吸附-生物降解法指的是串联的两阶段活性污泥法，该工艺将曝气池分为高低负荷两段，两段各有独立的沉淀和污泥回流系统。

 **想一想**

4.11　分析比较物理、化学和生物废水处理方法的原理和特点，制药废水的处理工艺流程如何选择和设计？

4.6.2.4　典型城市污水处理工艺

城市污水是在城市地区范围内的生活污水、工业废水和径流污水。一般由城市管渠汇集后经城市污水处理厂处理后排入水体。城市污水中普遍含的有机污染物（以 COD、BOD_5 表示）包括碳水化合物、蛋白质、氨基酸、脂肪酸、油脂、酯类等及各种病菌、病毒，部分城市污水中还可能含有大量氮、磷、氟、砷、酚、氰、重金属、农药类化合物、多环芳烃等有毒、有害污染物。绝大多数城市污水处理厂都采用好氧生物处理法来除去这些易降解有机物。

我国城市污水处理工艺可分为一、二、三级处理。一级处理，又称初级处理。处理的对象是污水中的漂浮物和悬浮物。可以采用物理处理方法如筛网、格栅过滤、沉砂池、沉淀池、隔油池、气浮池、旋流分离器、离心机等。一级处理属于二级处理的预处理，污水 BOD 去除率只有 20%；二级处理可大幅度去除污水中呈胶体和溶解状态的有机物，BOD_5 去除率为 80%～90%，有机污染物可达排放标准，常用的方法包括活性污泥法、生物膜法等；三级处理，又称深度处理，可使用化学和物理化学以及生物方法，如生物脱氮除磷法、混凝沉淀法、砂滤法、活性炭吸附法、离子交换法和电渗析法等。进一步去除难降解的有机物、氮和磷等能够导致水体富营养化的可溶性无机物等。

图 4.17 是典型的城市污水处理流程，如哈尔滨文昌污水厂的污水处理流程。原水经过污水提升泵提升后，经过格栅过滤后进入沉砂池，经过砂水分离后进入两座 60M 辐流式初次沉淀池。此过程为一级处理，经一级处理后主要污染物去除率约为 40%，BOD_5 为 20%；文昌污水处理厂根据进水水质和出水水质要求，并结合一级处理工艺，决定采用厌氧-缺氧-好氧法二级处理工艺。初沉池出水后进入 A/O 曝气池，出水后进入二次沉淀池。二沉池的出水经过消毒排放后即可到国家城市污水排放标准。而污水处理过程中产生的污泥经过污泥浓缩池、污泥消化池，经过脱水和干燥设备处理后，最终被填埋、农用等。

4.6.2.5　中水的回收利用

目前我国有 400 多座城市存在不同程度缺水，其中 136 座城市严重缺水，日缺水

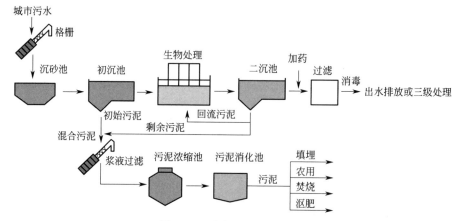

图 4.17　城市污水处理流程

量达 1600 万立方米，年缺水量 60 亿立方米，由于缺水每年影响工业产值 2000 多亿元人民币。尤其是北方城市普遍缺水，水资源已成为这些城市可持续发展的限制性因素之一。而缓解城市水资源短缺最有效的途径便是再生利用，中水利用则是再生利用的主要形式。中水指在生活、生产过程中所产生的污水经净化处理后，达到国家《生活杂用水水质标准》或《工业用水水质标准》，可在一定范围内重复使用的非饮用水。

在 2000 年国务院召开的《全国城市供水节水与水污染防治工作》会议上提出：大力提倡城市污水回用等非传统水资源的开发利用，并纳入水资源的统一管理和调配。由此可见，城市污水处理率的提高，大量城市污水处理厂的建设，回用政策的逐步完善，为城市污水回用创造了前所未有的机遇。在国家政策支持下，我国有关院校和科研部门组织技术攻关，在城镇的住宅小区的中水回用；城市污水净化后回用于园林绿化、市政景观、道路喷洒等；城市中水回用与工业冷却水系统及工艺用水等方面的研究中都取得了丰硕的成果，而且也兴建了若干示范工程。在天津市，仅中水洗车一项每年节约自来水超过 500 万吨。

中水的利用不仅可以缓解水资源短缺，还具有十分可观的经济价值。中水利用在对健康无影响的情况下，为我们提供了一个非常经济的新水源，减少了由于远距离引水引起的数额巨大的工程投资；中水利用在提供新水源的同时，可以减少新鲜自来水用量，因此相应减少了城市自来水处理设施的投资；中水利用还可以减少污水排放数量，减少控制水体污染引起的治理费用。据国内专家的统计，在城市污水处理厂增设中水回用系统，新建一个净水间，其投资只是新建一个净水厂投资的 30％。

由此可见，中水的回收利用是缓解城市水资源紧缺的有效途径，是开源节流的重要措施，在经济、社会、环境效益方面都具有现实和长远意义，是缺水城市势在必行的重大举措。

 **想一想**

4.12　城市污水处理厂三级处理流程中，每级处理工艺去除的是污水中的什么物质？每级处理工艺中主要有哪些处理设备和构筑物？

阅读材料

▶扫码扩展阅读◀
水体污染及其防治

 习 题

1. 自然界水循环具有什么意义？社会水循环形成了人类社会的哪些工程？对整个自然的水循环起到什么作用？
2. 天然水体中存在哪些物质？各有何作用？
3. 什么是天然水中的酸度与碱度、缓冲能力？
4. 水和水体有何区别？什么是水体自净？水体自我调节过程的作用机制是什么？哪些因素影响水体的自净能力？
5. 什么是水质指标？感官物理性状指标、化学指标和生物指标都包括哪些？化学耗氧量和生化需氧量有何区别？
6. 什么是水体污染？其危害都是什么？水体污染源有哪些？
7. 结合实际，谈谈水体污染物和水体污染的类型有哪些？
8. 我国水体污染的特征主要是什么？
9. 废水处理的基本原则有哪些？什么是废水处理？
10. 废水处理的物理、化学和生物方法分别包括哪些处理技术和设备？举例说明。对比分析每种处理方法的去除对象和区别。
11. 城市生活污水的特征有哪些？了解典型城市生活污水三级处理工艺流程过程、去除对象和工艺技术设备的作用。

参考文献

[1] 程发良，孙成访. 环境保护与可持续发展. 3 版. 北京：清华大学出版社，2014.
[2] 郎铁柱，钟定胜. 环境保护与可持续发展. 天津：天津大学出版社，2005.
[3] 凯瑟琳·米德尔坎普，等. 化学与社会. 8 版. 段连运，等译. 北京：化学工业出版社，2018.
[4] 任仁，张敦信，于志辉，等. 化学与环境. 北京：化学工业出版社，2005.
[5] 吴辰熙，潘响亮，施华宏，等. 我国淡水环境微塑料污染与流域管控策略. 北京：中国科学院院刊，2018（10）.

第 5 章　固体废弃物及其他环境污染与防治

5.1　与日俱增的固体废弃物

5.1.1　认识固体废弃物

固体废弃物是指在生产、生活和其他活动中产生的丧失原有利用价值或者虽未丧失利用价值但被抛弃的固态、半固态和置于容器中的气态的物品、物质以及法律、行政法规规定纳入固体废物管理的物品、物质。这里所说的生产，是指国民经济建设中的生产及建设活动，包括工业生产、建筑施工及民用等各行各业的生产建设活动。生活是指人们衣食住行等一切活动，包括社会服务与社会保障等活动。其他活动，是指商业、医院、大专院校、科研单位等非生产性的，又不属于日常生活活动范畴的正常活动。

（1）固体废物的特性

① 成分的多样性和复杂性。现代的固体废弃物品种繁多，大小各异，成分复杂，包括单一物质、复杂混合物、聚合物、非金属、金属、有机物、无机物、合金，既有边角料又有设备配件。从有毒到无毒，从低熔点到高熔点等，构成五花八门、形形色色的垃圾世界。"垃圾为人类提供的信息几乎多于其他任何东西"。

② 资源与废物的相对性。固体废物是在一定时间和地点被丢弃的物质，"废"具有明显时间和空间特征。从时间而言，随着时间的推移和科技发展，资源枯竭与人类日益增长的需求矛盾凸显，过去的废弃物可能成为今天的资源。从空间而言，一种过程中产生的废弃物可能成为另一过程的原料或可转化成另一产品，故固废有"放错位置的资源"之称。另外，由于各种产品本身具有一定使用寿命，超过了寿命期限，也会成为废物。"资源"和"废物"相对性是固体废物最主要的特征。变废为宝关键在于如何看待废弃物和财富，许多可用的东西只是由于扔掉才变成垃圾。

③ 富集终态和污染源头的双重作用。固体废物往往是许多污染成分的终极状态。例如，一些有害气体或飘尘，经治理最终富集成固体废物；一些有害溶质和悬浮物，经处理最终被分离成为污泥或残渣；一些含重金属可燃固体废物经焚烧处理后，有害金属浓集于灰烬中。但是，这些"终态"物质中的有害成分，在长期的自然因素作用下，又会转入大气、水体和土壤，故又成为大气、水体和土壤环境的污染"源头"。

④ 危害具有潜在性、长期性和灾难性。固体废物污染不同于废水、废气和噪声，其滞留时间长、扩散性小，对环境的影响主要通过水、气和土壤进行。固体废物中污染成分的迁移转化过程缓慢，其危害性可能在数年以至数十年后才能发现。从某种意义上讲，固体废物特别是危险废物对环境造成的危害可能要比水、气严重得多。因此，如何处理和利用固体废弃物，是实现资源和生态环境可持续发展的关键。

(2) 固体废物来源与分类

固体废物来源广泛、种类繁多、成分复杂，按其化学组成可分为有机废物和无机废物；按其危害性可分为一般废物和危险性固体废弃物；按其形态可分为固态（粉状、粒状、块状）、半固态（污泥）和液态废物❶。根据 2020 年 4 月全国人大代表常务委员会修订通过的《中华人民共和国固体废物污染环境防治法》，固废分为工业固体废物、生活垃圾、建筑垃圾、农业固体废物等和危险废物，其主要组成如表 5.1 所示。

表 5.1　固体废物的分类、来源和主要组成物

分类	来源	主要组成物
工业固体废物	冶金工业	各种金属冶炼和加工过程中产生的废弃物。如高炉渣、钢渣、铜铅铬汞渣、赤泥、烟尘等
	矿业	各类矿物开发、利用加工过程中产生的废物。如废矿石、煤矸石、粉煤灰、烟道灰、炉渣等
	石油与化学工业	石油炼制及其产品加工、化学品制造过程产生的固体废物。如废油、浮渣、含油污泥、炉渣、碱渣、塑料、橡胶、陶瓷、纤维、沥青、油毡、石棉、涂料、化学药剂、废催化剂和农药等
	电力工业	电力生产和使用过程中产生的废弃物。如煤渣、粉煤灰、烟道灰等
	轻工业	食品工业、造纸印刷、纺织服装、木材加工等轻工部门产生的废弃物。如各类食品糟渣、废纸、金属、皮革、塑料、橡胶、布头、纤维、染料、刨花、锯末、碎木、化学药剂、金属填料、塑料填料等
生活垃圾	居民生活、集市贸易	日常生活过程中产生的废物。如食品垃圾、纸屑、衣物、庭院修剪物、金属、玻璃、塑料、陶瓷、炉渣、碎砖瓦、废家具、粪便、废旧电器等
	市政维护与管理	市政设施维护和加工过程中产生的废弃物。如碎砖瓦、树叶、死禽死畜、金属、锅炉灰、污泥、脏土等
建筑垃圾、农业固体废物等	建筑工业	建筑施工、建材生产和使用过程中产生的废弃物。如钢筋、水泥、黏土、陶瓷、石膏、砂石、砖瓦、纤维板等
	废弃电子产品等	废弃电子产品、废弃机动车船等。如废旧汽车、冰箱、微波炉、电视、电扇、手机、电脑、电路板、各种电池等
	包装废物等	一次性塑料、塑料袋、包装纸盒等
	农业固体废物等	作物种植生产过程中产生的废弃物。如稻草、麦秸、玉米秸、根茎、落叶、烂菜、废农用薄膜、农用塑料、农药包装废物等；动物养殖生产过程中产生的废弃物。如畜禽粪便、死禽死畜、死鱼死虾、脱落的羽毛等
危险废物	核工业、化学工业、医疗单位、科研单位等	主要来自核工业、核电站、化学工业、医疗单位、制药业、科研单位等产生的废弃物。如放射性废渣、粉尘、污泥等，医院使用过的器械和产生的废物、化学药剂、制药厂废渣、废弃农药、炸药、废油等含有易爆、易燃、腐蚀性、放射性的废物

工业固体废物是指在工业生产活动中产生的固体废物。生活垃圾是指日常生活中或者为日常生活提供服务的活动中产生的固体废物，以及法律、行政法规规定视为生活垃圾的固体废物。建筑垃圾是指建设单位、施工单位新建、改建、扩建和拆除各类建筑物、构筑物、管网等，以及居民装饰装修房屋过程中产生的弃土、弃料和其他固体废物。农业固体废物是指在农业生产活动中产生的固体废物。危险废物是指列入国家危险废物名录或者根据国家规定的危险废物鉴别标准和鉴别方法认定

---

❶　液体污染物的防治适用《固废法》，故此处分类包含液体污染物。

图 5.1   危险废物与一般固体废弃物标志

的具有危险特性的固体废物。这意味着危险废物属于固体废物一部分，同时危险废物必须具有危险特性，如毒性（包括浸出毒性、急性毒性、生物毒性等）（Toxicity，T）、腐蚀性（Corrosivity，C）、易燃性（Ignitability，I）、感染性（Infectivity，In）、化学反应性（Reactivity，R），具有一种或几种危险特性的固体废物均属于危险废物。因此，危险废物不同于一般固体废弃物（图 5.1），其具有更大的环境危害性。

（3）固体废物污染途径及危害

在一定条件下，固体废物会发生物理、化学或生物的转化，对周围环境造成一定的影响。如果处理、处置不当，污染成分就会通过水、气、土壤、食物链等途径进入环境给人体健康造成潜在的、长期的危害，其主要污染途径如图 5.2 所示。

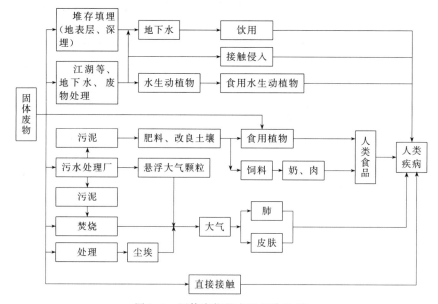

图 5.2   固体废物的主要污染途径

固废在收运、堆放过程中如果未做密封处理，经日晒、风吹、雨淋、焚化等作用，会挥发大量废气或产生粉尘。堆积废物中某些物质在适宜的湿度和温度下会被微生物分解或发生化学反应，从而不同程度地产生废气或恶臭，造成地区性空气污染。其直接倾倒于河流湖泊或海洋，会减少水域面积，淤塞航道，污染水体，严重时会导致大面积水生动植物快速死亡。同时，垃圾渗滤液可能渗透到土壤和地下水产生污染，其所含的有害物质会改变土壤性质和结构，使土地生态系统失衡，甚至导致草木不生。固废堆放占用大量土地，对市容和景观会产生视觉污染。

 **想一想**

5.1   请调查你周围的人每周会产生多少垃圾？包括哪些种类？并分析这些垃圾在环境中的代谢寿命或循环路径。

5.1.2　固体废弃物的综合利用与处置

在固体废弃物产量剧增以及自然资源紧缺的形势下，合理对固体废弃物进行综合利用与处置是我国深入实施可持续发展战略的重要内容。一般固体废弃物产生后经历贮存、利用或处置几个阶段（图 5.3）。固体废弃物的贮存是指将固体废弃物临时置于特定设施或者场所中的活动。固体弃废物的利用是指从固体废弃物中提取物质作为原材料或者燃料的活动。固体废弃物的处置是指将固体废弃物焚烧和用其他改变固体废弃物的物理、化学、生物特性的方法，达到减少已产生的固体废弃物数量、缩小固体废弃物体积、减少或者消除其危险成分的活动，或者将固体废弃物最终置于符合环境保护规定要求的填埋场的活动。

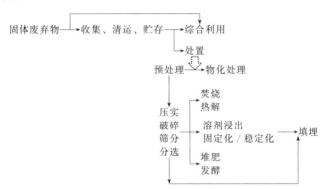

图 5.3　固体废弃物的综合利用与处置

5.1.2.1　固体废物的综合利用

（1）工业固废综合利用

据统计，我国工业固废总产生量高速增长，年产量已经连续多年超过 30 亿吨，其中矿业、冶金等行业的固体废物（如尾矿、有色金属渣、粉煤灰等）排放量最大，化工、电子等行业的固体废物（如油泥、盐碱液、电子废物等）排放种类广泛。这些特点给后续的处理带来了很多的困难，大多工业固体废物以消极处理（堆放、焚烧、填埋等）为主，工业固体废物的平均综合利用率低于 60％。对比欧美发达国家的工业固废高效利用水平，我国工业固废资源化利用空间很大。工业固废资源化途径主要有：

① 回收有价金属　工业固废所含有价金属的总量巨大，同时还含有少量的铬、硼、砷等化合物，可从中提取铁、铝、铜、铅、锌、钨、钼、钒、铀等金属。

② 生产建筑材料　将工业废物经过适当的工艺处理可制成水泥、混凝土骨料、砖瓦、纤维等建筑材料。如将高炉渣经水冷或水淬凝固后，再经过破碎筛分制成渣砂和碎料作为混凝土的骨料或铺筑材料；煤矸石外掺少量黏土可制成煤矸石砖。

③ 生产农肥　许多工业固体废物含有较高的硅、钙以及各种微量元素，有些还含磷和其他有用组分，改性后可作为农肥使用。如将粉煤灰经盐酸处理后与腐殖酸、氮肥、磷肥、钾肥、膨润土和微量元素肥料等混合造粒可生产出硅复合肥。但应注意，资源化后制得的肥料应取得肥料生产许可证和登记证，确保使用安全。

④ 回收能源　通过某些工艺改良后将工业固废制成助燃料或燃料，进行能源回收。如煤矸石和煤泥混烧发电、洗矸泥烧焦做工业或民用燃料。

⑤ 取代其他工业原料　一部分工业固废可用于开发新产品，取代某些工业原料。

如赤泥可用于制备吸附剂、混凝剂等；煤矸石可用于制备硅系化学品、SiC、分子筛等。

（2）生活垃圾的分类回收

生活垃圾的成分复杂，要资源化利用就必须先进行分类回收。2019 年 6 月，住建部发布《关于在全国地级及以上城市全面开展生活垃圾分类工作的通知》，各重点城市也相继发布生活垃圾管理条例和垃圾分类实施方案，我国逐步进入垃圾分类强制时代。目前，国内的法律法规与标准体系还没有对生活垃圾分类做出标准的定义。应用得比较广泛的垃圾分类定义为：按照城市生活垃圾的组成、利用价值以及环境影响程度等，并根据不同处理方式的要求，实施分类投放、分类收集、分类运输和分类处置及资源化的行为。垃圾分类的定义可分为"狭义"和"广义"两种。狭义的垃圾分类多指源头的分类投放过程，而广义的投放是从垃圾产生的源头开始至将其分类收集、贮存及转运以及最后分类处理处置的全过程。尽管定义有别，但分类的目的却是一致的，即通过垃圾分类提高垃圾的资源价值和经济价值，力争物尽其用，减少最终需要处理处置的垃圾量。

以资源化为导向的生活垃圾分类可参考以下方法。

① 餐厨垃圾类　是指居民日常生活消费过程中产生的餐厨垃圾，包括残羹剩饭、西餐糕点等食物残余，易腐烂的菜梗、菜叶等植物残体，动物内脏、鸡骨鱼刺，茶叶渣、果核瓜皮等。需要特别注意的是，冷冻食品的包装盒、一次性餐具、玉米芯、核桃壳、大棒骨（猪骨、牛骨等）因受到污染或不易粉碎，不能归为餐厨垃圾类。在分类打包时，应将餐厨垃圾中的油、水滤干。若废弃食用油为液体，而且不具有一般餐厨垃圾易腐性质，则不应纳入餐厨垃圾类，可通过使用专门的食用油凝固剂做凝固处理或装入透明容器（不得流出液体）后归入其他垃圾或可燃垃圾（进入焚烧厂）。

经源头分类的餐厨垃圾，可通过专门的收集车每天定时收集，由环卫运输车队或者具有生活垃圾运输许可证的企业负责及时按照城市管理行政主管部门制定的路线运输至专门的餐厨垃圾处理场所。常见的餐厨垃圾处理的关键技术包括厌氧发酵、湿热处理、好氧堆肥、饲料化处理（脱水干燥和生物处理），以及制氢、制乙醇和饲养蝇蛆制蝇蛆蛋白和有机肥等技术。若经分类的餐厨垃圾无合适的后续资源化利用技术，也可作为可燃垃圾运至生活垃圾焚烧厂焚烧处理。因同源性污染，餐厨垃圾不能用于家畜喂养。

② 可回收垃圾类　是指能够作为再生资源循环使用的废弃物，常见的可回收垃圾包括纸类（报纸、纸板箱、快递包装纸/箱、图书杂志、药盒、传单广告纸、办公用纸、牛奶盒等饮料包装、纸杯等）、金属（各类铝制罐、钢制罐、金属制奶粉罐、金属制包装盒、水壶、铁钉、刀具、金属元件、废旧电线与金属衣架等金属制品器具）、塑料（包括塑料网、塑料袋、保鲜膜、塑料杯、塑料盖、塑料瓶、塑料花盆、塑料地毡和泡沫板类缓冲材料等，为避免交叉污染，脏污去不掉的塑料不应分类为可回收垃圾）、玻璃（平面玻璃如镜子、玻璃窗、玻璃门等，瓶类玻璃如酱油瓶、调料瓶、酒瓶和花瓶等，其他玻璃如水杯、玻璃餐具、玻璃工艺品等）和织物（衣服、床单、毛毯、毛巾、书包、围巾、袜子、窗帘、毛绒玩具等纺织物）等。

由于可再生资源的种类和资源化利用方式差别较大，既可将不同种类的可回收垃圾（如报纸、金属等）混合收集后由工作人员再二次分类并进行后续的资源化利用，也可根据实际情况将可回收垃圾在源头就分得更为细致，如纸类垃圾、金属类垃圾、塑料类垃圾和玻璃类垃圾等可单独分类。目前，这些可回收垃圾均有对应的资源化利用技术。

需要特别指出，可回收垃圾分类时应该遵从一些基本原则，例如将废纸垃圾用绳捆绑好后再丢弃、按一定规格将织物捆绑分类、各类塑料或金属容器应先用水清洗干净且瓶盖分离（如塑料瓶罐配金属盖）、按照产品包装上指出的印刷包装回收的种类进行分类、污染严重的垃圾应根据其他垃圾种类直接进行末端处理处置。可回收垃圾经源头分类收集后，应由专门的工作人员送往资源再生中心或不同的再生资源利用企业进行利用处置，促进再生产品直接进入商品流通环节。

③ 有害垃圾类　是指存有对人体健康有害的重金属、有毒的物质或者对环境造成现实危害或者潜在危害的垃圾，包括各类电池（无汞电池除外）、水银体温计、过期药品、灭蚊剂、矿物油、废血压计、颜料、灯管、节能灯、日用化学品（过期化妆品、溶剂、杀虫剂及其容器、废涂料及其容器）等。由于有害垃圾的特殊性质，应该单独分类投放，经统一收集后交由经环境保护行政主管部门核准的有害垃圾处置单位（点）进行后续末端处理处置。

④ 大件垃圾类　是指体积较大、整体性强，需要拆分再处理的废弃物品，包括废家用电器、包装框架、家具（台凳、沙发、床、椅）、棉被、地毯、自行车等。由于大件垃圾体积大且笨重，会影响正常的日常清扫保洁和垃圾清运，废弃电器拆解过程会产生废气、废液、废渣等，从而造成新的环境污染，因此大件垃圾的收集应与普通生活垃圾有所区分，按指定地点投放、定时清运，或预约收集清运（支付相关费用）。整体性强的大件垃圾不得随意拆卸，例如，应将家具的门和抽屉固定好，镶嵌的玻璃应当拆卸下来或者用报纸、泡沫塑料等做好保护措施。废家用电器可通过大型连锁电器商场以旧换新回收旧家电。木质类大件垃圾除部分回用外，可在前端对木材进行简单破碎后送至焚烧厂焚烧发电，浴缸等不可燃物归入建筑垃圾，由清运人员送到建筑垃圾贮存场后分类处置。

⑤ 其他垃圾类　不属于餐厨垃圾类、可回收垃圾类等能够资源化或循环利用的，又不属于有害垃圾或大件垃圾类的垃圾，可单独分类为其他垃圾类，包括陶瓷碗、一次性纸尿布（尿布内的大便应倒厕所）、卫生纸、湿纸巾、烟蒂、清扫渣土等。此外，其他混杂、污染的生活垃圾如海鲜甲壳、蛋壳、动物大棒骨、甘蔗渣、椰子壳等不属于餐厨垃圾的食物残余类，脏污的塑料（袋）、厕纸等，以及难分类的生活垃圾，也属于其他垃圾类，进入其他垃圾投放容器。

在当前阶段，由于其他垃圾组分复杂且回收成本相对较高，既不能保证其资源化利用的顺利进行，也无法保证城市的安全运行。因此，可在收集后直接送至填埋场填埋处理或焚烧厂焚烧处理。若填埋库容限制或焚烧厂邻避效应压力较大，可在必要时再将其他垃圾在源头分类或由分拣人员二次细分为填埋垃圾和可燃垃圾（是指可以燃烧的垃圾，包括脏污纸和餐巾纸等无法成为资源的纸类、草木类，橡胶或皮革类，大件垃圾类中的棉被、地毯和木质类等），分别运送至填埋场和焚烧厂进行末端处理。

需要说明的是，生活垃圾分类不应局限于以上方法和模式，应结合地区垃圾处理资源化处理设施发展和生活垃圾分类所处的推进情况综合考虑。生活垃圾管理部门应该按照法律法规制定好相关的垃圾分类配套措施或提供完善的配套服务，如制定本地区统一的生活垃圾分类与收集方法，建立专业化的垃圾分类管理部门或队伍，提供完善的垃圾分类设施等，保障垃圾分类收集处理系统的正常运行。同时，鉴于我国的生活垃圾分类实施仍处于起步阶段，应当在确保生活垃圾末端安全处置的基础上，重视相关技术的研发与应用，开展源头分类和资源化利用。

想一想

5.2 请调查我国各大城市垃圾分类政策，分析是否存在差异，以及导致这些差异的原因。

5.1.2.2 固体废物的处置

（1）预处理

为将固体废物转变成便于运输、贮存、再利用和处置的形态，一般需要对固体废物采取压实、破碎、分选等一种或多种预处理过程。预处理常涉及固体废物中某些组分的分离与浓集，因此也是一种回收材料的过程。

压实又称压缩，是采用机械方法减少固体废物的孔隙率，增大容重和减小固体废物表观体积，提高运输与管理效率的一种操作技术。经压实处理后固体废物的体积减小，更便于装卸、运输和填埋。适用于压实减容处理的废弃物有汽车、易拉罐、塑料瓶等废物或松散垃圾，但刚性材料、焦油、污泥或液体物料等不宜进行压实处理。

破碎是利用外力克服固体废物质点间的内聚力使大块固体废物分裂成小块的过程。经破碎处理后固体废物容量减少，便于压缩、运输和贮存，有利于高密度填埋和加速复土还原；而且尺寸大小和质地更均匀一致，更容易进行焚烧、热解等后处理。常用破碎方法包括干式破碎（冲击破碎、剪切破碎、挤压破碎、磨剥破碎、低温破碎等）、湿式破碎及半湿式破碎。

分选是将固废中不可回收利用的或不符合后续处理工艺要求的废物组分采用适当技术分离出来的过程，是固废资源化、减量化的重要手段。分选的基本原理是利用物料的某些性质的差异进行挑选分离，可分为重力分选、磁力分选、电力分选、光电分选、摩擦和弹跳分选等。

（2）物化处理

固体废物的物化处理是利用物理化学过程对固体废物进行处理的方法。常见的物化处理方法有溶剂浸出、稳定化/固化、热处理（热解、焚烧）等。

① 溶剂浸出

溶剂浸出是用适当的溶剂与废物作用使物料中有关的组分有选择性地溶解的物理化学过程。适合成分复杂、嵌布粒度微细且有价成分含量低的矿业固体废物、化工和冶金过程的废弃物。其特点在于能够使物料中有用或有害成分有选择性最大限度地从固相转入液相。同时具有对目的组分选择性好、浸出率高、速率快、成本低、便于回收和循环使用等优点。

② 稳定化/固化

稳定化/固化技术是向废弃物中添加固化基材，使有害固废固定或包容在惰性固化基材中的一种无害化处理过程。经过处理的固化产物应具有良好的抗渗透性、机械性、抗浸出性、抗干湿和冻融特性。该技术主要有水泥固化、石灰固化、塑性固化、熔融固化和自胶结固化等。此法成本较高，工程费时，常用于处理有毒有害废物，如重金属沉淀污泥、放射性废物等，其特点是固化处理后的固化体的容积要远大于原废物的容积。

③ 焚烧

焚烧是将废弃物在高温及供氧充足的条件下氧化成惰性气态物和无机不可燃物，形成稳定的固态残渣，是固体废物高温分解和深度氧化的综合处理过程。首先将废弃物放在焚烧炉中进行燃烧，释放出热能，然后余热回收供热或发电。烟气净化后排出，少量剩余残渣排出、填埋或作其他用途（图 5.4）。随着生活垃圾中的可燃物比例增长、热值增高，欧洲各国及日本等现代化的垃圾焚烧厂一般都附有发电厂或供热动力站。一般的有机废物都可作为可燃物品，经过简单的前处理进行焚烧法处理。其优点是体积减小、同时有热能回收。焚烧法的缺点是会产生大量酸性气体和未完全燃烧的化学物质，倘若不处理会造成二次大气污染；但若处理废气，势必增加成本及人力。

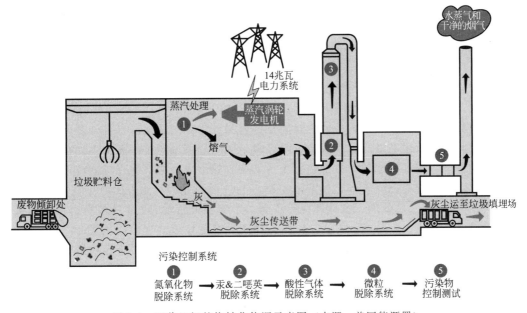

图 5.4　现代垃圾焚烧转化能源示意图（来源：美国能源署）

世界各国已广泛采用焚烧来处理垃圾，主要有全量焚烧系统、块装组合式焚烧系统、流化床焚烧炉等。日本自 1960 年前后开始对生活垃圾进行焚烧处理，是技术最先进的国家之一。2017 年，日本生活垃圾的总处理量为 4.077×10^7 吨，其中有 3.272×10^7 吨垃圾进行了直接焚烧（80.3%），有 4.2×10^5 吨垃圾进行了直接填埋（1%）。我国城市垃圾的焚烧处理尚不普及，由于焚烧装置费用高，又易造成二次污染等原因，多用于处理少量的医院（特别是传染病医院）垃圾。近年来，广州市开始形成"焚烧处理为主，生化处理为辅，填埋处理为保障"的生活垃圾处理格局，焚烧处理能力已达 15540 吨/日，占广州市全部生活垃圾处理量的 70%。随着热能回收等综合利用技术的发展，采用焚烧技术处理固废比例将逐年增加。

④ 热解

热解或热分解是指将有机物在无氧或缺氧状态下进行加热蒸馏，使有机物产生裂解，经冷凝后形成各种新的气体、液体和固体，从中提取燃料油、油脂和燃料气的过程。影响热解过程的因素包括热解温度、加热速率、废料在反应器中的保温时间、废物成分及反应器类型。热分解的优点是废弃物中的有机成分在热解过程中可以转化成可利用的能量形式，产生燃气、焦油和半焦油。同时，由于缺氧分解，产生的 NO_x、SO_x 等污染物排放量小，有利于减轻大气环境的二次污染。其缺点是设备投资费用大，保持处理系统的正常运转困难，处理产物的安全性也是重要问题。

（3）生物处理

固体废物的生物处理技术是指直接或间接利用微生物对有机固体废物进行降解、转化以建立降低或消除污染物产生的工艺，同时生产有用的物质和能源（如提取有价金属，生产肥料、沼气等）的工程技术。该法可实现固废的资源化和无害化，且处理能耗费用低、设备投资少、绿色环保、易于操作。但是生物处理所需时间长，且处理效率不稳定，不适用于某些有害物的处理。

① 生活垃圾制堆肥

指在有控制的条件下，垃圾中的可降解有机物借助于微生物的降解，使有机物质转化为稳定的腐殖质的过程。在堆肥过程中，微生物以有机物作养料，在分解有机物的同时放出热能，其温度可达 50～55℃。在堆肥腐熟过程中能杀死垃圾中的病原体和寄生虫卵，形成一种含腐殖质较高的类似"土壤"（即堆肥）的过程中，完成了垃圾的无害化。

按堆肥化过程中氧气供给情况所导致微生物生长环境差异可将堆肥分为厌氧堆肥和好氧堆肥。过去我国农村主要采用厌氧堆肥法，将植物秸秆、垃圾、畜粪等在露天堆垛，沤制数月后启用。这种方法堆置时间长、容易产生难闻的恶臭，且工艺条件也较难控制，因此通常所说的堆肥化一般指的是好氧堆肥。好氧堆肥是好氧微生物在与空气充分接触条件下，使堆肥原料中有机物发生一系列放热反应，最终使有机物转化为简单而稳定的腐殖质的过程。好氧堆肥化工艺过程一般包括预处理、主发酵（一次发酵）、后发酵（二次发酵）、后处理、脱臭储存等步骤。影响堆肥品质的要素主要有有机物含量、空气含量、碳氮比、水分及 pH 值。桐庐县春江村堆肥垃圾处理站的堆肥工艺如图 5.5 所示。该堆肥垃圾处理站将居民生活垃圾中的厨余垃圾和农业有机废弃物集中起来，经过二次分拣，除去塑料袋、一次性纸杯等不可降解垃圾后，不经过任何前处理，再放入有机废弃物处理设备进行破碎和主发酵，加入酵母菌等菌剂，靠强制通风和搅拌来供给氧气形成有机肥料。

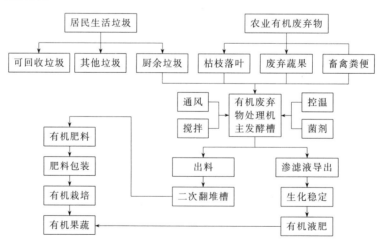

图 5.5 桐庐县春江村堆肥垃圾处理站的堆肥工艺流程

② 生活垃圾制沼气

沼气是有机物中的碳化物、蛋白质、脂肪等在一定温湿度和 pH 值的厌氧环境中，经过沼气细菌的发酵作用产生的一种可燃气体。沼气发酵过程可分为液化、产酸和生成甲烷三个阶段。沼气产生的影响因素有：i. 丰富的沼气菌种，人畜粪便、腐烂的动物残体、含有机物较多的屠宰厂污水和污泥中富含的沼气菌种；ii. 严格的厌氧环境，有机物在厌氧环境下发酵产生 CH_4，好氧条件下产生 CO_2；iii. 适宜的发酵原料配比 $(25：1) \sim (30：1)$；iv. 适宜的干物浓度 $(7\% \sim 9\%)$，原料含水过多或过少均会影响沼气产量；v. 适宜的发酵温度 $(22 \sim 60 \, ℃)$ 及 pH 值范围。利用有机垃圾、植物秸秆、人畜粪便和活性污泥等制取沼气的过程可杀死病虫卵，有利于环境卫生，工艺简单且质优价廉，是替代不可再生资源的途径。

（4）最终处理

为防止固体废物经过多种处理过程后剩余下来的、无再利用价值的残渣对生态环境和人体健康具有即时和长期的影响，必须对其进行最终处置。目前应用最多的是土地填埋处置技术。

土地填埋是在陆地上选择适合的天然场所或人工改造出合适的场所，把固体废物用土层覆盖起来的技术，从传统的堆放和填地处置发展起来的一项最终处置技术。土地填埋分为卫生土地填埋和安全土地填埋。对于日常生活的普通垃圾、城市垃圾，卫生土地填埋是主要处理手段；对于特殊的危险废物，就需要安全土地填埋。土地填埋处置主要包括选择场地、设计填埋场、填埋施工、环境保护等方面，其关键技术是利用填埋场的防渗漏系统和填埋气体收集系统，将废物永久、安全地与周围环境隔离。

土地填埋法的主要优点有：处理方式普遍、花费较少，同时不受废物种类的限制，适用于大规模废物的处置。填埋后的土地应复土、植树，以改善环境。该法缺点有：填埋场渗滤液和填埋气体的收集与处理费用及技术难度高；填埋场的土地会因为沉降而需不断进行修复，增加成本。填埋场关闭后，只有待其稳定（约 20 年）之后，才可以将其作为运动场、公园等场地使用，但不应成为人们长期活动的建筑用地。

想一想

5.3　黑龙江省是农业大省，全省秸秆数量大约为 1.3 亿吨/年，以玉米秸秆和稻谷秸秆为主。自 2015 年开始施行秸秆禁烧政策后，秸秆处理成为农民的大难题。虽然部分地区利用秸秆生产本色纸及有机肥，提高了秸秆利用率，但仍是杯水车薪。请你想一想有哪些秸秆处理和利用方式？如何帮助农民解决秸秆问题？

5.1.2.3　新固废法及固废处理的"三化"原则

2020 年 4 月，最新通过的《中华人民共和国固体废物污染环境防治法》（以下简称《固废法》）将从 2020 年 9 月 1 日起施行。新固废法明确固体废物污染环境防治坚持减量化、资源化和无害化原则。强化政府及其有关部门监督管理责任。明确目标责任制、信用记录、联防联控、全过程监控和信息化追溯等制度，明确国家逐步实现固体废物零进口。完善工业固体废物、生活垃圾、建筑垃圾、农业固体废物等及危险废物污染环境防治制度。同时，健全保障机制，增加保障措施。严格法律责任，对违法行为实行严惩重罚，提高罚款额度，增加处罚种类，强化处罚到人，同时补充规定一些违法行为的法律责任。

在新固废法中，固废处理的"三化"原则依然是首要原则，以减量化为前提，无害化为核心，资源化为归宿。减量化是指从产生固体废物的源头进行控制，采用绿色技术和清洁生产工艺，合理地开发利用资源，最大限度地减少固体废物的产生和排放，将固废污染环境的防治提前到固体废物的产生阶段。减量化不仅减少固废的数量和体积，还包括尽可能地减少其种类，降低危险废物有害成分的浓度，减轻或消除其危险特性等。其政策实施及制度设计需要通过产业结构调整、城镇整体建设优化与改造、资源利用和环境技术创新、城市消费模式改变等一系列措施共同推进城市生活垃圾全域减量。

资源化是指对已产生的固体废物进行回收加工、循环利用或其他再利用等，即通常所称的废物综合利用，将固废直接变成产品或转化为可供再利用的二次原料或能量。固废中含有大量可供再生利用的资源，可变废为宝作建材物料、路基辅助材料以及火力发电的原料等。因此，将固体废物资源化利用和处置能够有效提升资源的利用效率，又可达到处置固废的效果。

无害化是指对已产生但又无法或暂时无法进行综合利用的固废，经过物理、化学或生物等技术手段进行对环境无害或低危害的安全处理处置，包括尽可能地减少其种类、降低危险废物的有害浓度，减轻和消除其危险特征等，以此防止、减少或减轻固体废物的危害。固体废物中含有大量的细菌、有毒、有害物质等，尤其是危险废物更是构成巨大的安全隐患。无害化的基本任务是将固体废物通过工程处理，达到不污染生态环境和不危害人体健康的目的。为有效控制固体废物的产生量和排放量，相关控制技术的开发主要在于过程控制技术（减量化）、处理处置技术（无害化）和回收利用技术（资源化）。除此，还需考虑节约资金、土地和居民满意等准则，因地制宜综合处理。

5.1.3 典型固体废弃物

5.1.3.1 包装、塑料废物

(1) 包装、塑料废物概况

包装是产品的重要组成部分，我国每年生产的纸、塑料、玻璃等各种包装制品达1600万吨，产生量以每年12％的速度递增，成为仅次于美国的世界第二包装大国。化妆品、保健品、服装、礼品、软件类产品等的包装费用已占到成本的30％～50％。此外，近几年随着电商快递业的飞速发展，加大了快递包装废弃物的产生。但目前包装塑料废弃物使用后回收率较低，2015年产生包装废弃物400万吨，只有一部分纸箱和塑料袋等被回收，另一部分填充物和硬质材料无法回收利用，由此产生的大量包装废物约占城市固废的1/3左右，且仍以每年10％的速度增长。除玻璃瓶罐、易拉罐能部分回收，纸包装制品和塑料包装回收率为25％和15％。回收人员以民间回收机构、大量个体户或者街道、社区垃圾清运人员为主，回收渠道混乱。在回收物品的选择上存在"唯利是图"的现象，只回收利润高的，致使利润低但具有价值的大量废弃物无法回收。被回收的废弃物大部分卖给小造纸厂、小铝厂、小塑料造粒厂，利用率低，资源浪费大，二次污染严重。近几年一些网络电商平台也加入了废旧物品回收行列。但总体来说，我国对城市垃圾分类的工作刚刚全面开展，回收体系不具有专业化分拣手段，使后期的处理难以进行。

作为主要的包装材料，塑料是地球上增长速度最快的人造材料，在过去33年，其增长速度超过任何一种商品。近年来，我国塑料制品行业保持稳定的增长，但在2018

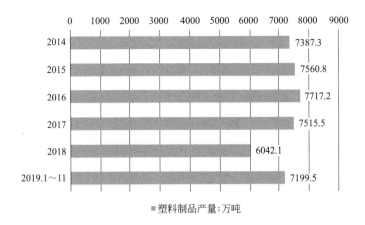

图 5.6　2014～2019 年我国塑料制品产量走势

年出现了明显的下滑，见图 5.6。这与国内行业政策出台有一定关系，如环保严查。自 2017 年开始，下游小厂、不合规企业被陆续取缔、关停，政府对塑料制品的限制使用

也制约了其产量增加。2018 年我国塑料制品产量为 6042.1 万吨，比 2017 年减少 1473.4 万吨。根据 2019 年各月度我国塑料制品产量，同比去年出现增长态势，2019 年 1～11 月塑料制品产量达 7199.5 万吨。

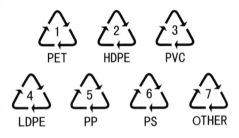

图 5.7　不同种类塑料标志

在已经知晓的合成聚合物中，80%～90% 的商用塑料为 1-PET（聚对苯二甲酸乙二酯）、2-HDPE（高密度聚乙烯）、3-PVC（聚氯乙烯）、4-LDPE（低密度聚乙烯）、5-PP（聚丙烯）、6-PS（聚苯乙烯）以及其他类（图 5.7）。所有塑料都是固体且能够被染料染色，不能溶解在水中，但有些能在碳氢化合物、脂肪和油的存在下溶解或软化。六大塑料中，聚乙烯熔点最低，LDPE 和 HDPE 分别约为 120℃ 和 130℃，聚丙烯则是 160～170℃。

常用的塑料箱、塑料瓶、塑料管及塑料包装等均不可生物降解，也没有能够大规模循环利用塑料的系统化模式。于是，塑料废物在废弃物填埋场里不断被掩埋却无法降解，不可避免地对环境产生永久性污染。2015 年前产生的塑料废物约为 63 亿吨，其中约 9% 得到循环利用，12% 被焚烧，79% 在废弃物填埋场掩埋或丢弃在自然环境中。我国在过去 20 年，包装用后丢弃的线性模式一直未改变。

（2）塑料的再生利用

废旧塑料的再生利用是其资源化利用的主要方式之一，循环使用的塑料可用于生产聚合板木材，以制作餐桌、篱笆、室外玩具等，可节约大量自然资源。例如可口可乐公司以甘蔗树作为有机原料制备新环保塑料瓶，每个可乐瓶仅使用 9.6g 塑料（原工艺塑料消耗约 20g／瓶）。2018 年宝洁公司在英国正式推出 32 万个由再生塑料（90%）和海洋塑料（10%）制成的塑料包装瓶，计划在欧洲市场销售 10 亿瓶由 25% 再生塑料制成的洗发水瓶，约消耗 2600 吨再生塑料。联合利华承诺 2015～2025 年期间将再生塑料袋的使用量提高 25%，2025 年确保其所有塑料包装均能进行降解，实现 100% 回收利用。

塑料直接再生利用的典型流程如图 5.8 所示，主要有以下三个阶段。

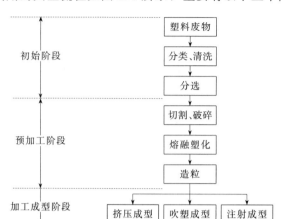

图 5.8 塑料循环使用过程流程

① 初始阶段 废物的收集、分类、分离和清洗。发展中国家塑料收集通常是由非正规部门和小型个体企业来完成的，而发达国家则是由私人公司将废塑料直接运到废物收集点或中转站。

不同类型塑料性质不同，混合后再加工得到的产品性能低劣、耐久性差、不美观。因此，再加工前要将塑料根据颜色或类型进行分类。有些塑料的外观相似，需进行测试才能确定其类型。废旧塑料表面常残留油类、灰尘、洗涤剂等污垢，影响再生成型工艺及制品质量，因此要进行清洗和干燥。粉碎前清洗可提高其质量，也可在塑料切割或粉碎后清洗，以达到更好效果。人工或机械清洗常采用烧碱、浓酸或清洗剂等提高效果，但其影响塑料性能。超声波清洗则具有效果好、效率高、无表面损伤的优点。

② 预加工阶段 此阶段将收集的废塑料进行预加工，包括切割、破碎、熔融塑化及造粒等过程。此过程使塑料在生产产品过程中易于投入使用并降低了运输成本，但塑料产品的成本会提高。切割破碎后的塑料易于加工成型，有利于与改性剂、填料混合。破碎工艺分为干式（机械破碎、非机械破碎）、湿式、半湿式。本阶段最后一道程序是塑料的造粒，具体包括捏合和造粒两个环节。捏合阶段，塑料各组分经历混合、匀化、压缩、塑化以及熔化过滤形成一个均态多组分的混合物。过滤的塑料再穿过滚筒进入定型机，定型机将塑料棒切成尺寸相同的圆柱形颗粒，然后用包装袋封装，出售给制造厂商。

③ 加工成型阶段 塑料加工成型过程包括混合均化、成型、后处理和产品产生。主要的成型方法有挤压成型、注射成型、吹塑成型。挤压成型也叫挤出成型，是利用螺杆旋转加压方式，连续地将塑化好的塑料挤进模具，通过一定形状的口模时，得到与口模形状相适应的塑料型材的工艺方法。挤出成型占塑料制品的 30% 左右，主要用于截面一定、长度大的各种塑料型材，如塑料管、板等。注射成型也称注塑成型，是利用注射机将融化的塑料快速注入模具中，并固化得到各种塑料制品的方法。几乎所有的热塑性塑料（氟塑料除外）均可采用此法，也可用于某些热固性塑料的成型。注射成型占塑料件生产的 30% 左右，它具有一次成形形状复杂、尺寸精确、生产率高等优点，但设备和模具费用较高，主要用于大批量塑料件的生产。吹塑成型是借助压缩空气使空心塑料型坯吹胀变形，并经冷却定型后获得塑料制件的加工方法，其方法主要有中空吹塑成

型和薄膜吹塑成型，用于生产塑料瓶和塑料袋。

虽然部分塑料可经过循环使用制备成多种有价值物品，但是应对塑料污染关键在于限制包装塑料产生，包括国外入境以及国内产生。2017 年，国务院办公厅出台《禁止洋垃圾入境推进固体废物进口管理制度改革实施方案》中，要求同年底前，实现禁止进口生活来源废塑料。在 2019 年巴塞尔公约缔约方大会谈判中，180 多个缔约方一致同意各国有权根据自身情况决定是否禁止进口废塑料，标志着全球对加强塑料废弃物管控达成共识。2020 年 1 月 19 日，国家发展改革委和生态环境部共同出台了《关于进一步加强塑料污染治理的意见》（后简称《意见》），明确全面禁止废塑料进口，并提出在 2020 年，率先在部分地区、部分领域禁止、限制部分塑料制品的生产、销售和使用。《意见》提出按照"禁限一批、替代循环一批、规范一批"原则，有序禁止、限制部分塑料制品的生产、销售和使用；推广可循环、易回收、可降解的替代产品，规范塑料废弃物的回收利用和处置，降低塑料垃圾填埋量。同时，《意见》也提出了建立健全相关法规和标准，完善支持政策、强化科技支撑，严格监督执法等支撑保障措施。

 **想一想**

5.4　校园中的侦探活动：校园餐饮从业者对于盘子、勺子和筷子的选择有过细致的考虑吗？请你当个侦探，研究校园里潜在的可持续发展措施。盘子、筷子等餐具用完后是如何处理的？它们是否被清洗并再次使用？

5.1.3.2　电子电器废物

电子电器废物是废弃的电器电子设备及其零部件，又被称为电子垃圾。其来源包括工业生产活动产生的报废产品或设备、报废的半成品和下脚料，维修、翻新、再制造过程产生的报废品；另外一部分来自日常生活或者为日常生活提供服务的活动（办公、公共市政设施等）中淘汰报废的产品或者设备。常见的电子废物有废弃的电视机、电冰箱、空调、洗衣机等家用电器，台式、笔记本、平板电脑等计算机产品，手机等通信电子产品及其零部件，打印机、复印机等办公电器电子产品、零部件及耗材。废电池、废照明器具等一般也可纳入电子废弃物的范畴。

（1）电子电器废物中的危险成分

不同电子设备中的物质组成比例有差异（表 5.2）。整体而言，金属和塑料占比很高。除普通金属外，还含有大量贵金属、稀有金属，回收利用的潜在价值高。如金、银、钯、铂和铑等贵金属及其合金具有优良的导电特性、柔韧性和高强度性，是电子元器件、金属化电极、引出端和印刷（制）电路板集成线路上的主要材料。被淘汰的旧电器大多含铅、汞、镉和其他有毒的化学物质。制造一台个人电脑需要 700 多种化学原料，其中一半以上对人体有害。如一台 15 英寸电脑显示器含有铅、镉、汞、六价铬、聚氯乙烯塑料和溴化阻燃剂等有害物质。电子废物填埋后，重金属可能渗入土壤、河流和地下水；焚烧会释放出剧毒的二噁英、呋喃、多氯联苯类等致癌物质，尤其是溴系阻燃剂和含氯塑料低水平的填埋或不适当燃烧、再生会排放有毒有害物质，对自然环境和人体造成危害。

表 5.2　电子设备中的物质组成/%

设备名称	手提电话	无线电话	便携式摄像机	DVD	DVDR	计算器	电视机印刷线路板	电脑印刷线路板	平均值
金属	20	27	45	70	68	12	51	37	41.25
塑料	57	41	47	24	25	61	28	23	38.25
玻璃	2	—	—			13	6	18	4.88
其他	21	32	8	6	7	14	15	2	15.62

（2）电子电器废物的"内忧外患"

电子产品更新换代周期越来越短，电子垃圾正处于爆炸式增长。欧盟报告指出，每 5 年这类电子垃圾增加 16%～28%，比总废物量的增长速度快 3 倍。1998 年时美国已有 2000 多万台废弃的电脑；到 2010 年将超过 3.15 亿台电脑报废；到 2010 年，每投放市场一台电脑就有一台沦为电子垃圾。美国人每年大约淘汰 1.3 亿部手机，意味着产生 6.5 万吨有毒金属和其他危害健康的电子垃圾。我国每年产生约 230 万吨电子废物，仅次于美国（300 万吨，环境署 2010），其中，废旧电脑淘汰量每年在 500 万台以上。

电子废物存在的越境转移现象不容忽视，全世界电子废物 80% 被运到了亚洲，其中 90% 在中国消化，我国正在成为世界最大的电子电器垃圾集散地。虽然中国已禁止电子垃圾的进口，而且国际条约《控制危险废料越境转移及其处置巴塞尔公约》（简称《巴塞尔公约》）已规定全面禁止通过任何理由从发达国家向发展中国家出口有害废物，但电子垃圾在我国的蔓延趋势仍令人担忧。进口电子垃圾的港口主要以广东、浙江、福建省内港口为主。汕头市贵屿镇和浙江台州是中国两个最大的废旧电子垃圾拆解基地。贵屿镇每年要拆解约 300 万吨电子垃圾。巅峰时期，提炼出中国黄金产量的八分之一。然而电子垃圾巨大的经济价值背后，是严重的污染和正规企业收不到货。这些非法转移进入我国的固废，特别是毒害性强的危险废物，所产生的环境污染短期内难以消除，具有潜在危害性。

（3）电子废弃物的回收利用与处置

对已产生的电子废弃物，需要建立电子垃圾产生、收集、储存、处理以及再利用的全过程有效运行的科学体系。以铅酸蓄电池的处理为例，铅酸蓄电池广泛应用于汽车、摩托车的启动，铁路客车动力牵引及动力照明，应急灯设备的照明灯。它的主要部件有正负极板、电解液、隔板和电解槽，此外，还有一些零件如端子、连接条和排气栓等。从组成上来看，主要含有大量的金属铅、锑等。废铅酸蓄电池以回收废铅为主，也包括废酸和塑料壳体的回收利用。由于废铅酸电池体积大，易回收，目前国内对废铅酸电池的金属回收率大约达到 80%～85%，远高于其他种类废电池的回收利用水平。其处理工艺主要包括四个部分：拆散、活化处理、溶解、电解。对废电池进行拆散，使电池壳同主体部分分离，主要采用机械破碎分选。对电池主体进行活化处理，使废电池中的硫酸铅转化为氧化铅和金属铅的形式。电池溶解，使氧化铅转化为纯铅。最后利用电解池转化电解液得到纯铅金属。回收利用工艺过程的底泥处理工序中，硫酸铅转化为碳酸铅。转化结束后，底泥通过酸性电解液从电解池中浸出，使铅在电解液中富集，而锑在底泥中富集。

虽然目前已有针对不同电子废弃物回收处理的相关技术，但仍无法解决电子垃圾的困局。我们需要系统运用循环经济理念治理电子垃圾，以"减量化、再使用、再循环"为行为原则，构建一个有效的电子垃圾处理系统，使系统中的相关行动者都有很高的积极性，最大限度地发挥作用，有效地减少电子垃圾产生，回收再利用部件从而资源化废弃物。

5.5 请将家里的废弃电子电器物拆开，查看里面包括哪些组成，分析如何利用或处理各部件。

5.2 日渐贫瘠的土地

5.2.1 认识土壤

俗话说："万物土中生，食以土为本。"土壤与人类的生存及可持续发展息息相关。我国东汉著名文字学家许慎在《说文解字》中给出了土壤的解释："土，地之吐生万物者也；壤，柔土也，无块曰壤。"土壤是位于陆地地表呈不连续分布，具有肥力并能生长植物的疏松层，也称为土壤圈。土壤圈处于大气圈、岩石圈、水圈和生物圈的过渡地带，是联系有机界和无机界的中心环节，是环境的重要组成部分。

（1）土壤组成

土壤是由固态、液态和气态物质构成的复杂多相体系，以固相为主，三相共存。其基本组成可划分为无机矿物质、有机质（包括微生物）、水分和空气四部分，各组成的比例（体积分数）为：矿物质约 45%，有机质约 5%，水 20%～30%，空气 20%～30%。土壤固相物质包括无机矿物质和有机质，液体和气体则存在于土壤的空隙里，见图 5.9。

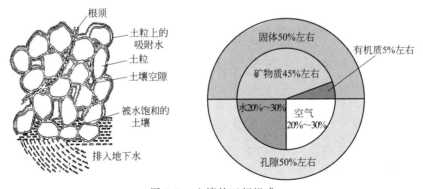

图 5.9　土壤的三相组成

① 无机矿物质　土壤中的无机矿物质占固相总重量的 90% 以上，是岩石经过物理和化学风化形成的，是土壤矿物质和植物养分的主要来源。按其成因可分为原生矿物和次生矿物。原生矿物是岩石经不同程度的物理风化而未经化学风化的碎屑物，其原来的化学组成和结晶构造都没有发生变化。包括石英（SiO_2）、长石（$KAlSi_3O_8$）、云母 $[K(Si_3Al)Al_2O_{10}(OH)_2]$、辉石 $[(Mg,Fe)SiO_3]$、闪石 $[(Mg,Fe)_7(Si_4O_{11})_2(OH)_2]$、橄榄石 $[(Mg,Fe)_2SiO_4]$、磁铁矿等，这些属于土壤矿物粗制部分，形成砂粒和粉砂。石英和长石构成土壤的沙粒骨架，云母、辉石、闪石、橄榄石等为植物提供多种无机

营养物质。

次生矿物大多是原生矿物经化学风化后形成的新矿物，其化学组成和结晶构造都发生了变化。包括简单盐类（碳酸盐、重碳酸盐、硫酸盐、氯化物等），三氧化物类（针铁矿、褐铁矿、三水铝石等）和次生硅铝酸盐（伊利石、蒙脱石和高岭土）。其中简单盐类属于水溶性盐类，易淋失，一般土壤中含量较少。而三氧化物类和次生硅铝酸盐是土壤矿物中最细小的部分，粒径小于 0.25mm，一般称之为次生黏土矿物。次生黏土形成的黏粒（直径小于 0.002mm）具有吸附、保存呈离子态养分的能力，土壤的很多物理、化学过程和性质都与土壤所含的黏土矿物相关，特别是次生硅铝酸盐的种类和数量有关。

② 有机质　土壤中的有机质指土壤中含碳有机化合物的总称，是土壤的重要组成和形成标志，能改善土壤的物理、化学和生物性状。

广义的土壤有机质可分为两大类：一类是活的有机体，包括植物根系和微生物；另一类是各种有机化合物，即狭义的土壤有机质。它又分为两类，一类是非腐殖质物质，即组成生物残体的各种有机化合物，约占土壤有机质总量的 30%～40%；原始组织包括高等植物未分解的根、茎、叶；动物原始组织及其向土壤提供的排泄物等。另一类是腐殖质，包括腐殖酸、富里酸和胡敏质。它是动植物残体经微生物分解时，不易分解的部分，如油类、蜡、树脂及木质素等残余物与微生物的分泌物相结合，形成的一种褐色或黑色无定形胶态复合物，是一种天然高分子化合物。腐殖质具有比土壤无机组成中黏粒更强的吸持水分和养分的能力，少量的腐殖质就能显著提高土壤的生产力。

③ 土壤水分　土壤中的水分主要来源于大气降水和灌溉，若地下水位接近地表（2～3m），则地下水也是上层土壤水分的来源之一。土壤水分是土壤中发生各种化学反应的介质，对岩石风化、土壤形成、植物生长有着决定性意义。土壤水分并非纯水，实际是土壤中各种成分和污染物溶解形成的溶液，即土壤溶液。它既是植物养分的主要来源，也是进入土壤各种污染物向其他环境圈层（水圈、生物圈等）迁移的媒介。

④ 土壤空气　土壤是多孔体系，土壤空气存在于未被水分占据的土壤空隙中。土壤空气主要来源于大气，其次是土壤内发生的化学和生物化学过程中产生的。土壤空气的组成与大气相似，以氮气、氧气和二氧化碳为主。其不同之处是：a. 土壤空气存在于土壤空隙中，是一个不连续的体系；b. 有更高的湿度；c. 二氧化碳和氧气的含量不同。土壤空气中氧气的含量较大气的少，而二氧化碳的含量比大气中高很多（比大气中二氧化碳的浓度大 8～300 倍）；d. 土壤空气中还含有少量还原性气体，如甲烷、硫化氢、氢气、氨气等。如果是被污染的土壤，其空气中还可能存在挥发性污染物。

（2）土壤的环境特性

土壤性质可以大致分为物理性质、化学性质及生物性质。这三方面性质不是孤立地起作用，而是紧密联系、相互制约地对作物产生影响。主要介绍与环境净化能力相关的三种主要特性。

① 土壤胶体与吸附性　土壤胶体（土粒粒径小于 2 μm）是土壤固体颗粒中最微细部分，按其成分和特性，可分为土壤矿质胶体（次生黏土矿物为主）、有机胶体（腐殖质、有机酸等）和有机无机复合胶体三种。土壤中胶体含量越高，土壤比表面、表面能越大，土壤的吸附性越强。土壤胶体有集中和保持养分的作用，能为植物吸收营养提供有利条件，直接为土壤生物提供有效的有机物；具有调节和控制土体内热、水、气肥动态平衡的能力，为植物的生理协调提供物质基础。进入土壤的农药可被黏土矿物吸附而失去药性，

条件改变时又可被释放。有些农药可在胶体表面发生催化降解而失去毒性。土壤黏土矿物表面可通过配位作用与农药结合，二者的复合必然影响其生物毒性，影响程度取决于黏土矿颗粒吸附力和解吸力。土壤胶体还可促使某些元素迁移，或吸附某些元素使之沉淀集中，或通过离子交换作用，使交换力强的元素保留下来，交换力弱的则被淋溶迁移。

② 土壤的酸碱性　土壤是一个复杂的体系，其中存在着各种化学和生物化学反应，会产生各种酸性和碱性物质，从而使土壤表现出不同酸性或碱性。我国土壤 pH 大多在 4.5～8.5 范围内，由南向北 pH 递增，长江以南的土壤多为酸性和强酸性，长江以北的土壤多为中性或碱性。土壤的酸碱性虽然表现为土壤溶液的反应，但是它与土壤的固相组成和吸附性能有密切关系，是土壤的重要化学性质。土壤酸碱性影响土壤中各种化学反应，如氧化还原、溶解沉淀、吸附解吸、配合解离等。因此，土壤酸碱性对土壤养分的有效性产生重要影响，通过对上述一系列化学反应影响土壤污染物的形态转化和毒性。土壤酸碱性还影响土壤微生物活性，进而影响土壤中有机质分解、营养物质的循环、有害物质的分解和转化。

③ 土壤的氧化还原性　氧化还原反应是土壤中无机物和有机物发生迁移转化，并对土壤生态系统产生重要影响的化学过程。土壤中主要氧化剂有游离氧气，硝酸根离子和高价金属离子，如 Fe^{3+}、Mn^{4+}、V^{5+} 等，氧气是最重要的氧化剂。土壤中主要还原剂为有机质和低价金属离子。此外，土壤中的根系和土壤生物也是氧化还原反应的重要参与者。土壤氧化还原能力的大小可以用土壤的氧化还原电位（E）来衡量，其值是以氧化态物质与还原态物质的相对浓度比为依据的。由于土壤中氧化态与还原态物质组成复杂，实际 E 计算困难，因此主要以实际测量的土壤 E 衡量其氧化还原性。土壤淹水后，大气氧气向土壤的扩散受阻，土壤含氧量由于生物和化学消耗而降低。因此一般旱地土壤的氧化还原电位为 $+400～+700mV$，水田的氧化还原电位在 $+200～+300mV$。根据土壤的氧化还原电位值可以确定土壤中有机物和无机物可能发生的氧化还原反应和环境行为。

 **想一想**

5.6　土壤的性质有哪些？请调查我国不同区域的土壤性质有何差异？

5.2.2　被污染的土壤

(1) 土壤背景值

土壤中含有的常量元素和微量元素，称为土壤背景值（又称土壤本底值）。它代表一定环境单元中一个统计量的特征值。背景值是指在各区域正常地质地理条件和地球化学条件下，元素在各类自然体（岩石、风化产物、土壤、沉积物、天然水、近地大气等）中的正常含量。在环境科学中，土壤背景值是指在未受或少受人类活动影响下，尚未受或少受污染和破坏的土壤中元素的含量。土壤环境容量是土壤环境单元所能容许收纳污染物质的最大数量或负荷量。判别土壤的污染，是将土壤中有害元素的测定值和该地区背景值（本底值）进行比较，超出背景值即为污染，超出越多，污染越严重。

(2) 土壤自净与污染源

土壤是植物生长的基地，是农业生产的基础，是动物、人类以及绝大多数微生物赖以生存的场所。由于人们不合理地使用化肥、污水灌溉、随意堆放固体废物等使污染物通过各种途径进入土壤，对其组成、功能等造成影响，引起土壤污染。

① 土壤自净与污染　土壤具有一定的自净能力，可以通过自身的组分、特性和功能，对进入土壤中的污染物通过吸附、氧化、降解等将污染去除或降低毒性。但其自净作用有限，当人类生产和生活活动产生的污染物，输入土壤的数量和速度超过了土壤的自净能力时，就破坏了土壤体系原来的平衡，使土壤的结构、性质改变，功能减退，影响到生物正常的生长和繁殖时，就发生了土壤污染。

土壤污染有两个主要特点：一是土壤对污染物的富集作用。土壤胶体对很多污染物具有吸附作用，使一些污染物转化为比较稳定的形式而存留在土壤中，例如重金属不能被微生物完全去除（只是价态的转变），而且能被土壤胶体吸附、被土壤中微生物、植物等富集。进入土壤中的污染物，即使浓度很小，也要考虑长期积累的后果。二是土壤污染具有隐蔽性和滞后性。水和大气的污染比较直观，有时可以通过人的感觉器官就可以发现。土壤污染往往要通过它的植物产品表现出来。如影响植物生长、降低产量或通过食物链对人体产生危害。从开始污染到产生后果，有很长一段的间接、逐步、积累的隐蔽过程。如日本的"骨痛病"事件，当查明原因时，造成污染的那个矿已经开采完了。

② 土壤污染源的分类　按其来源可分为天然污染源和人为污染源。天然污染源是由自然现象所引起的污染源。如在自然界中某些元素的富集中心或矿床周围，往往形成自然扩散晕，使附近土壤中这些元素的含量超出一般土壤的含量范围；某些气象因素造成的土壤淹没、冲刷流失、风蚀；地震造成的"冒沙""冒黑水"；火山爆发的岩浆和降落的火山灰等都可以不同程度地污染土壤。

人为污染源是由于人类活动产生的污染源，如表5.3所示。人为增产施用大量农药、化肥、有机肥，农用薄膜的使用，长期使用不符合标准的水、生活污水、工业废水等灌溉农田，土壤历来作为废物（废水、废渣、垃圾等）堆放、处置与处理如高炉渣、钢渣、铬渣、尾矿等露天堆放的场所，大气或水体中的污染物质的迁移、转化，均会将重金属、病原微生物、寄生虫卵、人工合成有机农药等带入造成土壤污染。

表5.3　土壤中主要污染物来源

污染物		主要来源
重金属污染物	汞	氯碱工业、仪器仪表工业、造纸工业等，含汞农药，煤和化石燃料燃烧
	镉	电镀、电池、颜料、涂料等的工业生产，采矿和冶炼，农业施肥
	铜	冶炼、铜制品生产等，采矿业，含铜农药
	锌	电镀、金属制造、皮革、化工等工业，含锌农药、磷肥，采矿业
	铅	油漆、颜料、冶炼等工业，铅蓄电池，汽车排放，含铅农药化肥
	铬	冶炼、电镀、制革、印染等工业
	镍	冶炼、电镀、炼油、燃料等工业，含镍电池生产
	砷	硫酸、化肥、农药、医药、玻璃等工业
有机污染物	多环芳烃	汽车尾气（柴油和汽油），燃煤，石油源，生物质燃烧，炼焦，炼油等工业
	多氯联苯	垃圾焚烧、化工、造纸、变压器生产等工业
	二噁英	废物焚烧、钢铁生产、有色金属冶炼、五氯苯酚（PCP）和二氯硝基苯（CNP）的使用
	有机氯农药	农药的生产和使用

(3) 土壤污染物

土壤中污染物质是指进入土壤并影响其正常功能，降低农产品产量和质量，有害于人体健康的物质。根据污染物性质，土壤污染物大体可分为无机和有机污染物。

无机污染物有：

① 重金属如汞、镉、铬、铜、锌、铅、砷、镍等，来自含重金属污水的灌溉、污泥和堆肥的长时间施用、工业废渣和选矿尾渣的堆积及大气沉降等。其只能在不同形态间转变，不能被微生物分解，一旦土壤被重金属污染，其自然净化过程和人工治理非常困难。

② 放射性元素如铀系、钍系、氡系、锶（^{90}Sr）、铯（^{137}Cs）等，来源于大气层核试验的沉降物，以及原子能和平利用过程中所排放的各种废气、废水和废渣。土壤一旦被放射性物质污染就难以自行消除，只能靠其自然衰变为稳定元素，所需时间很长，也可通过食物链进入人体。

③ 非金属及其化合物主要是氟化物、氰化物、酸、碱、盐等。

有机污染物主要有：

① 农药、石油、酚、多氯联苯、二噁英、苯并［a］芘等。目前大量使用的化学农药有 50 多种，包括有机磷农药、有机氯农药、氨基甲酸酯类、苯氧羧酸类、苯酸胺类、苯基取代脲类、磺酰脲类、菊酯类等。石油类污染物组分复杂，主要是烷烃、烯烃苯系物、多环芳烃等。其中多环芳烃、多氯联苯、二噁英及难降解农药残留（如六六六、DDT 等）属于持久性有机污染物，在环境中存留时间较长，难于降解。

② 土壤中病原微生物主要有霍乱弧菌、破伤风杆菌、结核杆菌、大肠杆菌等，其来源于人畜的粪便、用于灌溉的污水（未经处理或处理未达到相应标准的生活污水，特别是医院污水含有多重耐药致病菌）及城市生活垃圾、污泥等固体废物的处理及利用过程。

 **想一想**

5.7　调研国内外典型的土壤污染公害事件，分析其产生的原因。

5.2.3　土壤荒漠化和沙化

荒漠化及其引发的土地沙化被称为"地球溃疡症"，是指因气候变异和人类活动在内的种种因素造成的干旱、半干旱和亚湿润干旱地区的土地退化。人为因素包括过度放牧、滥垦、灌溉不当及其他社会经济建设和开发活动。风力侵蚀、土表或土体盐渍化加重等均属荒漠化表征。沙漠化和沙化是荒漠化最具有代表性的表征之一。荒漠化和沙化主要发生在干旱、半干旱以及半湿润和滨海地区。目前，全球荒漠化面积已占陆地总面积的 1/4，遍及 110 多个国家，并且以每年 5 万～7 万平方千米的速度扩展。有 10 亿以上的人、40％以上的陆地表面受到荒漠化的影响。我国荒漠化面积大、分布广、类型多。目前，我国荒漠化土地面积超过 262.2 万平方千米，占国土陆地总面积的 27.3％，其中沙化土地面积为 168.9 万平方千米，主要分布在西北、华北、东北 13 个省区市。联合国提出 2030 年"土地退化零增长"的目标，而中国是目前唯一做到"人进沙退"的国家。中国政府宣布，2020 年治理一半以上可治理的沙化土地。

土地荒漠化和沙化的危害体现在诸方面。例如：土地的生产潜力衰退，土地生产力下降，草场质量下降，自然灾害加剧，生态平衡难以为继等。据采样分析，在毛乌素沙地，每年土壤被吹失 5～7cm，每公顷土地损失有机质 7700kg，氮素 387kg，磷素 549kg，小于 0.01mm 的物理黏粒 3.9 万千克。防治荒漠化主要措施有：控制农垦、防止过牧，因地制宜营造防风固沙林，种灌植草，建立生态复合经营模式。

案例：2021 年中国北方最强沙尘暴与蒙古国沙漠化

3·15 沙尘暴：2021 年 3 月 14 日至 15 日，新疆、内蒙古、甘肃、宁夏、陕西、山西、河北、北京、天津、黑龙江、吉林、辽宁等 12 省市出现明显的沙尘天气，部分地区有沙尘暴。这也是近 10 年中国遭遇的强度最大的一次沙尘天气过程，沙尘暴范围也是近 10 年最广。在中国气象局 15 日就北方沙尘暴天气召开的发布会上，中国气象局环境气象中心主任表示："本次影响我国北方地区的沙尘主要起源于蒙古国，由于蒙古气旋发展强盛，沙尘随着气旋后部的冷高压东移南下，影响我国北方大部分地区。"

沙尘暴天气是超越国界的重污染天气现象。在蒙古国，日趋严重的自然环境灾害是不争的事实。蒙古国是中国的陆上邻国，是全球沙漠化最严重的国家之一，境内超过 70% 的土地出现了不同程度的沙漠化和荒漠化，并且沙化仍以较快的速度在一些地区蔓延。有专家认为，全球气候变暖，蒙古国平均气温升高，导致水资源蒸发加剧，是蒙古国沙漠化的原因之一。同时，由于畜牧业是蒙古国的重要产业，过度放牧也是造成草场退化、沙漠进驻的一大原因。根据联合国发展署 2021 年 1 月公布的数据显示，至 2019 年蒙古国全国牲畜数量已达 7090 万，比牧场总承载能力足足超出 3300 万，不同地区放牧牲畜数量达到牧场环境承载力的 2～7 倍。此外，矿产资源的无序开采等人为因素加剧了草原沙漠化进程。专家警告说，蒙古国平均气温仍在上升，如果防治荒漠化工作没有足够力度，除少部分地区外，蒙古国其余地区将面临严重荒漠化威胁。

5.2.4　土壤修复技术及发展趋势

（1）土壤修复技术

土壤污染修复是指利用物理、化学和生物的方法转移、吸收、降解和转化土壤中的污染物，使其浓度降低到可接受水平，或将有毒有害的污染物转化为无害的物质。土壤修复的原理包括改变污染物在土壤中的存在形态或与土壤的结合方式、降低土壤中有害物质的浓度，以及利用其在环境中的迁移性与生物可利用性。土壤修复技术通常按修复位置和操作原理进行分类。

土壤的修复技术根据其位置变化与否分为原位修复技术和异位修复技术。原位修复技术指对未挖掘的土壤进行原位治理的过程，对土壤没有扰动。是目前欧洲最广泛采用的技术。异位修复技术指对挖掘后的土壤进行异位处理的过程。异位治理包括原地处理和异地处理两种。所谓原地处理，指发生在原地的对挖掘出的土壤进行处理的过程。异地处理指将挖掘出的土壤运至另一地点进行处理的过程。原位处理对土壤结构和肥力的破坏较小，需要进一步处理和弃置的残余物少，但对处理过程产生的废气和废水的控制比较困难。异位处理的优点是对处理过程条件的控制较好，与污染物的接触较好，容易控制处理过程产生的废气和废物的排放；缺点是在处理之前需要挖土和运输，会影响处理过的土壤的再使用，费用一般较高。

按操作原理可分为物理修复技术、化学修复技术和生物修复技术。物理修复技术是通过各种物理过程从污染土壤中去除或分离污染物的技术，主要包括换土法、土壤气相抽提、热脱附、物理分离、电动修复等。

化学修复技术是指利用土壤和污染物之间的化学特性，以破坏（如改变化学性质）、分离或固化污染物的技术。主要包括土壤淋洗、化学氧化、溶剂萃取、固化/稳定化、水泥窑协同处置等。化学修复技术具有实施周期短、可用于处理各种污染物等优点，但成本一般较高，可能造成二次污染。

生物修复技术是利用土壤中的各种植物、动物和微生物吸收、降解和转化土壤中的污染物，使污染物的浓度降低到可接受水平，或将有毒有害的污染物转化为无害物质的技术。包括植物修复、微生物修复等技术。生物修复技术不需后续处理，经济高效、成本低、可同时处理地下水、无二次污染、景观效果好，尤其适用于量大面广的污染土壤修复。但此过程也会生成一些毒性副产物，不适宜用作突发事件的应急处理。

土壤本身组成复杂，存在各种生物、氧化性物质、还原性物质等，实际的土壤修复过程中，很难将物理、化学和生物修复截然分开，上述分类仅是一种相对的划分。各种修复技术的特点及适用的污染类型见表5.4。

表 5.4　各种修复技术的特点及适用污染类型

类型	修复技术	优点	缺点	适用类型
生物修复	植物修复	成本低、不改变土壤性质、无二次污染	耗时长、污染程度不能超过修复植物的正常生长范围	重金属、有机物污染
	原位生物修复	快速、安全、费用低	条件严格、不宜用于治理重金属污染	有机物污染
	异位生物修复			
化学修复	原位化学淋洗	长效性、易操作、费用合理	治理深度受限，可能会造成二次污染	重金属、苯系物、石油、卤代烃、多氯联苯
	异位化学淋洗	效果好、长效性、易操作、治理深度不受限	费用较高、淋洗液处理问题，二次污染	
	溶剂浸提技术		费用高、需解决溶剂污染问题	多氯联苯
	原位化学氧化		使用范围较窄、费用较高、可能存在氧化剂污染	有机物
	原位化学还原与还原脱氯			
	土壤性能改良	成本低、效果好	使用范围窄、稳定性差	重金属
物理修复	蒸汽浸提技术	效率较高	成本高、时间长	挥发性有机化合物(VOC)
	固化修复技术	效果较好、时间短	成本高、处理后不能再农用	重金属
	物理分离修复	设备简单、费用低、可持续处理	筛子可能被堵、扬尘污染、土壤颗粒组成被破坏	
	玻璃化修复	效率较好	成本高、处理后不能再农用	有机物、重金属
	热力学修复			
	热解吸修复		成本高	
	电动力学修复			
	换土法		成本高，污染土还需处理	

目前土壤修复的各种技术都有特定的应用范围和局限性。尤其是物理化学修复技术，容易导致土壤结构破坏，土壤养分流失和生物活性下降。生物修复尤其是植物修复目前是环境友好的修复方法，但土壤污染多是复合型污染，植物修复也面临技术难题。虽然土壤的修复技术很多，但没有一种修复技术适用于所有污染土壤，即使是相似的污染类型，因为土质不同，污染物在土壤中的存在和迁移转化形式不同，对土壤修复亦会有不同的修复要求。土壤污染修复是一个漫长的涉及多种因素的过程，应根据污染物类型、土壤性质等选取合适的修复技术。

 **想一想**

5.8　我国过去十年间发生过十次重金属严重污染事件，请分析可采用哪些技术进行治理？

（2）污染土壤修复技术的发展趋势

近些年来，我国的土壤修复技术得到一定的发展，结合国外发达国家的先进经验和发展历程，我国土壤修复发展趋势将呈现如下特点：在污染土壤修复决策上，逐渐从基于污染物总量控制的修复目标发展到基于污染风险评估的修复导向；在技术上，逐渐从物理修复、化学修复和物理化学修复发展到环境友好的生物修复、植物修复和基于监测的自然修复，从单一的修复技术发展到多技术联合的修复技术、综合集成的工程修复技术；在设备上，逐渐从基于固定式设备的离场修复发展到移动式设备的现场修复；在应用上，已从服务于重金属污染土壤、农药或石油污染土壤、持久性有机化合物污染土壤的修复技术发展到多种污染物复合或混合污染土壤的组合式修复技术；逐渐从点源修复走向面源修复，甚至流域修复；逐渐从单项修复技术发展到融大气、水体监测的多技术设备协同的场地土壤地下水综合集成修复；逐渐从工业场地走向农田，从适用于工业企业场地污染土壤的离位肥力破坏性物化修复技术，发展到适用于农田污染土壤的原位肥力维持性绿色修复技术。

5.3　其他污染及防治

人类生存活动的环境可分为天然物理环境和人工物理环境。本节所讲的几种公害是物理因素引起的非化学性污染，也称之为物理污染。主要存在于人们生活环境周围，其中声音及放射性物质等属于自然界客观存在的物质，从物质属性看，对人们的身体不会产生危害，但是物理物质含量过高或者过低，打破原有的平衡，就会产生物理污染。这类污染形成时很少给周围环境留下具体污染物，但已成为影响现代人类生活质量的社会公害。

5.3.1　吵闹的世界——噪声污染

人类生存的空间是一个有声世界，"蝉噪林逾静，鸟鸣山更幽"，大自然中有各种声音，社会生活中也有语言交流、美妙音乐，人们在生活中不但要适应这个有声环境，也需要一定的声音满足身心的需求。但如果声音满足不了人们的需要或超过人们的忍受力，就会使人感到厌烦，最早的噪声定义出自《说文》和《玉篇》，"扰也，群呼烦扰也”，其可定义为对人而言不需要的声音。需要与否是由主观评价确定的，不但取决于声音的物理性质，还与人类的生理、心理因素有关。例如，听音乐会时，除演员和乐队的声音外，其他都是噪声；当睡眠时，再悦耳的音乐也是噪声。

5.3.1.1　噪声特征

环境噪声是一种感觉公害。与其他环境污染不同，噪声污染没有污染物，即噪声在空中传播时并未给周围环境留下什么毒害性物质。其次，它具有局限性和分散性，即环境噪声影响范围上的局限性和环境噪声源分布上的分散性。噪声污染还具有暂时性，噪声对环境的影响不积累、不持久，传播的距离也有限，而且一旦声源停止发声，噪声也就消失。从声学特性讲，噪声就是声音，它具有一切声学的特性和规律。

5.3.1.2　声源及其分类

向外辐射声音的振动物体称为声源。噪声源可分为自然噪声源和人为噪声源两大类。人们尚无法控制自然噪声，噪声的防治主要指人为噪声的防治。人为噪声按声源发生的场所，一般分为交通噪声、工业噪声、建筑施工噪声和社会生活噪声。

交通噪声是指由各种交通工具在行驶过程中产生的妨害人们正常生活的声音。包括飞机、火车、轮船、各种机动车辆等交通运输工具产生的噪声。尤其是汽车和摩托车，它们量大、面广，几乎影响每一个城市居民。

工业噪声主要是机器运转产生的噪声，如空气机、通风机、金属加工机床等，还有机器振动产生的噪声，如冲床、锻锤等。工业噪声强度大，是造成职业性耳聋的主要原因。但是，工业噪声一般是有局限性的，噪声源是固定不变的，因此工业噪声防治措施相对也容易些。

建筑施工噪声主要来源于建筑工程或设施使用的打桩机、混凝土搅拌机、推土机等不同性能的动力机械。它们虽然是暂时性的，但随着城市建设的发展，兴建和维修工程的工程量与范围不断扩大，影响越来越广泛。

社会生活噪声指由社会活动和家庭生活设施产生的噪声，如娱乐场所、商业活动中心、运动场、高音喇叭、家用机械、电气设备等产生的噪声。社会生活噪声一般在80dB以下，虽然对人体没有直接危害，但却能干扰人们工作、学习和休息。

5.3.1.3　噪声的评价和检测

噪声描述方法可分为两类：一类是把噪声作为单纯的物理扰动，用描述声波特性的物理量来反映，这是对噪声的客观量度；另一类则涉及人耳的听觉特性，根据人们感觉到的刺激程度来描述，被称为对噪声的主观评价。

（1）频率与声功率

声音是物体的振动以波的形式在弹性介质（气体、固体、液体）中传播的一种物理现象。声波频率是媒介质点每秒振动的次数，单位为赫兹（Hz）。声波频率高低，反映了声调的高低。频率高声调尖锐，频率低则声调低沉。人耳能听到的声波频率范围是20~20000Hz。20Hz以下的称为次声音，20000Hz以上的称为超声。人耳有一个特性，即从1000Hz起，随着频率的减少，听觉会逐渐迟钝，即人耳对低频率噪声容易忍受，对高频率噪声则感觉烦躁。

声功率 W 是描述声源在单位时间内向外辐射能量本领的物理量，其单位为瓦（W）。一架大型的喷气式飞机，其声功率为 10 kW；一台大型鼓风机的声功率为 0.1 kW。

（2）声强和声强级

为表示声波的能量以波速沿传播方向传输的情况，定义通过垂直于声波传播方向的单位面积的声功率为声强度，或简称声强，用 I 表示，单位为瓦每平方米（W/m²）。声场中某一位置声强的量值越大，则穿过垂直于声波传播方向上的单位面积的能量越多。在自由声场中（无障碍物和声波反射体）有一非定向辐射源，其声功率为 W，辐射的声波可视为球面波，在距声源 r 处，球面的总面积为 $4\pi r^2$，则在球面上垂直于球面方向的声强为：

$$I_n = W/4\pi r^2 \ (\mathrm{W/m^2}) \tag{5.1}$$

由公式（5.1）可知，声强 I_n 以与 r^2 成反比的关系发生变化，即距声源越远声强越小，并且降幅比距离增加更显著。对于频率为 1000 Hz 的声音，人耳能够感觉到的最小的声强约等于 10^{-12} W/m²。这一量值用 I_0 表示，常作为声波声强的比较基准，即 $I_0 = 10^{-12}$ W/m²，又称 I_0 基准声强。声强小于 I_0 时，人耳就觉察不到了，所以 I_0 又称为人耳的听阈。对于频率为 1000 Hz 的声波，正常人的听觉所能忍受的最大声强约为 1 W/m²，这一量值常用 I_m 表示，$I_m = 1$ W/m²。声强超过这一上限时，就会引起耳朵的疼痛，损害人耳的健康，I_m 也称为人耳的痛阈。

声强大小客观上反映声波的强弱，但人耳对感受到的声音强弱程度的主观判断，并不是简单地和声强 I 成正比，而是近似与声强 I 的对数成正比。同时能引起正常听觉的声强值的上下限相差悬殊（$I_m/I_0 = 10^{12}$ 倍），用声强以及它通常使用的能量单位来量度可听声波的强度极不方便。基于上述原因，引入声强级作为声波强弱的量度。声强级是描述声波强弱级别的物理量，是声强 I 与基准声强 I_0 之比的对数值，以 L_I 表示，即：

$$L_I = 10\lg\frac{I}{I_0} \ (\mathrm{dB}) \tag{5.2}$$

 **练一练**

试计算声强为下列数值的声强级，$I_0 = 10^{-12}$ W/m²；$I_m = 1$ W/m²

解：根据 $L_I = 10\lg I/I_0$

$I_0 = 10^{-12}$ W/m²　　　$L_I = 10\lg\dfrac{10^{-12}}{10^{-12}} = 0\mathrm{dB}$

$I_m = 1$ W/m²　　　$L_I = 10\lg\dfrac{1}{10^{-12}} = 120\mathrm{dB}$

（3）声压与声压级

声压是描述声波作用效能的宏观物理量。声波与传感器（如耳膜）作用时，与无声波情况相比较，多出的附加压强称为声波的声压，用 P 表示，单位为帕（Pa）。当声波的声强为基准声强 I_0 时，其表现的声压约为 2×10^{-5} Pa（在空气中），这一量值常被用作比较声波声压的衡量基准，称为基准声压，记做 P_0，即 $P_0 = 2\times10^{-5}$ Pa。

理论表明，在自由声场中，在传播方向上声强 I 与声压 P 的关系为：

$$I = \frac{P^2}{\rho c} (\text{W}/\text{m}^2) \tag{5.3}$$

式中，ρ 为媒质密度，kg/m^3；c 为声速，m/s。两者的乘积就是媒质的特性阻抗。在测量中声压比声强更容易直接测量，往往根据声压测定的结果间接求出声强。

声压级是描述声压级别大小的物理量。式（5.4）表明声强与声压的平方成正比：

$$\frac{I_1}{I_2} = \frac{P_1^2}{P_2^2} \tag{5.4}$$

$$\lg \frac{I_1}{I_2} = \lg \frac{P_1^2}{P_2^2} = 2\lg \frac{P_1}{P_2} \tag{5.5}$$

为了表示声波强弱级别的统一，人们希望无论用声强级或声压级表示同一声波的强弱级别具有同一量值，特按如下方式定义声压级，即声压级 L_P 等于声压级等于声压 P 与基准声压 P_0 比值的对数值的 2 倍，即：

$$L_P = 2\lg\left(\frac{P}{P_0}\right)(\text{B})$$

$$= 20\lg \frac{P}{P_0}(\text{dB}) \tag{5.6}$$

声压和声压级的换算值如表 5.5 所示。我国城市中常可见到路旁竖立的分贝指标牌，随着车辆的驶过，牌中显示不断变化的数字反映噪声声压级的数值。

表 5.5　声压与声压级的换算值

声压级/dB	0	10	20	30	40	50	60
声压/Pa	2×10^{-5}	$2\times10^{-4.5}$	2×10^{-4}	$2\times10^{-3.5}$	2×10^{-3}	$2\times10^{-2.5}$	2×10^{-2}
声压级/dB	70	80	90	100	110	120	
声压/Pa	$2\times10^{-1.5}$	2×10^{-1}	$2\times10^{-0.5}$	2	$2\times10^{0.5}$	20	

两个独立声源作用于某一点，产生噪声的叠加。声能量可以代数相加，设有两个声源的声功率分别为 W_1 和 W_2，那么总声功率 $W_{1+2} = W_1 + W_2$。两个声源在某点的声强为 I_1 和 I_2 时，叠加后的总声强 $I_{1+2} = I_1 + I_2$，但是声压不能直接相加。

总声压级可由：$L_{P_1} = 20\lg \frac{P_1}{P_0}$，$L_{P_2} = 20\lg \frac{P_2}{P_0}$

而得：$P_{1+2}^2 = P_1^2 + P_2^2 = P_0^2(10^{L_{P_1}/20} + 10^{L_{P_2}/20})$

总声压级：$L_{P_{1+2}} = 10\lg(10^{L_{P_1}/10} + 10^{L_{P_2}/10})$ \tag{5.7}

① 当两个噪声源声压级相等时，$L_{P_{1+2}} = L_{P_1} + 10\lg2 = L_{P_1} + 3$

即增大 3dB，同理，三个相同声音的叠加时，其声压级增大 $10\lg3$；若 N 个相同声音叠加时，其声压级增大 $10\lg N$。

② 当两个噪声源声压级不相等时，可根据式（5.7）从表 5.6 分贝和的增值表中查得对应 $L_1 - L_2$ 的 ΔL 值，将增加值 ΔL 加到较大的一个声压级上，即为总的声压级。

表 5.6　分贝和的增值表

声压级差 $L_1 - L_2$/dB	0	1	2	3	4	5	6	7	8	9	10
增值 ΔL/dB	3.0	2.5	2.1	1.8	1.5	1.2	1.0	0.8	0.6	0.5	0.4

如有几种声音同时出现，总的声压级必须由大到小地将每两个声压级逐一相加而

得。例如声压级分别为 85dB、83dB、82dB、78dB 的四种声音共存时，其总声压级为 89dB。

5.3.1.4 我国环境噪声污染与生活

随着工业生产、交通运输、城市建设的高度发展和城镇人口的迅猛膨胀，噪声污染日趋严重。据 2018 年《中国生态环境状况公报》显示，323 个地级及以上城市开展了昼间区域声环境监测，平均等效声级为 54.4dB（图 5.10）。13 个城市昼间区域声环境质量为一级，占 4.0%；205 个城市为二级，占 63.5%；99 个城市为三级，占 30.7%；4 个城市为四级，占 1.2%；2 个城市为五级，占 0.6%。319 个地级及以上城市开展了夜间区域声环境监测，平均等效声级为 46.0dB。4 个城市夜间区域声环境质量为一级，占 1.3%；121 个城市为二级，占 37.9%；172 个城市为三级，占 53.9%；17 个城市为四级，占 5.3%；5 个城市为五级，占 1.6%。相较于 2017 年城市昼夜间区域噪声情况，2018 年声环境质量一级、二级城市比例降低，三级、四级城市比例增加。

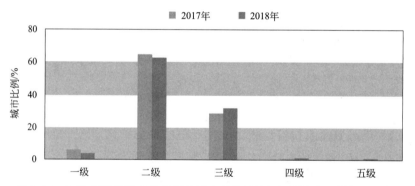

图 5.10　2018 年我国城市昼夜间区域声环境质量各级别城市比例年际比较

备注：昼间区域声环境平均等效声级小于或等于 50.0dB 为好（一级），50.1~55.0dB 为较好（二级），55.1~60.0dB 为一般（三级），60.1~65.0dB 为较差（四级），大于 65.0dB 为差（五级）；夜间区域声环境平均等效声级小于或等于 40.0dB 为好（一级），40.1~45.0dB 为较好（二级），45.1~50.0dB 为一般（三级），50.1~55.0dB 为较差（四级），大于 55.0dB 为差（五级）

在城市功能区方面，2018 年 311 个地级及以上城市开展了功能区声环境监测，共监测 21904 点次，昼间、夜间各 10952 点次。各类功能区昼间达标点次为 10140 个，达标率为 92.6%；夜间达标点次为 8054 个，达标率为 73.5%。2018 年全国城市各类功能区达标率年际比较如表 5.7 所示。

表 5.7　2018 年全国城市各类功能区达标率年际比较（%）

年份	0 类		1 类		2 类		3 类		4a 类		4b 类	
	昼	夜	昼	夜	昼	夜	昼	夜	昼	夜	昼	夜
2018	71.8	56.3	87.4	71.6	92.8	82.2	97.5	87.6	94.0	51.4	100.0	78.4
2017	76.7	58.3	86.7	73.3	92.1	82.5	96.7	86.9	73.3	52.0	97.7	71.6

环境噪声对生活的影响主要表现在以下几个方面：①损伤听力。噪声达到 90dB 时，耳聋发病率明显增加。但是，即使高至 90dB 的噪声，也只是产生暂时性的病患，休息后即可恢复。噪声危害关键在于它的长期作用。②噪声会干扰睡眠和正常交谈。噪

声还会对神经系统、心血管系统、消化系统等有影响。噪声作用于人的中枢神经系统，会引起失眠、多梦、头疼头昏、记忆力减退、全身疲乏无力等神经衰弱症状。③噪声对自然界的生物也是有危害的。如强噪声会使鸟类羽毛脱落，不产蛋，甚至内出血直至死亡。④严重噪声对建筑物也会产生一定危害。

5.3.1.5 噪声控制技术措施

声是一种波动现象，它在传播过程中遇到障碍物会发生反射、干涉和衍射现象。在不均匀媒质中或从某媒质进入另一种媒质时，会发生透射和折射现象。声波在媒质中传播时，由于媒质的吸收和波束的扩散作用，声波强度会随着距离的增加发生衰减。噪声控制技术包括声源控制技术、传播途径控制技术、对接受者进行防护等措施。

（1）声源控制技术

声源是噪声系统中最关键的组成部分，噪声产生的能量集中在声源处。所以对声源的控制是减弱或消除噪声的基本方法和最有效的手段。如在设计和制造机械设备时，选用发声小的材料、结构型式和传动方式。提高传动齿轮的加工精度，可减小齿轮的啮合摩擦；若将轴承滚珠加工精度提高一级，则轴承噪声可降低 10dB。设备安装得好，可消除机械零部件因不稳或平衡不良引起的振动和摩擦，从而达到降低噪声的效果。此外，改进生产工艺也能降低噪声。

（2）传播途径控制技术

由于条件的限制，从声源上降低噪声难以实现时，就需要在噪声传播途径上采取以下措施加以控制。最常见的措施包括：

① 闹静分开、增大距离。利用噪声的自然衰减作用，将声源布置在离工作、学习、休息场所较远的地方。无论是城市规划，还是工厂总体设计，都应注意合理布局，尽可能缩小噪声污染面。

② 利用声源的指向性降低噪声。利用声源的指向性（方向不同，其声级也不同）将噪声源指向无人的地方。如高压锅炉、高压容器的排气口朝向天空或野外，比朝向生活区可有效降噪。

③ 设置屏障或利用地形地物降噪。在噪声源和接受者之间设置声音传播的屏障，可有效地防止噪声的传播，达到控制噪声的目的。常用几种声学控制方法如下。

吸声：主要利用吸声材料或吸声结构来吸收声能，是控制室内噪声常用的技术措施。由于吸声材料只是降低反射的噪声，故在噪声控制中的效果是有限的。吸声结构的吸声原理是利用亥姆霍兹共振吸声。常用的吸声结构有薄板共振吸声结构、穿孔板共振吸声结构与微穿孔板共振吸声结构。

隔声：用隔声材料阻挡或减弱在大气中传播的噪声，多用于控制机械噪声。典型的隔声装置有隔声罩（降噪 20～30dB）、隔声室（降噪 20～40dB），还有用于露天场合的隔声屏。

消声：利用消声器（一种既允许气流通过而又能衰减或阻碍声音传播的装置）控制空气动力性噪声简便而又有效。例如，在通风机、鼓风机、压缩机、内燃机等设备的进出口管道中安装合适的消声器，可降噪 20～40dB。

阻尼减振：当噪声是由金属薄板结构振动引起时，常用阻尼材料减振，由于阻尼材料的内损耗、内摩擦大，使相当一部分振动能量转化为热能而耗散掉。这样就减小了振动噪声。常用的阻尼材料有沥青类、软橡胶类和高分子涂料。

隔振：由机器设备振动产生的噪声，可使用橡胶、软木、毛毡、弹簧、气垫等隔振材料或装置，隔绝或减弱振动能量的传递，从而达到降噪的目的。

（3）接受者的防护

这是对噪声控制的最后一道防线。实际上，在许多场合采取个人防护是最有效、最经济的办法。但是个人防护措施在实际使用中也存在问题，如听不到报警信号，容易出事故。因此立法机构规定，只能在没有其他办法可用时，才能把个人防护作为最后的手段暂时使用。个人防护用品有耳塞、耳罩、防声棉、防声头盔等。

控制噪声除上述几种方法外，还需要搞好城市道路交通规划和区域建设规划、科学布局城市建筑物、合理分流噪声源、加强宣传教育工作等措施，都能取得控制噪声污染的良好效果。

（4）噪声的有效利用

噪声是一种污染，人们在控制噪声污染的同时，也可将其化害为利，利用噪声为人类服务。例如，噪声可用作工业生产中的安全信号。煤矿中为了防止塌方、瓦斯爆炸带来的危害，研制出了煤矿声报警器。当煤矿冒顶、瓦斯喷出之前，会发出一种特有的声音，煤矿声报警器记录到这种声音后就会立即发出警报，提醒人们离开现场或采取安全措施以防止事故的发生和蔓延。噪声还有很多其他方面的可利用性，如声呐是利用声波在水中的传播和反射特性，通过电声转换和信息处理进行导航和测距的技术，是水声学中应用最广泛、最重要的一种装置。噪声是一种有待开发的新能源，化害为利是解决污染问题的最好途径。相信随着技术的发展，不仅是噪声，还有其他的各种污染，人类都可以解决，并能利用它们来为人类服务。

想一想

5.9　请说说你生活的环境周围有哪些噪声？控制噪声技术应该从哪几个方面进行？对噪声有效利用技术你有何建议？

5.3.2　健康的隐形杀手——放射性污染

5.3.2.1　放射性物质及其性质

某些物质的原子核能发生衰变，放射出人们肉眼看不见也感觉不到的射线，只能用专门的仪器才能探测到的射线，物质的这种性质叫放射性。凡具有自发地放出射线特征的物质，即称之为放射性物质。这些物质的原子核处于不稳定状态，在其发生核转变的过程中，自发地放出由粒子或光子组成的射线，并辐射出能量，同时本身转变成另一种物质，或是成为原来物质的较低能态。其所放出的粒子或光子，将对周围介质产生电离作用，造成放射性污染和损伤。射线种类很多，主要有 α 射线，其本质是高速运动的氦（$^4_2$He）原子核；β 射线，由放射性同位素（如 ^{32}P、^{35}S 等）衰变时放射出带负电荷的粒子；γ 射线，它是波长在 10^{-8} 以下的电磁波，由放射性同位素如 ^{60}Co 或 ^{137}Cs 产生。

放射线具有以下性质：

① 每一种射线都具有一定的能量，例如 α 射线具有很高的能量，它能击碎 $^{27}_{13}$Al 核，

产生核反应：

$$^{27}_{13}Al + ^{4}_{2}He \longrightarrow ^{30}_{15}P + ^{1}_{0}n \tag{5.8}$$

其中 $^{30}_{15}P$ 就是人造放射性核素，它可通过衰变产生正电子：

$$^{30}_{15}P \longrightarrow ^{30}_{14}Si + ^{0}_{1}e \tag{5.9}$$

② 放射线具有一定的电离本领。电离是指使物质的分子或原子离解成带电离子的现象。α 粒子或 β 粒子会与原子中的电子有库仑力的作用，从而使原子中的某些电子脱离原子，而原子变成了正离子。带电粒子在同一物质中电离作用的强弱主要取决于粒子的速率和电量。α 粒子带电量大、速率较慢，因而电离能力比 β 粒子强得多。γ 光子是不带电的，在经过物质时由于光电效应和电子偶效应而使物质电离。γ 射线的电离能力最弱。

③ 放射线各自具有不同的贯穿本领，是指粒子在物质中所走路程的长短。路程又称射程，射程的长短主要是由电离能力决定的。每产生一对离子，带电粒子都要消耗一定的动能，电离能力越强，射程越短。因此 3 种射线中 α 射线的贯穿能力最弱，用一张厚纸片即可挡住；β 射线的贯穿能力较强，要用几毫米厚的铅板才能挡住；γ 射线的贯穿能力最强，要用几十毫米厚的铅板才能挡住。

④ 放射线能使某些物质产生荧光。人们可以利用这种致光效应检测放射性核素的存在与放射性的强弱。

⑤ 放射线都具有特殊的生物效应。这种效应可以损伤细胞组织，对人体造成急性和慢性伤害，有时还可以改变某些生物的遗传特性。

为了度量上述射线照射的量、受照射物质所吸收射线能量以及表征在生物体受射线照射的效应，可采用吸收剂量和当量剂量来描述。其中吸收剂量是表示单位质量被照射物质吸收电离辐射能量大小的一个物理量，单位为戈瑞（Gy）。由于在相同的吸收剂量下不同辐射类型和辐射能量产生的生物效应是不同的，因此，当量剂量可应用于度量辐射对人体组织或器官的损坏程度，单位为西弗（Sv）。这两个物理量单位分别为了纪念英国物理学家戈瑞和瑞典物理学家西弗，他们都曾系统研究过辐射对生物的影响，对放射生物学做出了杰出贡献。

5.3.2.2　放射性污染源及其危害

（1）人为放射性污染源

① 核工业产生的核废料，核燃料生产和核能技术的开发、利用的各生产环节均会产生和排放含放射性的固体、液体及气体，是导致环境放射性污染的原因之一，成为人们关心的问题。

② 核武器试验。核爆炸后，裂变产物最初以蒸气状态存在，然后凝结成放射性气溶胶。粒径＞0.1mm 的气溶胶在核爆炸后一天内即可在当地降落，称为落下灰；粒径＜25μm 的气溶胶粒子可在大气中长期漂浮，称为放射性尘埃。放射性尘埃在大气平流层的滞留时间一般认为在 4 个月至 3 年之间。全球已严禁在大气层做核试验，严禁一切核试验和核战争的呼声也越来越高。

③ 意外事故。如 2011 年 3 月，里氏 9.0 级地震导致日本福岛核电站发生史上最严重的核泄漏，16 万人被迫离开。近 10 年后发现这里动植物、鱼类等发生变异，引发的生态灾难几十年都难以恢复。

④ 应用放射性同位素。核研究单位、科研中心、医疗机构等使用放射性同位素用

于探测、治疗、诊断、消毒时，导致所谓的"城市放射性废物"。在医疗上，放射性核素常用于"放射治疗"以杀死癌细胞；有时也采用各种方式有控制地注入人体，作为临床上诊断或治疗的手段；工业上放射性核素可用于探伤；农业上放射性核素可用于育种、保鲜等。如果使用不当或保管不善，会造成危害和环境污染。

⑤ 隐藏在我们身边的放射源。医院根据患者的不同病情往往会有 CT 以及造影等相关检查，都与核辐射有关，已构成主要的人工污染源，约占全部污染源的 90%。据统计，人们一次心脏冠状动脉的 CT 检查，身体所遭受的放射线量，相当于拍摄了 700 次的 X 线胸片（一次 X 射线透视患者受到 0.01～10 mGy 的照射剂量），这种辐射对于健康人有较大的负面影响。每年全球大概有 350 人，因为照射 X 射线而诱发癌症、白血病或者其他遗传性疾病。另外，许多建筑使用花岗岩作为装饰材料，某些品种（如我国北方所产的某种绿色和红色花岗岩）中镭和铀的含量超标。室内氡气是镭和铀的衰变生成物，会慢慢地从建筑中释放到空气中，是一种能够诱发肺癌的重要物质。如果通风不好，就可能导致家居室内的放射性污染不断加重。

（2）放射性污染危害

放射性核素释放的辐射能被生物体吸收以后，要经历辐射作用不同阶段的各种变化，包括物理、物理化学、化学和生物学四个阶段。当生物体吸收较低的辐射能后，先在分子水平发生变化，引起分子的电离和激发，尤其是生物大分子的损伤。有的发生在瞬间，有的需经物理、化学以及生物的放大过程才能显示所致组织器官的可见损伤。人体对辐射最敏感的组织是骨髓、淋巴系统以及肠道内壁。大剂量辐射表现为急性伤害，急性损伤的死亡率取决于辐射剂量。辐射剂量在 6Gy 以上，通常在几小时或几天内立即引起死亡。从广岛和长崎相关的数据可知，该地区的癌变概率不断上升。放射性核素排入环境后，可造成对大气、水体和土壤的污染，这是由于大气扩散和水流输送可在自然界稀释和迁移。放射性核素可被生物富集，使一些动植物，特别是一些水生生物体内放射性核素的浓度比环境浓度高许多倍。例如，牡蛎肉中锌的同位素锌-65 浓度可以达到周围海水中浓度的 10 万倍。进入人体的放射性核素，不同于体外照射可以隔离、回避，这种照射直接作用于人体细胞内部，这种辐射方式称为内照射。

 案例：2011 年福岛核事故

2011 年 3 月 11 日日本东北太平洋地区发生里氏 9.0 级地震，随之引发的海啸冲击到东京电力福岛第一核电站，瞬间淹没电站，反应堆冷却电源随之失效，导致 1～3 号机堆芯不断升温，最终熔融。同年 4 月 12 日，日本原子力安全保安院（Nuclear and Industrial Safety Agency，NISA）将福岛核事故等级定为核事故最高分级 7 级（特大事故），与切尔诺贝利核事故同级。与切尔诺贝利老旧的石墨堆叠式反应堆且没有安全钢壳及混凝土安全钢壳不同，福岛核电站采用的是沸水反应堆，反应堆的最里面是核燃料，核燃料装置陶瓷芯块中，陶瓷芯块又装在锆合金中，锆合金外面就是水，水装在一个大容器中，容器的外面是钢筋混凝土做成的安全壳。核燃料发生裂变，产生的热量传导给水，水变成蒸汽，从蒸汽管流出去，其中的液态水过滤掉后，就进入发电机组，发完电后，气体冷却为液态水，又通过水管流回容器，如此形成循环。发生地震后供电系统中断，此时应该启用核电站自有的柴油发电机，但是地震引起的海啸又把柴油发电装置淹没了，核反应堆失去了电力供应，水循环不能完成，核反应堆的热量带不出去，热量的聚集导致容器中更多的液态水变成蒸汽，容器内气压变大，对容器外壳形成威胁。为了降低容器内的气压防止核泄漏，工作人员选择把蒸汽排出核反应堆，但是容器内的高温使得水蒸气与锆合金反应产生氢气，含有氢气的蒸汽排出去之后与氧气混合发生了爆炸。此次氢气爆炸发生在安全钢壳和厂房之间，摧毁了非耐压的厂房外壳，所以看上去很像切尔诺贝利核事故，但所幸福岛沸水堆有内安全壳，没有造成又一个鬼城切尔诺贝利。

事发之后，日本政府最终选择了一个安全性很高，但耗时很久的方案：等待核燃料烧尽再将燃料棒取出，在此之前，需要一直使用海水去冷却反应堆，也就是说，核污水一直在持续产生。为了储存这些核废水，东京电力公司建造了大量的储水罐。根据东京电力公司的数据，截至 2021 年 3 月，他们总共收集的核污水已达 125 万吨，装满了 1061 个储水罐。预计在 2022 年夏天，核电站内将没有多余的空地新建储水罐。而到目前为止，只有 4 号机组和 3 号机组的燃料棒全部取出，剩下的 1、2、5、6 机组还要继续等待，专家估计，这个时间需要 30 年。2021 年 4 月 13 日，日本政府正式决定将福岛第一核电站上百万吨核污染水排入大海，多国对此表示质疑和反对。

5.3.2.3　放射性污染的防治

(1) 控制污染源

放射性污染的防治首先必须控制污染源，核企业厂址应选择在人口密度低、抗震强度高的地区，保证出事故时居民所受的伤害最小，更重要的是将核废料"三废"进行严格处理（图 5.11）。

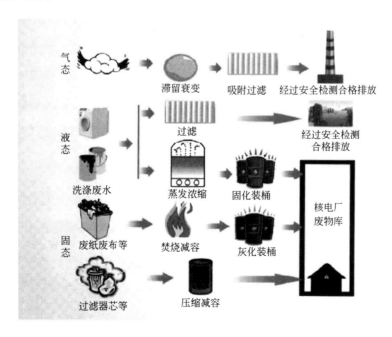

图 5.11　核电站"三废"处理示意图

放射性废液的处理。处理放射性废液的方法除放置和稀释之外，主要有化学沉淀、离子交换、蒸发、蒸馏和固化五种类型。

放射性废气的处理。在核设施正常运行时，任何泄漏的放射性废气均可纳入废液中，只是在发生大事故及以后一段时间，才会有放射性气态物放出。通常情况下，采取预防措施将废气中的大部分放射性物质截留极为重要。可选取的废气处理方法有过滤法、吸附法和放置法等。

放射性固态废物的处理。一座 100 万千瓦的核电站，一年用的核燃料只有 30 吨左右，在反应堆内"燃烧"后成为"乏燃料"，燃料的重量前后变化不大，但由于"乏燃料"具有很强的放射性，其处理需要经过下列几个环节。

① 冷却，刚从反应堆卸出的乏燃料，具有很强的放射性，并释放热量，因此要放到反应堆附近的深水"贮存水池"中冷却，至少要放置半年以上。然后，将冷却后的乏燃料运到远离核电站的乏燃料后处理厂去处理。

② 后处理，乏燃料中不仅含有未"烧尽"的铀-235 和原有的铀-238，还有核反应新生成的钚-239、镎、锔、锫等贵金属元素，以及氙、钯、铑、铯等有用元素。因此，"冷却"后乏燃料先放在专用密封容器内，用专业车辆运送到专门的工厂去进行"后处理"，把上述有用元素提炼出来，剩下的才是真正的核废料。

③ 固化，将具有高放射性的核废液与熔融的玻璃混合，凝结成质地坚硬、性能稳定的固体，再封装在专门的不锈钢桶内。

④ 深埋，把固化好的废物桶放到人烟稀少、地质结构稳定的岩层深处，保证数万年或更长时间不会泄露到周围环境中。

总而言之，核设施产生的废气、废液和固体废物需要去污、减容、固定和固化等处理，形成满足处置要求的放射性固体废物。这些放射性固体废物最终处置于专门建造的设施内，保证其与人类环境长期隔离，不危害人类与环境安全。

（2）加强日常防范意识

其实放射性污染可能就发生在你身边，只不过剂量轻微，很多人没有意识到。首先，对于居室氡气污染可以采取：①慎重选择建材，可请专业部门鉴定。②保持室内通风，以稀释氡的浓度。③购买市售检测片，形状如同硬币大小，放在室内检测辐射浓度，提示主人采取预防措施。其次，要防止意外事故发生。医院里的 X 光片和放射治疗、夜光手表、电视机、冶金工业用的稀土合金添加材料等，都含有放射性，要慎重接触。一些医院、工厂和科研单位因工作需要使用的放射棒或放射球，保管不当遗失或当作废物丢弃。因为它一般制作精细，夜晚还会发出各种荧光，很能吸引人，避免把它当作稀奇之物带回，否则，轻者得病重者死亡。

5.3.2.4 《中国的核安全》白皮书

2019 年 9 月 3 日，国务院新闻办发表《中国的核安全》白皮书（以下简称《白皮书》），这是我国政府发表的第一部核安全白皮书，阐明了我国推进全球核安全治理进程的决心和行动。白皮书系统全面阐述了我国的核安全观，提出"发展和安全并重、权利和义务并重、自主和协作并重、治标和治本并重"的核安全观核心内涵，"安全第一、依法治核、预防为主、纵深防御、责任明确、独立监管、严格管理、全面保障"的中国核安全工作基本原则。白皮书明确，发展和安全是人类和平利用核能的基本诉求，犹如车之两轮、鸟之双翼，相辅相成、缺一不可。应秉持为发展求安全、以安全促发展的理念，让发展和安全两个目标有机融合、相互促进。

白皮书还系统总结了我国核安全监管理念、原则、实践成果和工作经验，为推进核安全监管体系和能力的现代化，持续提升核安全水平，夯实基础。由于对核安全知识了解不足，我国涉核项目存在着一定的"邻避效应"，迫切需要采取有效措施，增强公众对于核安全的认识、理解和支持。在核安全发展规划上，我国在核能开发利用事业的不同阶段，对于核安全战略规划是非常重视的。

"和平开发利用核能是世界各国的共同愿望，确保核安全是世界各国的共同责任。"白皮书表示，中国倡导构建公平、合作、共赢的国际核安全体系，坚持公平原则，本着务实精神推动国际社会携手共进、精诚合作，共同推进全球核安全治理，打造核安全命运共同体，推动构建人类命运共同体。白皮书承诺，中国将继续推进核安全国际合作，担当大国责任，履行国际义务，推动建立公平、合作、共赢的国际核安全体系，提升全球核安全水平，促进各国共享和平利用核能事业成果，维护地区和世界和平稳定，为构建人类命运共同体，建设持久和平、普遍安全、共同繁荣、开放包容、清洁美丽的世界作出积极贡献。

 **想一想**

5.10　2019 年 12 月，大连海关在机场查获旅客随身携带的一枚"能量石"，检测发现辐射超标，而其具备的放射性核素确定为致癌物。该旅客自述其佩戴三个月以来经常无故流鼻血。这块石盘核辐射超标 112 倍，携带 1h 相当于拍 5 次 X 光。请调查你周围还可能存在的辐射性"保健品"案例？如负离子粉等。

5.3.3　无处不在的电磁辐射

以电磁波形式向空间环境传递能量的过程或现象称为电磁波辐射，简称电磁辐射。电磁波有很多种，各种电磁波的波长与频率各不相同。电磁波长与频率的关系可用下式表示：

$$f\lambda = c \tag{5.10}$$

式中，c 为真空中的光速，其值为 2.993×10^8 m/s，实际应用中常以空气代表真空。由此可知，不论电磁波的频率如何，它每秒传播距离均为固定值（3×10^8 m）。因此，频率越高的电磁波，波长越短，二者呈反比例关系。电磁波的频带范围为 $0 \sim 10^{25}$ Hz，包括无线电波、红外线、可见光、紫外线、X 射线、γ 射线和宇宙射线均在其范畴内。

（1）电磁辐射污染

电磁辐射强度超过人体所能承受的或仪器设备所允许的限度时就构成电磁辐射污染，简称电磁污染。这种污染主要分为自然电磁污染和人工电磁污染两种方式。

① 自然电磁污染主要是由某种自然现象引起的，比如常见的雷电，会对飞机、电器设备等造成直接的危害，同时会在从几千赫到几百兆赫的极宽频率范围内产生电磁干扰。另外，地震和太阳黑子活动也会产生电磁干扰。

② 人工电磁污染，来自于人工制造的若干系统或装置与设备，其中又分为放电型电磁辐射源、高频电磁辐射源（大功率电机、变压器等）及射频电磁辐射源（无线电广

播、电视、微波通信等）。这种污染范围很广，成为当前电磁污染主要原因。

　　人类生活在充满电磁波的环境里。电磁波可在空中传播，也可经导线传播。全世界约有数万个左右的无线广播电台和电视台，在日夜不停地发射着电磁波。此外，还有为数很多的军用、民用雷达，无线电通信设备和仪器以及电热毯和日渐进入家庭的微波炉等也在不断地发射电磁波。电磁波的影响可经常感觉到，如会场里扩音器刺耳的叫啸，打电话时与收音机距离过近发出的尖叫，洗衣机、吹风机开动时对电视图像的干扰等。这些都是人为的电磁辐射污染源。

（2）电磁辐射污染的控制

　　为了消除电磁辐射对环境的危害，要从辐射源与电磁能量传播的方向控制电磁辐射污染。通过产品设计，合理降低辐射源强度，减少泄漏，尽量避开居民区设置设备。拆除辐射源附近不必要的金属体（防其因感应而成为二次辐射源或反射微波而加大辐射源周围的辐射强度）以控制辐射源。

　　屏蔽是电磁能量传播控制手段，所谓屏蔽，是指用一切技术手段，将电磁辐射的作用与影响局限在指定的空间范围之内。电磁屏蔽装置一般为金属材料制成的封闭壳体。当电磁波传向金属壳体时，一部分被金属壳体反射，一部分被壳体吸收，这样透过壳体的电磁波强度便大大减弱了。电磁屏蔽装置有屏蔽罩、屏蔽室、屏蔽头盔、屏蔽衣、屏蔽眼罩等。

 **想一想**

　　5.11　目前在国内市场很容易购买到孕妇防辐射服、防辐射眼镜等产品，请调
　　　　　查分析其是否具备防辐射功能？如何具有防辐射作用？

阅读材料

▶扫码扩展阅读◀
固体及其他环境污染与防治

 习题

1. 固体废弃物的来源有哪些？
2. 何为危险废物？危险废物的危险特性有哪些？
3. 工业固废资源化途径主要有哪些？
4. 我国城市垃圾主要分为几类？分类依据是什么？
5. 固体废物的预处理技术有哪些？
6. 固体废物的物化处理技术有哪些？
7. 哪些垃圾适用于生物处理技术？
8. 固体废物的最终处理有哪两种？
9. 简述包装塑料的回收再生流程。
10. 什么是土壤胶体？土壤胶体具有哪些基本特性？
11. 土壤治理技术措施有哪些？
12. 城市环境噪声分为哪几类？

13. 噪声有哪些特征和危害？

14. 大型喷气式飞机噪声功率可达 10kW，当它飞行在 1000m 高空掠过你的头顶时，到达你耳边的声强是多大？声强级是多大？

15. 常见的噪声声学控制技术包括什么？

16. 结合实际谈谈噪声污染的危害，以及控制这些噪声污染的建议和方法。

17. 放射性污染有哪些来源和危害？

18. 电磁辐射污染对人体有哪些危害？

参考文献

[1]　王绍文，梁富智，王纪曾．固体废弃物资源化技术与应用．北京:冶金工业出版社，2003.

[2]　周少奇．固体废物污染控制原理与技术．北京:清华大学出版社，2009.

[3]　程发良，孙成访．环境保护与可持续发展．3 版．北京:清华大学出版社，2014.

[4]　刘天齐．环境保护通论．北京:中国环境科学出版社，1997.

[5]　周国强，张青．环境保护与可持续发展概论．2 版．北京:中国环境出版社，2017.

[6]　李训贵．环境与可持续发展．北京:高等教育出版社，2015.

[7]　钱易，唐孝炎．环境保护与可持续发展．北京:高等教育出版社，2010.

[8]　曲向荣．环境保护与可持续发展．北京:清华大学出版社，2010.

[9]　庞素艳，于彩莲，解磊．环境保护与可持续发展．北京:科学出版社，2015.

[10]　海格．可持续工业设计与废物管理．北京:机械工业出版社，2010.

[11]　崔龙哲，李社峰．污染土壤修复技术与应用科技环境．北京：化学工业出版社，2016.

[12]　曹琪．面向产品生命周期的可持续设计 7R 原则研究．艺术与设计（理论），2018，2（10）：86-88.

[13]　赵依恒，张宇心，许晶晶，等．农村生活垃圾好氧堆肥资源化技术．浙江农业科学，2020，61（1）：186-189.

[14]　骆永明．污染土壤修复技术研究现状与趋势．化学进展，2009，21（2/3）：558-565.

[15]　李思凡，王旭宏，杨球，等．核废料的深埋和储存是如何做到保障安全的，深埋储存后的核废料后续如何处理．中国核电，2019（3）：348-351.

[16]　袁宵梅，张俊，张华，等．环境保护概论．北京：化学工业出版社，2020.

[17]　赵由才，牛冬杰，柴晓利，等．固体废物处理与资源化．北京：化学工业出版社，2019.

[18]　韦元波，吕熹元．核患无穷：核泄漏危机的应对之策．北京：金城出版社，2011.

[19]　吴宜灿，等．辐射安全与防护．合肥：中国科学技术大学出版社，2017.

中　篇

第6章 可持续发展基本理论和实施途径

发展是人类社会不断进步的永恒主题。人类经过了对自然顶礼膜拜、唯唯诺诺的漫长历史阶段之后，通过工业革命铸就了辉煌的文明，进入了信息时代，创造了前所未有的物质财富。当人类沉浸在科技、信息和经济发展带来的累累硕果的喜悦中时，却不知不觉地陷入了自身挖掘的陷阱。种种始料不及的能源短缺和环境问题击破了单纯追求经济增长的美好神话，固有的思想观念和思维方式受到强大冲击，传统的发展模式面临严峻挑战。人类不禁思考：现代工业给我们带来的是什么？科学技术进步，新产品的问世，大数据的渗透，是否都出于一个安全的考虑？可持续发展的思想在人类社会文明进程中是如何形成和发展的？

6.1 源远流长的可持续发展

6.1.1 古代朴素的可持续思想

可持续性是最初应用于保持林业和渔业资源延续不断的一种管理战略。儒家文化是中国传统文化的主流，其代表人物提出"兼爱万物、尊重自然"，荀子认为"万物各得其和而生，各得其养而成"，主张对自然万物施以"仁"。儒家思想包含着丰富的生态学知识，"得养则长，失养则消。方以类聚，物以群分"，阐述了对种群、营养物质流动和季节等规律的认识，追求的目标是"与天地同参"，同时提出了合理开发利用和保护自然环境的思想。春秋时期齐国的宰相管仲，注重发展经济、富国强兵，反对过度采伐，他主张"山林虽近，草木虽美，宫室必有度，禁发必有时"，意思是说山林虽然离得近，草木虽然长得好，但房屋建造必须有个限度，封禁与开发也必须有一定的时间。孟子也提出"不违农时，谷不可胜食也；数罟（gǔ）不入洿池，鱼鳖不可胜用也"。即不要违背农时的规律，那么粮食就不会缺乏；不要用细密的渔网在池塘里捕捞小鱼，这样才会有更多的鱼，要在适当的时间做适当事，注重可持续发展。荀子说："得地则生，失地则死"，体现了保护土地资源的思想。孔子主张"钓而不纲，弋而不射宿"，意为君子用鱼竿钓鱼，而不用大网捕鱼；用箭射鸟，但不射归巢栖息的鸟。在我国春秋时期，自然生态保护就已经受到重视。此外，还有许多重要的思想对可持续发展具有深远的影响。

（1）"道法自然"

几千年前，老子提出："人法地，地法天，天法道，道法自然"，即人效法大地，大地则效法于天，天效法于道，道按照自生本来的状态运行。"道法自然"的理论，蕴含着丰富的生态伦理思想。老子认为可持续发展的本质就是"法自然"，主张人要按照自然规律办事，要抚养和保护万物，生长万物而不据为己有，帮助万物而不恃有功，引导万物而不主宰它们，这是人类最深远和高尚的道德品质，是人类可持续发展的哲学。

（2）"天人合一"

华夏文化的"天人合一"思想起源于西周，把人与自然视为一整体，重视"人与自然的和谐"。《周易》提出："与天地合其德，与日月合其明，与四时合其序，与鬼神合其吉凶，先天而天弗违，后天而奉天时"。又提出"财成天地之道，辅相天地之宜"，"范围天地之化而不过，曲成万物而不遗"。"先天"指的是在自然变化未发生以前加以引导，"后天"指的是遵循天的变化，尊重自然规律。意思是天、地、人是一个统一的整体，人和自然在本质上是相通的，应顺应、尊重自然规律，达到人与自然的和谐相处。

（3）"阴阳消长"

对立互根的阴阳双方的量和比例不是一成不变的，而是处于不断地增长或消减的运动变化之中。就季节变化而言，由夏天至秋天，气候由热变凉，是一个阳消阴长的过程；由冬天至春天，气候由寒变暖，是一个阴消阳长的过程。该思想揭示了物质循环运动的规律，如果没有循环，就不会有生态系统的持续发展。人类社会的物质生产之所以出现问题，主要在于它是线性的非循环过程。按照现代社会"原料-产品-废物"的生产模式，将大量废物直接排放，会造成严重的环境污染和生态破坏，出现不可持续发展的局面。实现可持续发展，就要学会运用"阴阳消长"的规律，设计社会物质生产的物质循环利用系统，实现废物利用并避免环境问题的产生。

（4）"和而不同"

西周末年，周太史史伯提出了"和实生物，同则不继"的思想，意为有差异的统一，才能使事物生长变化；而取消差异的简单的同一，则不能使事物得以发展。他还认为世界是丰富多彩的，并不是单一的。多样性是世界的基本特征，地球上所有生灵都以多样性为持续和生存的条件。这种思想为生态多样性保护思想的产生和发展奠定了基础，对可持续发展具有重要意义。

 **想一想**

　　6.1　古代朴素的可持续发展思想的精髓是什么？对你的生活、成长经历是否有指导作用？

6.1.2　现代绵延的可持续发展理论

18 世纪西方工业革命浪潮席卷全球以来，生产力发展突飞猛进，人类创造出前所未有的物质文明和精神文明。然而，这种发展却犹如一把利剑的双面刃，在向贫困和落后开战的同时，也刺伤了地球。发展带来的破坏性，把人类逼入了窘境，同时也促使全人类的觉醒并采取行动。现代可持续发展理论的产生正是源于人们对越来越严重的环境问题的热切关注和对未来的希望。

（1）对传统行为和观念早期反思的《寂静的春天》

随着工业革命的不断深入和环境污染的日趋加重，出现了一系列危及人类生存与发展的灾害。1962 年，美国海洋生物学家蕾切尔·卡逊（Rachel Carson）发表了环境保护科普著作《寂静的春天》。在这本书中卡逊描写了因过度使用化学药品和肥料而导致环境污染和生态破坏，最终给人类带来不堪重负的灾难，同时阐述了农药对环境的污染，

运用生态学的原理分析了化学杀虫剂给人类赖以生存的生态系统带来的危害。她告诉人们：“在人对环境的所有袭击中，最令人震惊的是，空气、土地、河流以及大海受到各种致命化学物质的污染。这种污染是难以恢复的，因为它们不仅进入了生命赖以生存的世界，而且进入了生物组织内。”书中最后一章她向世人呼吁，我们正站在两条道路的交叉口上。我们长期以来行驶的道路，容易被人误认为是一条可以高速前进的平坦、舒适的超级公路，但实际上，这条路的终点却潜伏着灾难，而另外的道路则为我们提供了保护地球的最后唯一的机会。虽然卡逊没能确切告诉我们这“另外的道路”究竟是什么样的，但《寂静的春天》就像是黑暗中的一声呐喊，唤醒了广大民众，孕育出现代环境保护的土壤和萌芽。

（2）引起世界反响“严肃忧虑”的《增长的极限》

1972 年，非正式的国际协会罗马俱乐部通过深入探讨和研究，将第一份报告——《增长的极限》公之于世。该报告对长期流行于西方的高增长理论进行了深刻反思，阐明了环境的重要性以及资源与人口之间的基本联系。报告认为：世界人口增长、粮食生产、工业发展、资源消耗和环境污染这五项基本因素的运行方式是呈指数增长的，在下世纪某个时间段内全球的增长将会因粮食短缺和环境破坏达到极限。要避免因超越地球资源极限而导致世界崩溃的最好方法是限制增长，即“零增长”。

《增长的极限》一经发表，就在世界上引起了极大的反响，对人类前途的忧虑促使人们密切关注人口、资源、环境问题。但它提出的解决问题的“零增长”方案在现实世界中难以推行，所以也受到了尖锐的批评和责难。因此，引发了一场激烈的、旷日持久的学术之争。报告也提出了诸多发人深省的问题，极大地推动了日后可持续发展理论的形成和发展。

（3）对环境问题的正式挑战——联合国第一次人类环境会议

联合国人类环境会议于 1972 年 6 月 5 日～16 日在斯德哥尔摩召开，来自世界 113 个国家和地区的代表会聚一堂，共同讨论环境对人类的影响问题。这是世界各国政府共同讨论当代环境问题，探讨保护全球环境战略的第一次国际会议。会议通过了《联合国人类环境会议宣言》（简称《人类环境宣言》），提出和总结了 7 个共同观点和 26 项共

同原则，呼吁各国政府和人民为维护和改善人类环境，造福全体人民，造福后代而共同努力。

联合国第一次人类环境大会唤起了各国政府共同对环境污染问题的觉醒与关注，开创了人类社会环境保护事业的新纪元。尽管大会对整个环境问题的认识还比较粗浅，未能确定解决环境问题的途径，尤其是没能找出问题的根源和责任。但是，各国政府和公众的环境意识，无论是在广度上还是在深度上都向前迈进了一步。宣言对于促进国际环境法的发展具有重要作用。

（4）环境与发展思想的重要飞跃《我们共同的未来》

1984 年 10 月，挪威首相布伦特兰夫人（G. H. Brundland）担任世界环境与发展委员会（WCED）主席。她领导世界环境与发展委员会经过 3 年多的深入研究和充分论证，在 1987 年完成了研究报告《我们共同的未来》，也被称为布伦特兰报告，它以格罗·哈莱姆·布伦特兰的名字命名。

《我们共同的未来》分为"共同的问题""共同的挑战"和"共同的努力"三大部分，论析了人类共同面临的环境与发展问题，正式提出可持续发展的定义，并以此理念为指导呼吁各国政府和人民为经济发展和环境保护制定正确的措施并付诸实践。报告深刻指出，在过去，我们关心的是经济发展给生态环境带来的影响，而现在，我们正迫切地感到生态的压力给经济发展所带来的重大

影响。因此，我们需要有一条新的发展道路，它不是一条仅能在若干年内、若干地方支持人类进步的道路，而是一直到遥远的未来都能支持全球人类进步的道路。这实际上就是卡逊提到的所谓的"另外的道路"，即"可持续发展道路"。布伦特兰夫人的科学观点把人们从单纯考虑环境保护引导到把环境保护与人类发展切实结合起来，实现了人类有关环境与发展思想的重要飞跃。

（5）环境与发展的里程碑——联合国第二次人类环境会议

1992 年 6 月 3 日～14 日，人类第二次环境会议——被称为"地球峰会"的联合国环境与发展大会（UNCED）在巴西里约热内卢召开。共有 183 个国家的代表团和 70 个国际组织的代表参加了会议，102 位国家元首或政府首脑到会讲话。会议通过了《关于环境与发展的里约热内卢宣言》（又名《里约宣言》）《21 世纪议程》和《关于森林问题的原则声明》3 项文件。100 多个国家分别签署了《气候变化框架公约》和《保护生物多样性公约》。其中《关于环境与发展的里约热内卢宣言》是开展全球环境与发展领域合作的框架性文件，是为了保护地球永恒的活力和整体性，建立一种新的、公平的全球伙伴关系的"关于国家和公众行为基本准则"的宣言，提出了实现可持续发展的 27 条基本原则。《21 世纪议程》是"世界范围内可持续发展行动计划"，确定了 39 项战略计划，是全球范围内各国政府、联合国组织、发展机构、非政府组织和独立团体在人类活动对环境产生影响的各个方面的综合行动蓝图。以这次大会为标志，人类对环境与发展的认识提高到了一个崭新的阶段，可持续发展思想被世界上绝大多数国家和组织承认和接受，标志着可持续发

展从理论走向实践。

(6) 第二次"地球峰会"——联合国可持续发展世界首脑会议

2002 年 8 月 26 日～9 月 4 日,在南非约翰内斯堡召开了第一届可持续发展世界首脑会议,数以万计的代表出席了 21 世纪迄今级别最高、规模最大的一次国际盛会。这是继 1992 年巴西里约热内卢举行的首届"地球峰会"后,第二次联合国可持续发展世界首脑会议,以"拯救地球、重在行动"为宗旨,总结了 10 年来实施额持续发展战略的成绩和问题。全面审议《关于环境与发展里约热内卢宣言》《21 世纪议程》及主要环境公约的执行情况,围绕健康、生物多样性、农业、水、能源等五个主题,形成面向行动的战略与措施,积极推进全球的可持续发展。协商通过《约翰内斯堡可持续发展宣言》和《可持续发展世界首脑会议执行计划》。

想一想

6.2 《寂静的春天》是一本引发了全世界环境保护事业的书,你是否读过这本书?读过之后有什么感想?

6.2 深层次认识可持续发展战略

6.2.1 布伦特兰的可持续发展

可持续发展 (Sustainable Development) 是关于自然、科学技术、经济、社会协调发展的理论和战略科学发展观,最早可以追溯到 1980 年由世界自然保护联盟 (IUCN)、联合国环境规划署 (UNEP)、野生动物基金会 (WWF) 共同发表的《世界自然保护大纲》。1987 年以布伦特兰夫人为首的世界环境与发展委员会发表了报告《我们共同的未来》。这份报告正式使用了可持续发展概念,并对之做了系统的阐述,产生了广泛的影响。

简单明了也为最多人接受的一个定义是:"既满足当代人的需求,又不对后代人满足其自身需求的能力构成危害的发展。"来自联合国环境与发展委员会 1987 年的报告《我们共同的未来》。

定义中包含了三个重要的概念:一是"需求",尤其是指世界上贫困人口的基本需求,应将这类需求放在特别优先的地位来考虑;二是"限制",是指技术状况和社会组织对环境满足眼前和将来需要的能力所施加的限制;三是"平等",即各代之间的平等以及当代不同地区、不同人群之间的平等。

想一想

6.3 可持续发展道路的探索上提出了哪些富有启发和很有意义的观点、思想和对策?布伦特兰对可持续发展的定义及其内涵是什么?

6.2.2　未来需要的可持续发展

习近平在 2019 年中国北京世界园艺博览会开幕式上的讲话中给出了答案，"我们应该追求绿色发展繁荣。绿色是大自然的底色。绿水青山就是金山银山，改善生态环境就是发展生产力。良好生态本身蕴含着无穷的经济价值，能够源源不断创造综合效益，实现经济社会可持续发展。"

可持续发展就是促进发展并保证其可持续性，它是以经济发展为核心内容，以自然资源与环境为基础，以环境保护为条件，以改善和提高人类生活质量为目的的一种全新价值观念，人类共同追求的应该是以人类发展为中心的"经济-环境-社会"复合系统持续、稳定、健康的发展，如图 6.1 所示。

图 6.1　人类追求的可持续发展理论

怎样才能实现我们追求的发展？环境、经济、社会，既相对独立，又相互依存。三者任何单方面可持续发展都是不可能的，任何一个方面的非持续发展都会导致其他方面持续发展困难重重，只有各个方面都能持续发展，同时也为别的方面的持续发展创造条件，才能实现真正的可持续发展。因此，经济、环境、社会任何一个方面可持续发展都是非常必要的。

①"经济的可持续性"是指要求经济体能够连续地提供产品和劳务，使内债和外债控制在可以管理的范围以内，并且要避免对工业和农业生产带来的不合理的极端的结构性失衡。

②"环境的可持续性"意味着要保持稳定的资源基础，避免过度地利用资源系统，维护环境吸收功能和健康的生态系统，并且使不可再生资源的开发程度控制在投资能产生足够的代替作用的范围之内。

③"社会的可持续性"是指在不对后代的生存基础和发展能力构成威胁的前提下，为了逐步提高全民的生活质量、生活水准和生活内容，在人口、文化、教育、卫生等社会事业方面得到全面发展。其实现需要通过一系列的机制来保证，如通过分配和机遇的平等、建立医疗和教育保障体系、实现性别的平等、推进政治上的公开性和公众参与等。

更根本地，实现我们所追求的发展还要平衡人与自然的关系。人与自然必须是平衡的、协调的。首先，人是从自然中分化出来的，属于自然界的一部分。脱离自然界的人，同脱离人的自然界一样，都是空洞的抽象的。其次，人作用于自然，自然也反作用于人。人依赖于自然而生存，自然为人类提供必要的生活资料和劳动资料。第三，人与自然的关系是动态变化的关系，人与自然的支配和反支配关系是可以相互转化的，而转化的条件是人认识和征服自然的能力。因此我们要遵循自然规律，与自然和谐相处，否则就会受到自然规律的惩罚。

6.4　随着人口、环境、资源、经济、社会、技术等问题的尖锐化，我们未来要追求的应该是什么样的发展方式？怎样做才能保证人类社会的可持续性？

6.2.3　可持续发展战略基本原则

就可持续发展经济观而言，它主张在保护地球自然生态系统的基础上促进经济持续发展；就可持续发展社会观而言，它主张公平分配，当代人与后代人都具有平等的发展机会；就可持续发展自然观而言，它主张人类与自然和谐相处，共同进化。其中所体现的基本原则如图 6.2 所示。

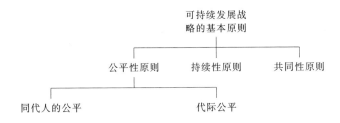

图 6.2　可持续发展战略基本原则

(1) 公平性原则

可持续发展的公平性侧重"权利"，在国际关系上体现为国际公平；在人与自然的关系上强调自然生存权的观念；在有限资源的分配上强调代际公平和代内公平；在区域发展战略上则表现为减少地区差别，促进区域均衡发展。其一包括"共享资源和环境"的公平性，从时间和空间两个维度剖析，包括同代人之间、代际之间、人与生物群落之间、地区与地区之间、部门与部门之间、国家与国家之间，其中任何一方对资源和环境的利用都不能处于绝对支配地位，各代人都应有同样选择的机会空间；其二包括财富分配也要公平合理。贫富悬殊，两级分化的世界难以实现真正的"可持续发展"，所以要给世界以公平的分配权和公平的发展权，在可持续发展进程中消除贫困。

 **想一想**

6.5　对于可持续发展的"公平性原则"中的"公平"你是如何理解的？

(2) 持续性原则

资源环境是人类生存发展的基础和条件，其持续利用和生态系统的可持续性是保持人类社会可持续发展的首要条件。持续性侧重的是"发展"，指人类的经济和社会的发展不能超越资源与环境的承载能力，真正将人类的当前利益与长远利益有机结合。节约资源是保护生态环境的根本之策，扬汤止沸不如釜底抽薪。大部分对生态环境造成破坏的原因是来自对资源的过度开发、粗放型使用。如果竭泽而渔，最后必然是什么鱼也没有了。因此，必须从资源使用这个源头抓起。人类必须建立新的道德观念和价值标准，学会尊重自然、师法自然、保护自然。我国提出的科学发展观把社会的全面协调发展和可持续发展结合起来，要求实现经济发展和人口、资源、环境相协调，保证一代接一代地永续发展。

(3) 共同性原则

共同性侧重的是"义务"，指每个国家地区都有义务坚持全球的可持续发展道路，在环境资源等问题上加以制约。实施主体是国家与国家之间的国际协调与合作。可持续发展关系到全球的发展。尽管各国在发展水平、文化、历史方面存在差异，实施可持续发展战略的步骤和政策也可能存在不同之处，但实现可持续发展这个总目标及应遵循的公平性及持续性两个原则是相同的，最终的目的都是为了促进人类之间及人类与自然之间的和谐发展。因此，致力于达成既尊重各方的利益，又保护全球环境与发展体系的国际协定非常重要。正如《我们共同的未来》中写的"今天我们最紧迫的任务也许是要说服各国，认识回到多边主义的必要性"，"进一步发展共同的认识和共同的责任感，是这个分裂的世界十分需要的。"

　　6.6　可持续发展的最终目的是什么？人类应该如何做才能达到这个最终目的？

6.2.4　可持续发展战略基本思想

　　可持续发展是以保护自然资源环境为基础，以激励经济发展为条件，改善和提高人类生活质量为目标的发展理论和战略，它是一种新的发展观、道德观和文明观。发展与经济增长有根本区别，发展是集社会、科技、文化、环境等多项因素于一体的完整现象，是人类共同的和普遍的权利，发达和发展中国家都享有平等的不容剥夺的发展权利。它是在人们深刻认识到经济和环境存在矛盾后提出的，也是一种立足于环境和自然资源角度提出的关于人类长期发展的战略和模式。其基本思想包括如下几方面。

（1）可持续发展鼓励经济增长

　　经济发展是人类生存和进步所必需的，也是社会发展和保持、改善环境的物质保障。只有通过经济的持续增长，才能不断地增加社会财富、不断提高人们的福利水平。可持续发展不仅要重视经济增长的数量，更要强调经济增长的质量。经济发展包括数量增长和质量提高两部分。数量的增长是有限的，而依靠科学技术进步，提高经济活动中的效益和质量，采取科学的经济增长方式才是可持续的。因此，在工业生产中，从原材料和能源的利用方式、产品设计与生产工艺到消费方式都必须符合可持续原则，要改变过去以"高投入、高消耗、高污染"为特征的生产模式和消费模式，实施清洁生产和文明消费，从而减少每单位经济活动造成的环境压力。经济活动是环境退化产生的原因，所以要解决环境退化问题也必须依靠于经济过程。

（2）可持续发展的标志是资源的永续利用和良好的生态环境

　　"良好的生态环境是最公平的公共产品，是最普惠的民生福祉"，地球上的自然资源是有限的，它们是经济发展的基础。环境容量也是有限的，是人类社会发展的最终极限。可持续发展以自然资源为基础，与生态环境相协调，要求在严格控制人口增长、提高人口素质和保护环境、资源永续利用的条件下，进行经济建设、保证以可持续的方式使用自然资源和环境成本，使人类的发展控制在地球的承载力之内。要实现可持续发展，必须使自然资源的耗竭低于资源的再生速率，必须通过转变发展模式，从根本上解决环境问题。

（3）可持续发展的目标是谋求社会的全面进步

　　可持续发展是人类共同促进自身之间，自身与环境之间的协调，是人类共同的道义和责任。世界各国的发展阶段和发展目标可以不同，但发展的本质应当包括改善人类生活质量，提高人类健康水平，创造一个保障人们平等、自由、接受教育和免受暴力的社会环境。在人类可持续发展系统中，生态持续是基础，经济持续是条件，社会持续是目的。只要社会在每一个时间段内都能保持与经济、资源和环境的协调，这个社会就符合可持续发展的要求。人类共同追求的应当是以人为本的自然-经济-社会复合系统的持续健康的发展。要实现可持续发展的总目标，必须争取全球的共同配合行动。因此，致力于达成既尊重各方利益，又保护全球环境和发展体系的国际协定至关重要。

想一想

6.7　为什么说资源的永续利用和良好的生态环境是可持续发展的标志？

6.3　从摇篮到摇篮的可持续发展

6.3.1　从摇篮到坟墓

"从摇篮到坟墓"是形容欧洲一些发达国家的全民福利政策，即从生出来一生享受国家统一的福利保障。在很多人眼中，环保只是减少废弃物，或者对废弃物进行回收后混合压缩，降级为所谓的再生材料。在混合压缩过程中，常常会产生一些有毒的物质，这样的再生使用其实已不够环保。这就是传统工业设计和单向线性经济发展模式，就是"从摇篮到坟墓"（图 6.3），从原材料开采与加工，产品的生产，产品包装与运输，产品的销售与使用，直至废物产生与处置，工业设计的终端产品不能以养分的形式返回自然，资源无法真正得到安全、循环地利用。技术的先进性和原材料与产品的多样性造成的结果是废物数量持续增加。"从摇篮到坟墓"的物质流程中企业靠大量消耗物质材料进行盈利。有时，企业甚至会巴不得消费者手中的物品早点坏掉，然后向他们推销新产品，因此许多产品具有一次性、不耐久的趋向，这种经济模式对于日益枯竭的自然资源和环保要求而言显然是不利的。

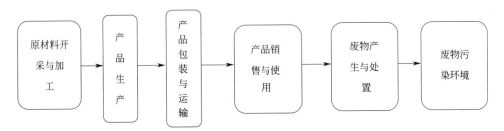

图 6.3　"从摇篮到坟墓"的物质流程

以人类建造一座房屋的过程为例：首先要砍倒树木，把地基上所有东西清除，一直挖到黏土层或者原状土壤层。然后用机械把泥土层夯实成水平面。树木、动植物群被破坏或吓跑，一座座千篇一律的大厦或者楼房拔地而起。这样建造的房子没有考虑：冬季如何利用阳光采暖，如何利用树木挡风、防热御寒，如何保持土壤和水源的卫生安全。现代城镇的规划不是围绕自然或者文化景观开始，只是简单的扩张，在这个过程中清除一切生命，给自然景观铺上一层层沥青和水泥。

还有许多其他工业生产活动也在上演着"从摇篮到坟墓"的过程，这些大规模拙劣的设计造成的生态破坏和环境问题将会危害子孙后代，正将现代工业化文明所取得的成就抹杀，比如粮食增加了，更多的孩子吃饱了，但是这些营养良好的孩子正处在一些能够引起基因突变的物质的危害下，可能会出现白血病、哮喘、过敏症状及其他工业污染引起的并发症。所以，是时候改变工业设计和经济发展的理念了。

 **想一想**

　　6.8　"从摇篮到坟墓"的流程是大多数现代工业所采取的运作模式，你能列举"从摇篮到坟墓"的例子吗？并谈谈你是如何理解人类这种发展模式的？

6.3.2　从摇篮到摇篮

　　作为当今世界生态设计的先锋人物之一，德国化学教授迈克尔·布朗嘉在20世纪80年代，曾尝试以堵工厂烟囱和排污管等激进的方式推动环保运动。此后，他逐渐认识到只有找到一套既能发展经济、创造效益，又能保证生态安全的方案，才能真正达到人类和环境的双赢。

　　在中国天人合一的哲学理念影响下，1991年，布朗嘉教授与美国著名生态建筑师威廉·麦克唐诺合著出版了《从摇篮到摇篮》一书，提出了"从摇篮到摇篮的循环经济设计理念"，他们认为，所有东西皆为养分可回归自然，要从"养分管理"的观念出发，在产品设计阶段就必须仔细构想产品结局，让物质得以不断循环。他们在德国汉堡创立国际环保促进机构，与企业、政府及社会各界合作，积极向世界各地推广"从摇篮到摇篮"可持续发展的全新理念。

　　从摇篮到摇篮的设计是师法大自然的结果。我们都知道，大自然以新陈代谢的方式不断运行着，在这个过程中不存在所谓的废物。例如：一棵樱桃树会从周围环境中吸收养料，满树繁花，硕果累累，供人和动物食用，掉落的叶子和果实没人会觉得资源被浪费了，而是经过自然的分解再度成为养分，培育出新的花朵和果实，并制造出氧气，吸收二氧化碳。樱桃树从自然界中汲取养分，然后又将落叶的养分还给自然。进一步设想人类社会是由樱桃树所繁衍的，我们所要思考的将不再是如何减少资源的浪费、如何减少废弃物的排放，而是考虑如何像大自然一样，提高生态效益，不断循环利用养分，同时不减其本身的价值，甚至还能增值利用。樱桃树的生长不是一种线性单向的、从生长到消亡的发展模式，而是一种"从摇篮到摇篮"的循环发展模式。即一种基于生物模拟的人类工业可持续发展模式，其将原材料视为生物养分，并通过模拟自然生态环境中生物养分的循环代谢过程，建立人类工业中原材料"生产-恢复-再造"的闭合循环代谢过程，从而促成原材料的循环利用，以最终实现人类工业的可持续发展。"从摇篮到摇篮"理念就是实现从线性经济到循环经济的重大转变。关于循环经济具体见8.3.1。

　　麦克唐纳认为，"从摇篮到摇篮"要遵循三个原则。第一，消除废弃物的观念。就像在自然界一般，万物都是养分，没有废弃物的观念，透过摇篮到摇篮设计可使材料与产品在生产、使用以及循环过程中，对人类健康和环境安全有益，最后安全进入生物或工业循环这两个循环系统，还原具有高等品质的材料和产品。第二，使用再生能源与碳管理。再生能源是永不耗尽的。太阳能与太阳能衍生出来的能源，包括风能、水力能、潮汐及生物质能。摇篮到摇篮设计理念主张，与其消极地节能如减少火力、核能等传统发电的用电量，不如积极开发、鼓励再生能源的使用。第三，创造多样性。设计理念提倡自然生态、文化、个别需求以及问题解决方案等多样性。真正能解决问题的方式并非追求效率以减少破坏，而是追求生态效益，更积极地将人类活动对于环境、社会与经济的效益极大化。

"从摇篮到摇篮"可分成两种循环系统：生态循环及工业循环。生态循环的产品由生物可分解的原料制成，最后回到生态循环提供养分；工业循环的产品材料则持续回到工业循环，将可再利用的材质同等级或升级回收，再制成新的产品。设计和制造产品需要的所有材料，都应在无任何质量损失下完全回收，或是在不留下任何有害物质的情况下，被完全生物降解。根据这一原则开发镶木地板、办公椅、清洁剂、纺织品和塑料等，通过生物方法回收再利用纺织品，以避免对其进行焚烧处理。所有服装的原材料与加工材料，如纤维、化学品、缝纫配件等都可通过生物循环的方式进行制备。它们可以降解为生物营养素用来促进植物生长，这些植物长成后又可用作新的产品或原材料。我们要设计的不仅是可被自然吸收的材料，还要进行生物和工艺再循环的设计，比如，新的任务不是设计一辆汽车，而是设计一种"有营养的交通工具"。

要达到人与自然的和谐，必须打破现有的从摇篮到坟墓的工业模式，将所有产品重新设计。未来面向环境因素的新型工业设计理念应该是"绿色设计""生态设计""可循环设计"，更准确的应该称为"可持续设计"。如果这个设计理念能够深入各行各业，并且被做得很好，每个人将会为保证整个人类社会的可持续性作出重要贡献。

制造业企业生产的产品零部件可以达到 90% 以上的回收利用，就是"从摇篮到摇篮"的企业表现。

案例一，日本富士施乐生产的复印机、打印机在报废后，可以被回收、拆解为 56 个类别的零部件和原材料，小到复印机使用的硒鼓中的轴线都能被拆解出来。经过分选、修复等特殊流程，符合质量标准的零部件，将与新品零部件一起被送上产品生产线，用来组装新产品；不符合质量标准的零部件，会被送去进行再处理变成原料。一台打印机中的材料循环利用率可以达到 96%。

案例二，萧氏地毯是全球领先的地毯和地毯纤维生产商、地毯回收商。为废旧地毯"安排"了完善的循环利用系统。被回收后的废旧地毯能在萧氏的工厂内，根据不同面料和底背成分加以处理，其中 85% 的地毯直接被再制作成地毯产品，14% 的产品降级循环成其他产品，1% 的产品直接转为能源使用。收到一张节日贺卡后，你会怎么做？大部分人会这样：将贺卡保留几个星期，然后丢入垃圾桶。萧氏多年来致力于这样一件事儿：为自己的合作企业设计了一种由聚丙烯塑料制成的贺卡，每年合作企业会将这种贺卡邮寄给客户，并附赠信封与回程邮资。当客户欣赏完贺卡后，可以按照贺卡上的地址回寄给萧氏，萧氏会将这些贺卡回收，并作为一种地毯的生产原料再次投入生产。这样做是为了向社会推广一种"从摇篮到摇篮"的循环经济理念。许多美国名人和政客都是因为这张小小的贺卡才开始了解这种理念。

制造业企业从传统的售卖产品转向售卖服务，也是循环经济"高段位"的一种表现。"循环经济的最高境界是'只求使用不求拥有'，生产者的目的是创造价值，消费者的目的是享受效用。"

案例一，上海世博会上，德国不莱梅的"汽车共享"系统曾给很多人留下深刻印象。作为汽车制造的中心城市之一，不莱梅在空气污染、能源消耗、二氧化碳减排等方面承担了巨大压力，当地实施了一套"汽车共享"系统，让顾客可以打电话或者从网上预订共享车辆，以减少私家车的使用。最近，德国汽车制造商戴姆勒的一家子公司 Car2Go，则把这一共享理念往前更推进了一步。顾客不用提前预订就可以拿到这家企业运营网络中的任何一辆汽车。用完后，顾客可以随意停在系统内任何一个免费停车区域。

 **想一想**

　　6.9　以"资源-产品-再生资源"为流程的物质非单向流动的经济方式指的是什么经济方式？发展这样的经济方式有什么优点？它的基本原则是什么？

6.4　可持续发展的三重底线

6.4.1　认识三重底线

　　在商界，术语"底线"指的是在投资或者经济资本上的回报。底线总是包括最大限度赚取利润。然而，今天的底线却不只是高效的生产力和巨额利润，企业成功的另一个衡量标准是，是否很好地保护了地球环境。那么，企业如何在经济和环境的可持续发展之间找到一个平衡点，去创造更大的可持续发展空间和新的对公关系呢？1997年，国际可持续发展权威、英国学者约翰·埃尔金顿（John Elkington）最早提出了三重底线的概念，他首先基于如下假定：企业对更广泛的社区负有责任，而不仅仅对他们的股东。进而形成这样一个思想：企业需要通过使用一系列可衡量的业绩指标，来衡量和展示其"可持续性"，由此产生了"三重底线"。这个概念认识到存在其他两种形式的资本即自然资本和社会资本的贡献，它们也应该收到"投资回报"。

　　何谓三重底线？简而言之，以经济、社会和环境效益为基础的使企业成功的三项措施被称为三重底线（Triple Bottom Line，TBL），意即企业必须履行最基本的经济责任、环境责任和社会责任，该词被用作衡量和报告企业绩效与经济、社会和环境参数的框架。表示三重底线的一种方法是采用图6.4所示的重叠圆圈。经济一定要健康发展，即年度报告需要表现出盈利。但经济还与社区有关，社区成员需要健康，反过来，社区健康需要健康的生态系统。因此，图中三个圆圈相互连接。这些圆圈的交叉处表示满足三重底线的条件。

　　更确切地说，公司应该准备以下三种不同的底线：其一是传统的企业利润衡量标准——损益账户的"底线"；其二是一个公司的"人员账户"底线——对组织经营期间社会责任的某种形式的衡量标准；其三是公司的"星球"账户底线——对公司环境责任的衡量标准。这就是说，一个企业何以能持续发展，立于不败之地？最重要的不是只想着如何实现盈利的最大化，而是始终坚持企业盈利、社会责任和环境责任三者的统一。

　　企业社会责任是指在创造利润、对股东和员工承担法律责任的同时，还要承担对消费者、社区和环境的责任，要求企业必须超越把利润作为唯一目标的传统理念。企业的社会责任不单纯是捐赠和慈善事业，更广泛的内涵，既包含遵守法律、善待员工，也包含提供优质的产品和服务，满足社会需求。

　　企业环境责任是指根据人在环境中所处地位在对环境整体维护中应承担的责任，比如污染者付费、开发者保护、利用者补偿、破坏者恢复。企业在生产经营过程中，在产品设计、材料选购、工艺制造、成品出厂等所有活动和过程中，严格按国家标准，注重减少污染和保护环境；在建设项目时，严格按照法律规定对项目进行环境评估，遵循环境影响评价制度；提高企业生产资源利用率，科学合理地利用自然资源，提高自然资源回收利用率；对可能对环境造成损害的产品，应当积极采取预防补救措施，注重研发无害于环境和人体健康的产品。

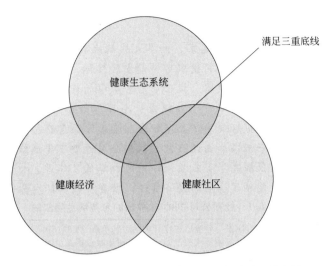

图 6.4　三重底线的表示（三者重叠区实现了三重底线）

三重底线也被缩写为 3Ps，意为：利润（Profit），人（People）和地球（Planet）。它的目的是衡量一段时间内，一个企业在财政、社会和环境诸方面的表现。图 6.4 中任何一个圈子发生危害最终都将转化为对企业的伤害。相反，取得的成功可以马上并在未来为企业提供竞争优势，企业可以赚取更大的利润。

"三重底线"意味着将传统公司报告框架扩展，不仅考虑财务结果而且还有环境和社会业绩，这些正是可持续发展力的核心内容。同时，企业可以通过使用更少的能源和资源，产生更少的废物，获得良好的宣传效应，达到三赢目的。之所以强调企业的环境责任，是因为我们深深体会到环境的脆弱性和对人类的重要性。没有良好的环境，任何产品的消费都是低质低效的；没有资源的节约和循环使用，别说是企业，人类的进步也难以维系。

6.10　你是如何理解三重底线中企业盈利、社会责任和环境责任这三者关系的？

6.4.2　三重底线的最佳实践

当前，社区越来越坚持企业应该获得一个"运行的社会许可证"，越来越多的利益相关者要求企业管理层考虑更大的社会责任，而不仅仅关注对投资者的财务回报。例如，关注矿业活动引起的水污染；关注在"原始森林"中的伐木；关注企业政策对本土文化和习俗的影响，关注银行关闭分支机构而影响小城镇和市区居民的生活便利等。在实践中如果单纯追求盈利，忽略社会和环境责任，企业就有可能走向消费者和全社会的对立面，将面临无源之水、无本之木的困境。如今，无论大小型企业都需要调整其经营策略，注重减少废物产生和自然资源使用，加强员工的安全和福祉，注重公众对环境和社会的关注，并对于潜在的可持续发展的利润采取务实的态度。

读一读

美国杜邦公司以制造火药起家，世界大战结束后，先后发明了尼龙、橡胶、聚合物等广泛使用的材料。公司追求可持续发展目标，发展了一套包涵经济、环境和社会责任的可持续发展战略，提出了表6.1中的可持续发展实践。杜邦在发展的过程中，设定了很多要求，例如提出一个目标为零的战略，追求零的事故，追求零排放，如何做到循环使用，在保护自然资源方面怎么提供多样性，这些指标在全球各地都有统一标准。由此可见，杜邦公司遵循三重底线的可持续发展战略是卓有成效的，不仅提高了营业收入，同时也降低了能源、材料的消耗，减少了温室气体的排放，兼顾了企业的经济责任，社会责任和环境责任。

表 6.1　杜邦公司 2007 年提出的可持续发展实践

环境、能源及气候	通过努力研发与环境适应性有关的市场机遇；到 2015 年，通过为客户提供能效高、大幅减少温室气体排放的产品，杜邦公司年收益将至少增加 20 亿美元
安全	防护产品：将增加研发投入，用于开发推出保护人们免受伤害和威胁的新产品。到 2015 年，将推出至少 1000 种新产品或新服务
农业与食物	利用先进的植物基因工程技术，开发出产量更高、品质更好、更有营养和更适合特殊用途的粮食作物，从而大大改善世界粮食供给
楼宇与建筑	杜邦特卫强（Tyvek）Weatheriation 系统在成百万上千万家庭中，用于防水、防潮和密封用途
通信	杜邦技术运用在消费品类电子产品的小型燃料电池上，从而用更少的能量为笔记本电脑和移动电话提供持续的电源支持
运输	通过与英国石油公司的合作，正开发新一代生物燃料，采用含糖农业副产品制造生物燃料，研发可以提高可替代燃料生产和汽车燃油效率的植物种子
温室气体排放	1990 年至今，杜邦公司全球温室气体排放以 CO_2 等同量为衡量标准，降低了 72％，2015 年，还将至少减少 15％
水资源保护	未来 10 年里，在联合国全球江河流域分析后认定为可再生淡水资源紧缺或紧张的地区内，在上述地区内生产设施的水消耗量至少降低 30％
空气致癌物	1990 年至今，杜邦公司全球空气致癌物质排放降低了 92％，远低于法律规定要求
独立审核	2015 年，杜邦公司将确保其全球所有的生产设施，就环境管理目标和系统的有效性，全部通过独立的第三方审核

 读一读

华为发布《2018 年可持续发展报告》，实现碳减排 45 万吨。报告主要分为可持续发展管理愿景与使命召唤下的行动、数字包容、安全可信、绿色环保、和谐生态五个方面。华为从经济责任、环境责任和社会责任"三重底线"出发，结合 17 个联合国可持续发展目标，梳理出其作为一家全球领先的 ICT 基础设施和智能终端提供商应该聚焦的四个主要领域：数字包容、安全可信、绿色环保、和谐生态。

关于数字包容方面，华为"Three-Star"解决方案助力连接 1 亿农村人口，华为 Mobile Money 服务全球超过 1.5 亿用户，华为 ICT 学院已覆盖 60 多个国家和地区的 557 所高校，"未来种子"项目十周年，共有 108 个国家和地区 4700 多名学生来到华为参加学习。

关于安全可信方面，保障了全球 30 多亿人口的通信畅通，为 170 多个国家和地区 1500 多张网络提供 7×24 小时技术服务，与全球 3400 多家供应商签署网络安全协议，主力产品获得 11 个国际相关安全认证。

在绿色环保方面，华为产品解决方案节能 10％～15％，6 款手机产品获得最高等级 UL110 绿色认证，退货产品再利用率达到 82.3％，落实约 9.32 亿 kW·h 清洁能源电量，实现碳减排约 45 万吨。

在和谐生态方面，华为全球员工保障投入超过 135 亿人民币，在 130 多家子公司任命和培养合规官，全球通过华为 Safety Passport 认证，全球开展 177 个社区公益项目。

 **想一想**

6.11　你能列举一些其他企业践行三重底线的例子吗？如果你是一名企业的老板，将如何带领你的企业坚守三重底线呢？

6.5　地球人的生态足迹

6.5.1　生态足迹

生态足迹（Ecological Footprint，EF）也称为生态占用，由加拿大生态经济学家里斯（Willian E. Rees）于 20 世纪 90 年代初提出。生态足迹是指能够持续地提供资源或消纳废物的具有生物生产力的地域空间，更进一步讲是指要维持一个人、一个城市、地区、国家或者全球的生存所需要的或者能够消纳人类所排放的废物的具有生态生产力的地域面积。通过生态足迹需求与自然生态系统的承载力（亦称生态足迹供给）进行比较即可以定量地判断某一国家或地区目前可持续发展的状态，以便对未来人类生存和社会经济发展做出科学规划和建议。

（1）生态生产性土地

所谓生态生产性土地，就是指具有生态生产力的土地或水体，是生态足迹分析方法的度量基础。不同的生态系统，具有不同的生态生产力。根据生产力大小的差异，地球表面的生态生产性土地可分为 6 大类：耕地、林地、草地、水域、建筑用地、化石能源用地（吸收化石燃料燃烧过程中排放出的 CO_2 所需的林地面积）。

（2）生态足迹计算方法

在计算过程中，首先要识别并度量出经济活动所消耗的自然资源和所排放的废弃物，再进一步折算成相对应的生态生产性土地的面积。在从自然资源向生态生产性土地折算时，为了使计算结果具有可比性，一般需要采用全球通用的折算系数。所以，生态足迹的单位一般为全球公顷（Global Hectare）。

应将 6 类生态生产性土地进一步进行加总。因为土地的类型不同，土地的生产能力存在很大差异，所以为了方便比较和汇总，在实际处理过程中需要将不同类型的土地按当量因子予以处理，见表 6.2。

表 6.2　不同土地类型的当量因子（以全球土地的平均生产力为基准）

土地类型	耕地	林地	草地	建筑用地	水域	化石能源用地
当量因子	2.64	1.33	0.50	2.64	0.4	1.33

计算公式表示如下：

$$EF = \sum_{j=1}^{6} A_j \times EQ_j = \sum_{j=1}^{6} \left[\left(\sum_{i=1}^{n_j} \frac{C_{ij}}{EP_{ij}} \right) \times EQ_j \right] \qquad (6.1)$$

式中   EF——一定时期一定空间范围内经济活动总的生态足迹；

A_j——第 j 类生态生产性土地的面积；

EQ_j——当量因子；

EP_{ij}——全球平均的单位 j 类型土地第 i 种资源的量；

C_{ij}——与 j 类生态生产性土地对应的 i 种资源消费量；

n_j——表示与第 j 类生态生产性土地对应的资源共有 n_j 种。

（3）生态承载力

生态足迹研究者将一个地区所能提供给人类的生态生产性土地的面积总和定义为该地区的生态承载力（Ecological Capacity，EC），其度量单位与生态足迹相同，即全球公顷。

不同地区的土地生产力一般不会等于全球平均的生产力，为了得到以全球公顷度量的生态承载力的量，需要加入与本地相应的产量因子加以调整。产量因子的含义是单位本地区某类土地的生产力与全球该类土地生产力的比。

$$EC = \sum_{j=1}^{6} B_j \times EQ_j \times YF_j \qquad (6.2)$$

式中   EC——特定地区的生态承载能力；

B_j——该地区某类生态生产性土地的面积；

EQ_j——当量因子；

YF_j——产量因子。

（4）生态赤字与生态盈余

当一个地区的生态承载力小于生态足迹时，出现生态赤字，其大小等于生态承载力减去生态足迹的差；当生态承载力大于生态足迹时，则产生生态盈余，其大小等于生态承载力减去生态足迹的余数。

生态赤字表明该地区的人类负荷超过了其自然生态承载的能力，为了满足消费的需求，需要从区域外输入产品或资源，或者降低本地区的生物资本储蓄。这说明该地区的发展模式处于相对不可持续状态，其不可持续的程度用生态赤字来衡量。相反，生态盈余则表明地区的生态承载能力足以支撑其人类负荷，地区内自然资本的收入流大于人口消费的需求流，地区自然资本总量有可能得到增加，地区的生态容量有望扩大，该地区的消费模式具有相对可持续性，可持续程度用生态盈余来衡量。

 想一想

6.12   一个地区生态承载力和生态足迹之间是怎样的关系？生态赤字与生态盈余之间是怎样的关系？如何说明地区发展模式是可持续的？

  案例：减少生态足迹在行动

工业化和城镇化早期，瑞士曾经历过环境破坏的阵痛。然而，通过法律与经济等手段综合治理，瑞士不仅赢得了花园之国的美誉，更成为全球最具竞争力的国家之一。瑞士每年都会投入 50 亿至 100 亿瑞士法郎进行环境基础设施建设。这笔资金仅仅靠政府是无法解决的，动员企业力量，并建立严格的监管体系。同时，瑞士围绕精密仪器制造产业、与环境更为密切的医药保健和养生

产业、以人为本的精细化旅游业、环保产业和清洁能源产业进行突破。以瑞士英格堡为例，当地 400 多万人口的近 80％ 就职于第三产业。旅游业的发展对于当地经济，尤其是当地农业的发展很有帮助。瑞士农民在夏、秋季时，会将精力放在农业工作上，而在冬天农闲时，会为一些旅游公司做短期工，提供场地看守、滑雪指导等服务。这种季节性的旅游岗位，不但为农民提高收入，也增加了当地劳动力利用率。

6.5.2　水足迹

(1) 什么是水足迹？

当你喝下一杯牛奶，需要地球"挤"出多少杯水？一杯咖啡到底有多少水足迹？水足迹是指在日常生活中公众消费产品及服务过程所耗费的看不见的水，是一个国家、一个地区或一个人，在一定时间内消费的所有产品和服务所需要的水资源数量。形象地说，就是水在生产和消费过程中踏过的脚印。此概念最早由荷兰学者阿尔杰恩·胡克斯特拉于 2002 年提出，其完整概念包括"国家水足迹"和"个人水足迹"两部分。

▶扫码扩展阅读◀

清楚你的水足迹

国家水足迹是指生产该国居民消费的物品和提供服务所需的水资源总量，包括用于农业、工业和家庭生活的河水、湖水、地下水（地表水和地下水）以及供作物生长的雨水。国家水足迹由两个部分组成，一部分是内部水足迹，即生产和提供用于国内生产消费的物品和服务的过程中所需要的水资源量；另一部分是外部水足迹，即消费进口物品产生的足迹。

核算国家水足迹常用方法有自上而下和自下而上两种。自上而下法中计算方法为：

国家水足迹＝国家内部水足迹＋虚拟水进口量－虚拟水出口量

其中：国家内部水足迹＝本国生产且用于国内的产品数量×本国生产的产品水足迹；

虚拟水进口量＝生产地产品水足迹×进口产品的数量；

虚拟水出口量＝本国产品水足迹×出口产品数量。

虚拟水不是真正意义的水，而是以"虚拟"的形式包含在产品中的看不见的水。

自下而上法是基于消费者水足迹的计算方法，其计算方法为：

国家水足迹＝个人直接水足迹＋个人间接水足迹

其中：个人直接水足迹指个人在日常生活中直接消耗和污染的淡水量，个人间接水足迹等于个人消耗的所有产品的数量与各自的水足迹的乘积。

个人水足迹是指一个人用于生产和消费的总水量，它反映个人消费的商品与服务相关的淡水消耗与污染量以及消费产品内所包含的水足迹。人类作为水消耗的主体，个人水足迹研究对于水资源利用具有重要意义。计算方法是将所有产品和服务的虚拟水含量计算在一起。

(2) 水足迹核算的分类

水足迹的核算考虑了直接用水和间接用水，按照水源类型、污染类型等角度，主要包括"蓝水足迹""绿水足迹"和"灰水足迹"。

蓝水足迹指消耗使用淡水水体的水资源量。蓝水资源可分为地表水、更新地下水和深层地下水。蓝水足迹衡量的是一段时间内消耗（即不能直接回收到原流域）的可用水量。对产品讲，指产品系统生产过程中对蓝水资源（地表水与地下水）的消耗量。

绿水足迹是雨水经由降水停留在土壤含水层或经由植物根系吸收进入农作物的水资源量，以及通过植物蒸腾作用从地表损失的水资源量。与生态用水和农业紧密联系，绿水有益于作物生长。

灰水足迹是以现有环境水质标准为基准，为使污水排放的水质达到安全标准，用于稀释所排放的污染物所需的水量。灰水足迹越高，表明产生的污染物量越大。

（3）水足迹与节水

水足迹这个指标让我们更多地关注日常生活中公众消费产品及服务过程所耗费的那些看不见的水。作为消费者，可以减少直接水足迹——主要是通过个人的行为和节水措施节约用水。一般来讲，消费者的间接水足迹要远大于直接水足迹。如何减少间接水足迹？用水足迹比较少的消费产品代替水足迹比较大的产品。首先，可以少吃肉类多吃蔬菜。因为动物会消耗大量的农作物、饮用水和生产服务水。比如，一个汉堡的水足迹为 2400 升，一个鸡蛋的水足迹为 135 升，一个苹果则仅为 70 升。豆奶的水足迹仅为牛奶的 28%，而大豆的水足迹仅为牛肉的 12%。肉食者每日人均用水量约 4265 升，素食者日人均用水量约 2654 升；其次，用茶来代替咖啡；或者穿人造纤维的衣服代替棉质衣服。有研究表明，如果一对爱好肉食的夫妻不吃牛肉而转为鸡肉，每年他们减少的水足迹会减少 45000 升。研究人员收集了英国、法国和德国三个国家 43786 个不同地区，如果改变现有的饮食方式，转向为含肉的健康饮食（糖、肉类和动物脂肪的比例小些，吃更多的蔬菜和水果）、鱼素主义（进食以鱼为主的海鲜）和素食主义，饮食所消耗的水量都大大降低了。其中含肉的健康饮食的水足迹下降 11%～35%，而鱼素主义和素食主义的水足迹下降 33%～55%。

当然，不一定非要不吃牛肉或者变成素食主义者，而是拓宽饮食结构同时选择那些更少水足迹的食品。但是，在选择低水足迹的产品时，消费者需要更多的信息做决定。这就需要生产者对产品的生产过程对水的消耗和污染信息更加透明化，比如水足迹等可以展示在产品标签或者公布在网站上，这样更有助于消费者进行选择，但需要政府、社会与消费者的共同努力。从水足迹角度节约水资源看，增加果蔬比例、减少食物浪费、减少加工食品、食用经认证的食品是应该推广的。

（4）关注你的水足迹

除了某一单项服务或产品的水足迹外，我们还可以算算自己的个人水足迹。登录荷兰特文特大学开发的水足迹计算网站在"你的水足迹计算器"页面，只需选择国籍、性别和饮食方式，填写年收入，内容包括刷牙、淋浴、日常食物消费等各项用水内容，就可以比较准确地算出自己每天、每月或是每年的水足迹了。你还可以在网站上根据自己的生活习惯，计算出个人每年所消耗的虚拟水。如果一个人一身 T 恤、牛仔裤，走进餐厅，点一份牛排、一杯饮料。神不知鬼不觉，就已经用掉将近 3 万升水。这些水，可以装满 150 个浴缸，够让一个人舒舒服服用上 100 天。水足迹现已被联合国等机构用来评估粮食和消费品在生产和运送过程中，究竟消耗多少水资源。帮助个人计算自己的水足迹，能够让我们了解生活中虚拟水的用量，改变人们的水消费观和水价值观，建立水危机意识，提高节水意识，采用简单有效的方式如缩短淋浴时间、改变饮食结构等方式，促进人人投入水资源保护的行列中。

 **想一想**

6.13 改变你的生活消费方式对水足迹有什么影响？你可以为减少水足迹做哪些事情？

 **练一练**

6.1　想知道你每天消耗了多少水足迹吗？根据下表数据，算一算你的水足迹吧。

食物	水足迹	食物	水足迹
1 个 100 克的苹果	70 升	1 杯咖啡	140 升
1 杯 200 毫升的苹果汁	190 升	1 杯 250 毫升的啤酒	75 升
1 公斤大麦	1300 升	1 公斤玉米	900 升
1 公斤牛肉	15500 升	1 升牛奶	1000 升
1 公斤鸡肉	3900 升	1 个汉堡	2400 升

6.5.3　碳足迹

(1) 认识碳足迹

碳足迹是指企业机构、活动、产品或个人通过交通运输、食品生产和消费以及各类生产过程等引起的温室气体排放的集合。以二氧化碳当量为单位计算。它描述了一个人的能源意识和行为对自然界产生的影响，号召人们从自我做起。它表示一个人或者团体的"碳耗用量"。"碳"是指石油、煤炭、木材等由碳元素构成的自然资源。"碳"耗用得越多，导致地球暖化的元凶 CO_2 也制造得越多，"碳足迹"就越大；反之，"碳足迹"就越小。按产生方式或重要性程度，碳足迹可分为第一和第二碳足迹。

第一碳足迹，也称主要碳足迹或直接碳足迹，是指生产生活中直接使用化石能源排放 CO_2（等价物）的消耗量，需要直接加以控制。如飞机是最大碳排放制造者，一个经常坐飞机出行的人会有较多的第一碳足迹，因飞机飞行会耗大量燃油，排出大量 CO_2。

第二碳足迹，也称次要碳足迹或间接碳足迹，指消费者使用各类产（商）品或某项服务时，在生产、制造、使用、运输、维修、回收和销毁等整个生命周期内，释放出的 CO_2（等价物）总量，即间接排放 CO_2。如消费一瓶普通瓶装水，会因其生产和运输过程中产生的 CO_2 排放而带来第二碳足迹。制造企业在其供应链（采购、生活、仓储和运输）中，仓储和运输会产生大量 CO_2（即第二碳足迹）。

按应用层次类型，可将碳足迹分为个人碳足迹、产品碳足迹、企业碳足迹、国家/城市碳足迹。

个人碳足迹是指个人在其社会生活与生产中所产生并排放到环境中的 CO_2 排放量（或 CO_2 当量排放量）。造成煤、石油、天然气等燃烧的活动包括日常生活中的做饭、取暖、汽车、火车、飞机等交通工具使用，用电等都会造成 CO_2 的排放（碳足迹）。碳足迹计算器可以根据家庭人口数，能源消耗量以及日常生活方式等来计算各项居家生活的碳排放。碳足迹计算功能包括日常各种交通方式，家庭或办公一般能源消耗以及供暖的 CO_2 排放量等。例如你一天乘坐公交车 1 公里，产生的 CO_2 换算为 0.012800898 千克。家庭用电 10 千瓦时，产生的 CO_2 为 190.5213376 千克。这样下来，就需要种植一棵树来抵消你所产生的碳足迹对环境的影响。

产品碳足迹主要通过生命周期评价方法进行分析，是指产品或服务的整个生命周期中所产生并排放到环境中的 CO_2 排放量（或 CO_2 当量排放量）。

企业碳足迹主要通过投入产出法进行分析，是指在企业所界定的范围内所产生并排放到环境中的 CO_2 排放量（或 CO_2 当量排放量）。企业碳足迹相较于产品碳足迹，还包括非生产性活动，如相关投资的碳排放量，也是企业碳足迹所需计算的范围。

国家/城市碳足迹，着眼于整个国家的总体物质与能源的耗用所产生的排放量，并着眼于间接与直接，进口与出口所造成排放量的差异分析，以检查此类碳遗漏是否符合环境正义的原则。

（2）碳足迹与低碳经济

低碳经济是指以低能耗、低污染、低排放为基础的经济模式，其实质是通过能源高效利用、清洁能源开发、实现企业的绿色发展。这种经济模式不仅意味着企业要加快淘汰高能耗、高污染的落后生产能力，推进节能减排的科技创新，同时也要求企业以身作则，引导员工和公众反思哪些习以为常的消费模式和生活方式是浪费能源、增排污染的不良行为，从而充分发掘行业和生活消费领域节能减排的巨大潜力。

世界范围内，很多知名企业已将"低碳经济"和"碳足迹"作为衡量企业社会责任、实现企业新飞跃的发展方向。我国很多企业的发展思路和理念与之相符合。比如，快速电梯"绿色公司人"的发展理念有两层含义：一是对外企业为消费者提供"节能、环保"的产品和高效便捷的后期维护；二是对内在企业内部打造绿色生产环境，使"人人有环保观念，人人参与环保"，通过企业和员工的共同努力，打造绿色环境。

（3）擦去"碳足迹"

CO_2 是全球变暖的罪魁祸首，别以为这只是工厂或汽车排放的，我们生活过程的每一步，都会留下或轻或重的"碳足迹"。比如，你中午在麦当劳吃了一个汉堡包，等于制造了 3.1kg CO_2 排放量；你每天用的电脑，一个月就会产生 83.25kg CO_2 排放量；你从广州到巴黎坐一趟飞机，更会造成 2000kg 多 CO_2 排放量。

理论上，树木每增长 1 立方米，能吸收 1.83 吨 CO_2。按照全球人均 4.18 吨 CO_2 排放量，每人每年需植树 1 亩，方可补偿自己的 CO_2 排放量。据估计，森林吸收了大气中超过 50% 的 CO_2，世界森林生物量的碳储存量达 283 千兆吨。但是，地球土地资源有限，大量种树环境需要综合治理，全部植树也可能引发新的生态失衡比如大量施肥会导致的污染等。因此，通过灵活多样的其他方式去补偿，比如"世界自然基金会"（WWF）在 2007 年发起一个倡议，呼吁所有参加北京奥运会的运动员通过购买"碳信用额"，来抵消自己乘坐飞机所排放的 CO_2（人均 4 吨）。公众购买的"碳信用额"费用将由环保组织统一支配，用于投资新型清洁能源或处理环境污染等多种国际项目，或是阿拉斯加、马达加斯加或土耳其的某个风力发电项目，或是厄立特里亚或哥斯达黎加的某个太阳能项目，或是印度的某个养牛场的沼气池，都可作为"碳信用额"的投资对象。

我们更应该从源头做起，不仅对自己的碳排量负责，更能自觉地在生活中每一个细节里减少碳排量，减少污染和浪费。尽量避免因为虚荣而开大排量汽车，空调温度过低，洗澡时让水白流，随意开着电视机，使用能耗过高的冰箱、电脑、手机等，在任何环节选择"低碳生活方式"，才能够切实可行地控制自己的碳排放。

想一想

6.14　日常生活中，如何选择绿色的方法使用绿色产品助力"碳中和"？讨论如何实现"低碳生活方式"？

练一练

6.2　参照下表算一算你的碳足迹吧！

单位：$kgCO_2e$

日常行为类型	参考数据	日常行为类型	参考数据	日常行为类型	参考数据
办公室冷气每个人	8.000	用 1kg 天然气	3.00	熨衣服	0.020
家庭冰箱每个人	0.650	乘高铁 1km	0.05	热水澡	0.420
骑自行车 1km	0.055	乘公交车 1km	0.08	用 1 度电	0.625
乘电梯 1 层楼	0.218	燃 1kg 纸	1.46	用 1t 水	0.194
开冷气机 1h	0.621	燃 1kg 木炭	3.70	听收音机 1h	0.006
开节能电灯泡 1h	0.011	外食 1 个便当	0.48	听音响 1h	0.034
开钨丝灯泡 1h	0.041	食 1kg 牛肉	36.4	看电视 1h	0.096
开电扇 1h	0.045	耗 1L 汽油	2.24	弃 1kg 垃圾	2.060
用笔记型电脑 1h	0.013	耗 1L 柴油	2.70	—	—
用小汽车 1km	0.220	购 1 件 T恤衫	4.00	—	—

注：碳足迹计算的是一定时间内 CO_2 排放的总和，其他温室气体碳足迹计算需要换算为 CO_2 当量，用 $kgCO_2e$ 表示。

6.6　可持续发展指标框架

可持续发展指标是指一些量化的参数或量度方法，可协助解释事物如何随着时间的推移而转变，用来评估社会活动在一段时间内在促进可持续发展方面的成效，尤其在评审政策及计划的工作上发挥重要作用。

6.6.1　联合国可持续发展指标体系构成

联合国 1992 年环境与发展会议通过的《21 世纪议程》中明确规定："各国在国家一级以及各国际组织或非政府组织在国际一级应探讨制定可持续发展指标的概念，并确定可持续发展的指标体系。"联合国可持续发展委员会（UNCSD）建立的"驱动力-状态-响应"（DSR）指标体系（图 6.5），分经济、环境、社会和制度指标体系 4 大类，共包括 140 多个指标。

驱动力指标是指人类活动、过程和方式对可持续发展产生的影响，即表明环境问题原因；状态指标是衡量由于人类行为而导致的环境质量或环境状态变化，即描述可持续发展状况；响应指标是对可持续发展状况变化所作的选择和反映，即显示社会及其制度机制为减轻诸如资源破坏等所作的努力，以上三种指标包含的具体内

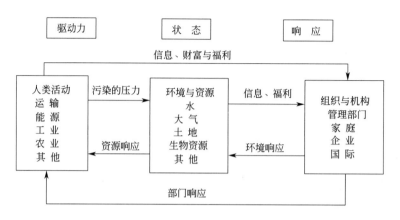

图 6.5　"驱动力-状态-响应"（DSR）指标体系

容见表 6.3。在社会系统中，主要有清除贫困、人口动态和可持续发展能力、教育培训及公众认识、人类健康、人类居住区可持续发展 5 个子系统；经济系统有国际经济合作及有关政策、消费和生产模式、财政金融等 3 个子系统；环境系统反映淡水资源、海洋资源、陆地资源、防沙治旱、山区状况、农业和农村可持续发展、森林资源、生物多样性、生物技术、大气层保护、固体废物处理、有毒有害物质处置等 12 个方面；制度系统体现于科学研究和发展、信息利用、有关环境、可持续立法、地方代表等方面的民意调查。

表 6.3　"驱动力-状态-响应"指标体系具体内容

驱动力指标	状态指标	响应指标
就业率，人口净增长率，成人识字率，可安全饮水的人口占总人口的比率，运输燃料的人均消费量，人均实际 GDP 增长率，GDP 用于投资的份额，矿藏储量的消耗，人均能源消费量，人均水消费量，排入海域的氮磷量，土地利用的变化，农药和化肥的使用，人均可耕地面积，温室气体等大气污染物排放量	贫困度，人口密度，人均居住面积，已探明矿产资源储量原材料使用强度，水中的 BOD 和 COD 含量，土地条件的变化，植被指数，受荒漠化、盐碱和洪涝灾害影响的土地面积，森林面积，濒危物种占本国全部物种的比率，SO_2 等主要大气污染物浓度，人均垃圾处理量，每百万人中拥有的科学家和工程师人数，每百户居民拥有电话数量	人口出生率，教育投资占 GDP 的比率，再生能源的消费量与非再生能源消费量的比率，环保投资占 GDP 的比率，污染处理范围，垃圾处理的支出，科学研究费用占 GDP 的比率

 想一想

　　6.15　为什么世界各国都要建立联合国可持续发展指标体系？

6.6.2　衡量可持续发展的单一指标

　　可持续发展的单一指标评价方法，是指选用某一个单一的评价指标来对可持续发展进行状态评估。目前单一指标评价方法，分别选用经济价值、面积、能值、质量等指标予以评价。主要包括绿色国内生产总值（Gross Domestic Product，GDP）、国家财富和国民幸福指数、真实储蓄率、生态足迹评价方法。

(1) 绿色 GDP

从环境的角度来看，当前的国民核算体系存在 3 个方面的问题：一是国民账户未能准确反映社会福利状况，没有考虑资源状态的变化；二是没有把人类活动所使用自然资源的真实成本计入常规的国民账户；三是没有把环境损失计入国民账户。1993 年联合国建立并推荐《综合环境与经济核算体系》（System of Integrated Environmental and Economic Accounting，SEEA），在 SEEA 中首次明确提出了绿色 GDP 概念，并规范了自然资源和环境的统计标准以及评价方法。

绿色 GDP 是指一个国家或地区在考虑了自然资源（主要包括土地、森林、矿产、水和海洋）与环境因素（包括生态环境、自然环境、人文环境等）影响之后经济活动的最终成果，即在现行 GDP 的基础上扣除自然资源损耗价值与环境污染损失价值后剩余的国内生产总值。绿色 GDP 计算如下：

绿色 GDP＝现行 GDP－环境与资源成本－环境资源保护成本

为更加全面地评价人类社会发展的福利成果，也可以从更宽泛的角度界定绿色 GDP：

绿色 GDP＝现行 GDP－自然环境部分的虚数－人文部分的虚数

其中，自然环境部分虚数主要包括环境污染造成的损失、生态质量退化造成的损失等；人文部分虚数则主要包括疾病、财富分配不公、失业率上升和高发的犯罪率等造成的损失。

绿色 GDP 这个指标反映了一个国家和地区包括人力资源、环境资源等在内的国民财富，实质上代表了国民经济增长的净正效应。绿色 GDP 占传统 GDP 的比重越高，即表明优化自然资源利用，为社会创造的财富越多，环境污染或破坏生态环境越少，越有利于人类社会持续发展。但是由于当前关于环境与资源价值的评估技术尚不完善，绿色 GDP 实际应用存在一定的技术障碍。

(2) 国家财富和国民幸福指数

① 国家财富　1995 年 6 月，世界银行环境部发表《监测环境进展——关于工作进展的报告》，首次提出国家财富的概念，给出了世界各国国家财富的初步测度结果。根据定义，国家财富由人造资本、自然资本、人力资本和社会资本等四部分组成。

人造资本是人类生产活动所创造和积累的物质财富，包括房屋、基建设施（如供水系统、公路、铁路、输油管道等）、机器设备等；自然资本也叫自然遗产，被视之为大自然所赋予的财富，是天然生成的，或具有明显的自然生长过程，包括土地、空气、森林、地下矿产等；人力资本指一个国家的民众所具备的知识、经验和技能；社会资本被认为是联系生产资本、自然资本和人力资本三方面的纽带，是指促使整个社会以有效方式运用上述资源的社会体制和文化基础。

国家财富是一种全新的观点，用财富代替收入来科学衡量一个国家或地区的可持续发展水平与能力，用自然资本来代表生存与发展基础、用生产资本来代表可转换为市场需求的能力、用人造资本来代表生产力发展与创新的潜力、用社会资本来代表国家的组织与扩展能力及安全与稳定水平。将财富指标由流量转向存量，既扩大了财富的衡量范围，可以较真实地表述各种财富对国家或地区经济社会发展所起的推动作用；又能动态地衡量财富的变化，以反映其可持续发展能力的动态变化趋势。实现了各种不同形态、不同特征的资本统一成货币衡量，这保证了计算口径的一致性要求。

国家财富集中体现了可持续发展所包含的代际公平原则，即在谋求当代福利提高的同时，不损害子孙后代们谋求这种满足的能力。能力就是机会，而财富存量就是这种机会的基础。由此，可持续发展就是创造、保持、管理财富的过程，在特定阶段，国家可持续发展就应表现为其国家财富的非负增长。

② 国民幸福指数　20 世纪 70 年代，南亚的不丹国王提出国民幸福指数（Gross National Happiness，GNH），他认为"政策应该关注幸福，并应以实现幸福为目标"，人生"基本的问题是如何在物质生活（包括科学技术的好处）和精神生活之间保持平衡"。在这种执政理念的指导下，不丹创造性地提出了"国民幸福总值"指标，指标由政府善治、经济增长、文化发展和环境保护四级构成。

如果说"生产总值"体现的是物质为本、生产为本，是衡量国富、民富的标准，那么"幸福总值"体现的就是以人为本，衡量人的幸福快乐的标准。世界银行南亚地区副总裁西水美惠子对不丹的这一创举给予了高度评价：完全受经济增长左右的政策很容易使人陷入物欲的陷阱，难以自拔。几乎所有的国家都存在相同的问题，但是我们决不能悲观。因为"世界上存在着唯一一个以物质和精神的富有作为国家经济发展政策之源，并取得成功的国家，这个国家就是不丹王国。不丹王国所讴歌的'国民幸福总值'远远比国民生产总值重要得多。虽然，不丹在 40 年以前还处于没有货币的物物交换的经济状态之下，但它却一直保持较高的经济增长率，成为南亚各国中国民平均收入最多的国家。"

（3）真实储蓄率

Pearce 等人 1993 年运用 Harkwick 准则（自然资源中获取的租金重新投入到人造资本中，以保持总资本总量不下降）提出弱持续性概念和衡量方法。在此基础上，世界银行 1995 年推出了一个衡量国家财富的新方法——"真实储蓄"（Genuine Saving，GS）。

真实储蓄以 GDP 为计算起点，不仅需要扣除资源环境与生态破坏的价值，而且还要扣除人造资本的折旧以及个人与公共的消费支出，这样剩余的部分才会表现为真实积累的资本，这些资本可以用于未来社会的发展。真实储蓄可表达为：

真实储蓄＝GDP－人造资本折旧－生态环境退化损失－个人消费与公共消费

真实储蓄率是真实储蓄占 GDP 的百分比，它可以动态地表达一个国家或地区的可持续能力。如果一个国家只靠剥夺自身的自然资本去增加收入（如出售石油、煤、木材或其他原料），并把获得的收入用于消费而不是投资，这样新指标体系就会显示出"负储蓄"的特点，它表明了一个国家的"财富净值"在减少，也表明了是在削弱自己的可持续能力的同时损害着子孙后代的发展机会。国家可以通过"正储蓄"去增加财富净值。

（4）生态足迹评价方法

生态足迹也是可持续发展指标的评价方法，具体内容见 6.5.1。

 **想一想**

6.16　传统 GDP 与绿色 GDP 的区别是什么？本质上能衡量人民的幸福程度吗？

6.6.3　可持续发展的多指标加权评价

可持续发展的多指标加权评价方法，是指根据对可持续发展的理解来确定指标体系的层级结构和具体指标，然后将各个指标加以归一化处理，通过各种方法确定权重并对各个指标加以整合处理，最后给出区域的可持续发展状态。多指标加权评价方法主要有人文发展指数和常规多指标加权评价方法。

（1）人文发展指数

联合国开发计划署于 1990 年公布了人文发展指数（Human Development Index，HDI）以衡量一个国家的进步程度。HDI 是对人文发展成就的总体衡量。它衡量一个国家（地区）在人文发展方面的健康水平、教育程度和生活水平三个基本方面的平均成就。

某个国家或地区 HDI 数值的具体计算方法是：首先计算出预期寿命、教育和 GDP 指数的数值，其中：

① 预期寿命指数用于测度一个国家在出生时预期寿命方面所取得的相对成就。

② 教育指数衡量的是一个国家在成人识字及小学、中学、大学综合毛入学率两方面所取得的相对成就。先计算成人识字指数和综合毛入学率指数，然后取 2/3 的成人识字指数值和 1/3 的综合毛入学率指数值求和。

③ GDP 指数用按美元购买力评价的人均国内生产总值计算。由于取得状况良好的人类发展并不需要无限多的投入，因此对人均收入予以调整，并相应的采用了对数形式。

在每个指数的计算过程中，采用下面的公式进行计算可以将每一维度的业绩表现为 0 和 1 之间的一个数值：

$$维度指数 = \frac{实际值 - 极小值}{极大值 - 极小值}$$

最后，对上述三个维度的指数进行算术平均，即可得到某个国家或者地区的 HDI 数值：

$$HDI = \frac{1}{3}预期寿命指数 + \frac{1}{3}教育指数 + \frac{1}{3}GDP 指数$$

总体来说，一个国家或地区的 HDI 指数越高，说明该国家或者地区的经济和社会整体发展程度越高。

HDI 强调了国家发展应从传统的以物为中心向以人为中心转变，强调了追求合理的生活水平而并非对物质的无限占有。HDI 将收入与发展指标相结合，同时，人类在健康、教育等方面的社会发展是对以收入衡量发展水平的重要补充。但是，HDI 也存在局限性，比如 HDI 选择的三个维度指标只与健康、教育和生活水平有关，无法全面反映一个国家的人文发展水平，在计算方法上存在一些技术问题等。

（2）常规多指标加权评价方法

常规多指标体系，是现有评价经济社会可持续发展状态的一种常用方法。这种方法基本思想在于，考虑到经济、社会与环境系统相当复杂，很难用某个单一或者较少指标来对区域的整体状态进行描述，因此需要全面、系统地分析可持续发展系统的各个组成要素，在此基础上评价整个系统的发展状况。

首先将整个可持续发展系统分解为人口、资源、环境、社会、科技、管理等若干个子系统，选择表征不同子系统的具体指标，进而构成评价可持续发展的整个指标体系。然后对各个指标进行归一化处理，并结合各个指标的权重进行数值计算，最后将其加和得到可持续发展的评价数值。

 **想一想**

6.17　查阅相关资料，你能计算出中国的人文发展指数吗？

6.7　中国可持续发展战略的实施

6.7.1　《中国21世纪议程》

（1）议程内容

《中国21世纪议程》是我国走向21世纪的可持续发展战略框架，它是参考全球《21世纪议程》，结合我国国情，从环境与发展的总体联系出发，提出促进我国经济、社会、资源、环境协调发展的一系列政策、措施和行动计划，是制定我国国民经济和社会发展中长期计划的指导性文件，表明了中国在解决环境问题上的决心和信心。议程共20章、74个方案领域，主要内容分为四个部分（图6.6）。

① 可持续发展总体策略。序言、可持续发展的战略与对策、可持续发展立法与实施、费用与资金机制、可持续发展能力建设、团体及公众参与可持续发展6章组成，设16个方案领域。

② 社会与人口可持续发展。由人口、消费与社会服务，消除贫困与可持续发展，卫生与健康，人类住区可持续发展和防灾减灾5章组成，设19个方案领域。

③ 经济可持续发展。由可持续发展经济政策，工业与交通、通讯业的可持续发展，可持续的能源生产和消费，农业与农村的可持续发展4章组成，设20个方案领域。

④ 资源与环境的合理利用与保护。由自然资源保护与持续利用、生物多样性保护、水土流失和沙漠化防治、保护大气层和固体废物的无害化管理5章组成，共设20个方案领域。

（2）议程的特点

① 把资源、环境和社会与经济的发展视为一个统一的整体，不仅仅论及在发展中如何解决环境保护问题，还系统地论及经济可持续发展和社会可持续发展之间的相互关系问题，并提出了相应的对策。

② 以发展为主题。发展是人类共同和普遍的权利，也是中国可持续发展的前提和核心，但这种"发展"是一种全新的，它所追求的是经济、科技、社会、人口、资源和环境的协调发展，要在保持经济高速增长的前提下，实现资源的综合、持续利用，并且要为子孙后代留下可持续利用的资源和生态环境。

③ 注重处理好人口与发展的关系。议程提出控制人口增长的同时，通过大力发展教育事业、健全城乡三级医疗卫生和妇幼保健系统、完善社会保障机制等措施，提高人口素质、改善人口结构；大力发展第三产业，扩大就业容量，充分发挥中国人力资源的优势。

④ 加强可持续发展的能力建设。议程提出了有关能力建设的重大举措，涉及机制、立法、教育、科技和公众参与等诸多方面。把科技纳入可持续发展的决策程序；提高资源、能源的利用率；营造有利于可持续发展的良好政策环境。

⑤ 积极承担国际义务和责任。中国的环境问题是全球环境问题的一个组成部分，我国愿意承担与发展水平相应的国际责任和义务，并为解决世界环境与发展作出自己的贡献。

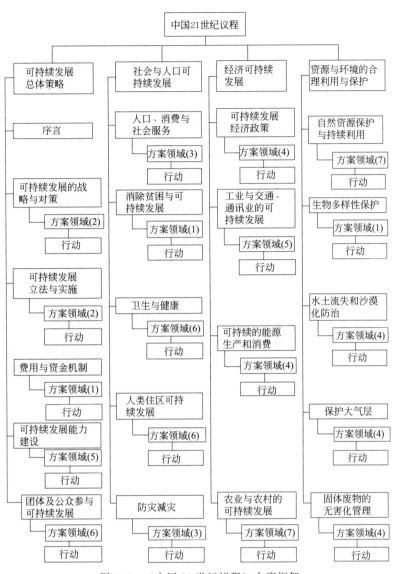

图 6.6　《中国 21 世纪议程》内容框架

6.18　《中国 21 世纪议程》基本构架和核心思想什么？

6.7.2　中国可持续发展战略成果

（1）中国实施可持续发展战略重大举措——全面落实 2030 可持续发展议程

2015 年 9 月，习近平主席出席联合国发展峰会，同各国领导人一致通过《变革我们的世界：2030 年可持续发展议程》，并一致通过了 17 个可持续发展目标，开启了全球可持续发展事业新纪元，并为各国发展和国际发展合作指明了方向。

以下 17 个指标摘自《变革我们的世界：2030 年可持续发展议程》：

目标 1　在全世界消除一切形式的贫困。

目标 2　消除饥饿，实现粮食安全，改善营养状况和促进可持续农业。

目标 3　确保健康的生活方式，促进各年龄段人群的福祉。

目标 4　确保包容和公平的优质教育，让全民终身享有学习机会。

目标 5　实现性别平等，增强所有妇女和女童的权能。

目标 6　为所有人提供水和环境卫生并对其进行可持续管理。

目标 7　确保人人获得负担得起的、可靠和可持续的现代能源。

目标 8　促进持久、包容和可持续的经济增长，促进充分生产性就业和人人获得体面工作。

目标 9　建造具备抵御灾害能力的基础设施，促进具有包容性的可持续工业化，推动创新。

目标 10　减少国家内部和国家之间的不平等。

目标 11　建设包容、安全、有抵御灾害能力和可持续的城市和人类住区。

目标 12　采用可持续的消费和生产模式。

目标 13　采取紧急行动应对气候变化及其影响。

目标 14　保护和可持续利用海洋和海洋资源以促进可持续发展。

目标 15　保护、恢复和促进可持续利用陆地生态系统，可持续管理森林，防治荒漠化，制止和扭转土地退化，遏制生物多样性的丧失。

目标 16　创建和平、包容的社会以促进可持续发展，让所有人都能诉诸司法，在各级建立有效、负责和包容的机构。

目标 17　加强执行手段，重振可持续发展全球伙伴关系。

（2）我国的可持续发展战略体现

① 精准扶贫脱贫政策到位。大力实施精准扶贫精准脱贫基本方略，做到扶持对象精准、项目安排精准、资金使用精准、措施到户精准、因村派人精准、脱贫成效精准"六个精准"。

② 保证宏观经济平稳运行。2018 年国内生产总值达 90.03 万亿元，同比增长 6.6%。大力实施创新发展战略。

③ 社会事业全面进步。健康领域可持续发展目标稳步推进。2015～2018 年，孕产妇死亡率和婴儿死亡率从 8.1‰ 降至 6.1‰。教育普及率已达中高收入国家平均水平。性别平等发展的环境持续改善，女性参与决策和管理比例不断提高。

④ 持续改善生态环境。全面贯彻绿色发展理念，推进低碳产业发展。2018 年，单位 GDP 总值能耗、CO_2 排放比分别下降 3.1%、4.0%。全面推进大气污染治理，执行最严格水资源管理制度。持续推进农业绿色发展，森林覆盖率和森林蓄积量持续提高。

⑤ 有效地推进国际发展合作。中国坚定维护多边主义，维护以联合国为核心的国际体系，构建新型国际关系。积极推进共建"一带一路"国际合作。截至 2019 年 7 月底，中国政府共与 136 个国家和 30 个国际组织签署 195 份合作文件，为有关国家落实 2030 年议程作出重要贡献。

（3）我国实施可持续发展战略的主要成就

党的十八大以来，以习近平同志为核心的党中央推进全面深化改革，实施"五位一体"的生态文明建设，深入实施了可持续发展战略，构建了产权清晰、多元参与、激励约束并重的生态文明制度体系，推动了我国生态文明建设和可持续发展发生历史性变化。

① 健全自然资源资产产权制。逐步建立统一的确权登记系统，按照山水林田湖草系统治理思路实现了对水流、森林、山岭、草原、荒地、滩涂等所有自然生态空间统一的确权登记；逐步健全国家自然资源资产管理体制，正式组建国家自然资源部；稳步推进水流和湿地产权确权试点，继续探索水权制度、水生态空间确权试点。

② 建立国土空间开发保护制度。逐步健全基于主体功能区的区域政策，覆盖全部国土空间的监测系统相继完善，国土空间监测动态化；建立国家公园体制，继续完善自然资源监管体制。

③ 建立空间规划体系。相继编制空间规划，实现规划全覆盖；持续推进市县"多规合一"，广泛实施一个市县一个规划、一张蓝图绘到底；持续创新市县空间规划编制方法，不断增强规划的科学性和透明度。

④ 完善资源总量管理和全面节约制度。建立、健全和完善最严格的耕地保护制度和土地节约集约利用制度、最严格的水资源管理制度、能源消费总量管理和节约制度、天然林保护制度、草原保护制度、湿地保护制度、沙化土地封禁保护制度、海洋资源开发保护制度、矿产资源开发利用管理制度、资源循环利用制度等。

⑤ 健全资源有偿使用和生态补偿制度。推进自然资源及其产品价格改革，逐步建立价格决策程序和信息公开制度；土地有偿使用制度相继完善；建立健全矿产资源、海域海岛有偿使用制度；生态补偿机制继续完善；建立和完善耕地草原河湖休养生息制度，退耕还林还草、退牧还草成果巩固长效机制不断加强。

⑥ 建立健全环境治理体系。相继实施污染物排放许可制、污染防治区域联动机制；逐步建立农村环境治理体制机制；建立健全环境信息公开制度、环境新闻发言人制度、环境保护网络举报平台和举报制度；严格实行生态环境损害赔偿制度。

⑦ 健全环境治理和生态保护市场体系。逐步培育环境治理和生态保护市场主体；相继推行用能权和碳排放权交易制度、排污权交易制度、水权交易制度；不断探索和积极完善绿色金融体系、统一的绿色产品体系。

⑧ 完善生态文明绩效评价考核和责任追究制度。完善资源环境承载能力监测预警机制，自然资源资产负债表探索编制；领导干部自然资源资产离任审计试点有序进行，相继推进生态环境损害责任终身追究制、国家环境保护督察制度。

 **想一想**

6.19 在中国可持续发展战略实施的过程中，应该如何发扬"全球伙伴"精神，开展广泛的国际合作？

阅读材料

▶扫码扩展阅读◀
可持续发展基本理论和实施途径

 **习 题**

1. 我国古代与可持续发展一致的思想有哪些？

2. 现代可持续发展理论形成过程中有哪些具有影响的著作，并阐述其作用。

3. 人类有哪些重要的环境与发展会议，阐述其在环境管理中的地位和作用。

4. 人类社会未来需要什么样的可持续性发展理论做指导？

5. 可持续发展的基本原则和基本思想包括哪些？

6. 从"摇篮到摇篮"的理论是什么？对人类社会经济的可持续发展提出了什么要求？

7. 三重底线是如何定义的？企业遵守三重底线有什么益处？

8. 什么是生态足迹和生态承载力？什么是生态赤字和生态盈余？

9. 什么是水足迹？说明水足迹的不同类型有哪些？我们应该如何用水足迹指标为节约水资源做贡献？

10. 联合国可持续发展指标体系"驱动力-状态-响应"是什么？驱动力、状态和响应分别代表什么意义？哪些是典型的指标？

11. 衡量可持续发展的新的单一指标主要有哪些？阐述其代表的含义。

12. 人文发展指数是如何获得的，能够说明可持续发展的哪些方面，有什么优缺点？

13. 《中国 21 世纪议程》的内容和特点分别是什么？

14. 我国实施可持续发展的途径有哪些？可持续发展实践的效果如何？

参考文献

[1] 郭晓丽. 浅谈中国古代可持续发展的思想及实践. 科技信息（科学教研）, 2007（23）: 191.

[2] 郎铁柱, 钟定胜. 环境保护与可持续发展. 天津: 天津大学出版社, 2005.

[3] 钱易, 唐孝炎. 环境保护与可持续发展. 北京: 高等教育出版社, 2000.

[4] 齐恒. 可持续发展概论. 南京: 南京大学出版社, 2011.

[5] 赵丽芬, 江勇. 可持续发展战略学. 北京: 高等教育出版社, 2001.

[6] 曲向荣, 等. 环境保护概论. 沈阳: 辽宁大学出版社, 2007.

[7] 周敬宣. 环境与可持续发展. 武汉: 华中科技大学出版社, 2007.

[8] 陈作国, 徐建平, 周代怀. 可持续发展是人与自然、人与人的双重和谐. 天府新论, 2006（S1）: 13-15.

[9] 胡明形, 徐小英. 略论可持续发展中的制度因素. 科技与管理, 2000（03）: 12-14.

[10] 冯开禹. 环境保护与可持续发展概论. 贵阳: 贵州人民出版社. 2008.

[11] 闫香妥. "绿色 GDP"核算体系推行探析. 价值工程, 2014, 33（09）: 129-130.

[12] 高敏雪. 国家财富的测度及其认识. 统计研究, 1999（12）: 9-14.

[13] 陈友华, 苗国. 人类发展指数: 评述与重构. 江海学刊, 2015（02）: 90-98.

[14] 威廉·麦克唐纳, 迈克尔·布朗嘉特. 从摇篮到摇篮 循环经济设计之探索. 中国 21 世纪议程管理中心, 中美可持续发展中心, 译. 上海: 同济大学出版社, 2005.

[15] 苏达. 大学生如何身体力行可持续发展思想. 文教资料, 2007（25）: 39-40.

[16] 贺志文, 向平安. 水足迹研究述评. 节水灌溉, 2017（09）: 101-105.

[17] 王晓旭, 陈晓芳, 卫凯平, 等. 碳氮足迹研究进展与展望. 绿色科技, 2019（04）: 32-34.

[18] 魏振香. 影响我国可持续发展的主要因素及对策. 胜利油田师范专科学校学报, 2000（02）: 32-34, 41.

[19] 陈继革. 在战争中受伤的地球生态. 中学地理教学参考, 2007（06）: 16-17.

[20] 冯华. 怎样实现可持续发展: 中国可持续发展思想和实现机制研究. 复旦大学, 2004.

[21] 孙丹峰, 黄章庆, 季幼章. 气候变化与碳足迹（续）. 电源世界, 2013（06）: 54-57, 2013（07）: 54-58.

[22] 王丽君, 张庆明, 何鹏. 浅论环境保护与可持续发展. 绿色环保建材, 2019（10）: 242.

[23] 高更和, 吴国玺. 可持续发展评估研究. 北京: 群言出版社, 2005.

[24] 何康林; 田立江, 等. 环境科学导论. 徐州: 中国矿业大学出版社, 2005.

[25] 许先春. 走向未来之路 可持续发展的理论与实践. 北京: 中国广播电视出版社, 2002.

［26］ 伊武军. 资源、环境与可持续发展. 北京：海洋出版社， 2001.

［27］ 曲福田. 可持续发展的理论与政策选择. 北京：中国经济出版社， 2000.

［28］ 王信领,等. 可持续发展概论. 济南：山东人民出版社， 1999.

［29］ 林爱文,等. 资源环境与可持续发展. 武汉：武汉大学出版社， 2005.

［30］ 甘师俊.《中国 21 世纪议程》:我国实施可持续发展战略的纲领. 中国人口·资源与环境， 1993（04）： 8-13.

［31］ 王慧炯,等. 可持续发展与经济结构. 北京：科学出版社， 1999.

［32］ 吴承业. 环境保护与可持续发展. 北京：方志出版社， 2004.

［33］ Salah El-Haggar. 可持续工业与废物管理 "从摇篮到摇篮"的可持续发展. 北京：机械工业出版社， 2010.

［34］ LucyPrydeEubanks， CatherineH. Middlecamp, 化学与社会 原著第 8 版. 段连运,等译. 北京：化学工业出版社， 2018.

［35］ 彭海珍，任荣明. 可持续发展的三重底线［J］. 企业管理， 2003（01）：91-92.

第 7 章 环境保护实施途径

7.1 环境管理

7.1.1 认识环境管理

环境管理可以作为一门学科，即环境管理学，它是在环境管理的实践基础上产生和发展起来，以实现国家的可持续发展战略为目的，研究政府及有关机构依据国家有关法律、法规，用一切手段来控制人类社会经济活动与自然环境之间关系的科学；环境管理也可以作为一个工作领域，是环境保护工作的重要组成部分，是环境管理学在环境保护实践中的运用，是政府环境保护行政管理部门的一项最主要的职能。

（1）环境管理定义

早在 20 世纪 70～80 年代，人们把环境管理狭义地理解为控制污染行为的各种措施，这仅仅停留在环境管理的微观层面上，认为环境保护部门就是环境管理的主体，环境污染源就是环境管理的对象，并没有从人的管理入手，也没有从国家经济、社会发展战略的高度来思考。直到 20 世纪 90 年代，人们才对环境管理有了新的认识。环境管理是国家环境保护部门的基本职能，是指按照经济规律和生态规律，运用行政、经济、法律、技术、教育和新闻媒介等手段，来限制和控制人类损害环境质量、协调社会经济发展与保护环境、维护生态平衡之间关系的一系列活动。

（2）环境管理的主体

环境问题源自人类的社会经济活动，人类社会经济活动的主体可分为政府、企业和公众，因此环境管理的主体也是这三者。政府（包括中央和地方各级的行政机关）作为社会公共事务管理的主体，起着主导性的作用。制定环境发展战略，设置环境保护机构，制定环境管理的法律和法规，提供公共环境信息和服务，对以国家为基本单位的国际社会作用于地球环境的行为进行管理。政府行为对环境的影响面广、影响深远却不易察觉，要解决政府决策行为对环境的损害或不利影响，关键在于促进宏观决策与规划的科学化。

企业在社会经济活动中是以追求利润为中心的、独立的经济单位而存在，是社会物质财富积累的主要贡献者、自然资源的消耗者、产品的生产者和供应者。企业环境管理既与政府、公众的环境管理行为互动，又发挥着重要和实质性的推动作用。企业自身的环境管理包括制定自身的环境目标、规划开展清洁生产和循环经济、通过和执行 ISO 14000，设计和生产绿色产品、开发绿色环保的先进技术和经营方式。

公众主要以散布在社会各行业、各种岗位上的公众个体，及以某个具体目标组织起来的社会群体的行为来体现，是环境管理的最终推动者和直接受益者，公众环境管理是个人和各种社会群体参与的，通过自愿组建各种社会团体和非政府组织来参与环境管理工作，如非营利性机构的建立和运行。在德国有两百万人自愿从事环保事业，有上千个环保组织。例如，"自然保护联盟"有105年的历史，拥有成员约40万人。该组织每年的经费1800万欧元，其中，1200万欧元来自成员交纳的会费，另外还有一定数量的捐赠和罚款收入。该组织90%以上成员都是义务兼职人员，每人每年要交纳28欧元会费，无偿为环保事业做着大量工作。这些义务环保人员非常活跃，常常到处举行宣传活动，希望能将每一个关注环境问题的男女老少变为辛勤播撒环保种子的人。

（3）环境管理的对象

环境管理的对象即管理什么，管理的对象是人类作用于环境的行为，包括政府行为、企业行为和公众行为（包括非政府组织）。

① 作为环境管理对象的政府行为，包括各级政府之间以及政府与职能部门之间的"内部"行为；相对于其他行为主体（如企业、公众等）的国内行为；作为国家和社会意志的代表，与其他政府之间的行为。政府作为投资者为社会提供公共消费品和服务，掌握国有资产和自然资源所有权及相应的经营和管理权，对国民经济实行宏观调控并对市场进行政策干预。

② 作为环境管理对象的企业行为，主要包含从事生产、交换、分配、投资等活动，并通过向社会提供物质性产品或服务以获得利润。企业是能源、资源的主要消耗者，污染物的主要生产者、排放者和主要治理者，同时也是经济活动的主体，所以企业行为是环境管理行为的重要关注对象。

③ 作为环境管理对象的公众行为，它涵盖、渗透到社会生活的各个方面，是和政府行为、企业行为并列的重要行为，但永远不能被二者替代包含。公众行为是个人对物品和服务的需求，是资源消耗和废物产生的根源。公众的生活、消费方式都会对环境问题产生重大影响，还可能会影响政府和企业的行为。

 **想一想**

7.1　为减轻环境负担，我们可以做什么？如何理解政府既是环境管理的主体又是环境管理的对象？

（4）环境管理的目的和任务

环境问题的产生并日益严重的根源在于人们自然观上的错误，以及在此基础上形成的基本思想观念上的扭曲，进而导致人类社会行为的失当，最终使自然环境受到干扰和破坏。也就是说，环境问题的产生有两个层次上的原因：一是思想观念层次上的；二是社会行为层次上的。基于这种思考，人们认识到必须改变自身一系列的基本思想观念，从宏观到微观对人类自身的行为进行管理，以尽可能快的速度逐步恢复被损害了的环境，并减少甚至消除新的发展活动对环境的结构、状态、功能造成新的损害，保证人类与环境能够持久地、和谐地协同发展下去。这就是环境管理的根本目的。具体来说，环境管理的目的和基本任务就是通过对可持续发展思想的传播，使人类社会的组织形式、运行机制以及管理部门和生产部门的决策、计划和个人的日常生活等各种活动，符合人与自然和谐相处的要求，并以法律法规、规章制度、社会体制和思想观念的形式体现出来。即创建一种新的生产方式、新的消费方式、新的社会行为规则和新的发展方式来保护和改善环境。

 **想一想**

　　7.2　你是如何理解环境管理的？你觉得环境管理的目的和任务是什么？

7.1.2　环境管理的基本职能

（1）环境管理机构

　　环境管理机构是环境管理的组织保证，我国环境管理机构是从 20 世纪 70 年代初起步的，1971 年，国家计委环境保护办公室设立，这是国家机构中第一次出现"环境保护"四个字，是一次空前的变化，具有历史性的意义。1974 年，我国成立了国务院环境保护领导小组。作为国务院专为环保设立的领导机构，该小组肩负统一管理全国环境保护工作的职责。1982 年，国务院环境保护领导小组被撤销，城乡建设环境保护部横空出世，内设环境保护局。1984 年，环境保护局升级为国家环境保护局，但仍旧隶属于城乡建设环境保护部。1988 年，国家环境保护局升级为副部级单位。1998 年，国家环境保护局升格为国家环境保护总局（正部级），是国务院主管环境保护工作的直属机构。2008 年再次升级成立了环境保护部。2018 年环保部的全部职责和六大部的相关职责全面整合，正式组建为生态环境部。从环境保护部变为生态环境部，其内设机构发生了很大变化，生态环境部的内设机构由以下部分组成：办公厅、中央生态环境保护督察办公室、综合司、法规与标准司、行政体制与人事司、科技与财务司、自然生态保护司（生物多样性保护办公室、国家生物安全管理办公室）、水生态环境司、海洋生态环境司、大气环境司（京津冀及周边地区大气环境管理局）、应对气候变化司、土壤生态环境司、固体废物与化学品司、核设施安全监管司、核电安全监管司、辐射源安全监管司、环境影响评价与排放管理司、生态环境监测司、生态环境执法局、国际合作司、宣传教育司。

　　图 7.1 反映的是我国环境管理体制的三种模式，分别为以生态环境局为主的区域管理模式、行业或部门管理模式和资源（跨区域）管理模式。图的左侧是从国务院的职能部门生态环境部为始点，到省（生态环境厅）、市（生态环境局）、县（市生态环境局县级分局）、乡镇各级环境保护机构，形成的环境管理体制的主线；图 7.1 右侧是部门或行业环境管理及跨区域资源的环境管理，它们是以生态环境局为主的环境管理体制的重要补充；全国各级人大常委会环境与资源保护委员会作为立法和执法监督机构，是我国各级环境管理机构依法行政的重要保证。

（2）环境管理的基本职能

　　环境管理的基本职能是指环境管理部门的基本职责与功能，主要是指各级人民政府的环保行政主管部门的基本职能，主要包括宏观指导，统筹规划，组织协调，监督检查，提供服务。

　　宏观指导是指通过制定和实施环保战略对地区、部门、行业的环保工作进行指导。包括对环保战略的指导，如确定战略重点、环境总体目标、总量控制目标和制定战略对

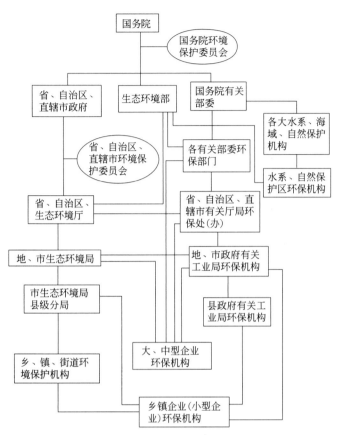

图 7.1 我国环境管理机构体制

策。包括对有关政策的指导，如通过制定环保的方针、政策、法律法规、行政规章及相关产业、经济、技术、资源配置等政策，对有关环境及环保的各项活动进行规范、控制和引导。例如，生态环境部下设机构自然生态保护司负责指导生态示范创建；土壤生态环境司负责指导农村生态环境保护；生态环境执法局负责指导协调和调查处理工作。

统筹规划的职能主要包括环境保护战略的制订、环境预测、环境保护综合规划和专项规划。如生态环境部的其中一个职能是会同有关部门拟订国家生态环境政策、规划并组织实施。会同有关部门编制并监督实施重点区域、流域、海域、饮用水水源地生态环境规划和水功能区划。

组织协调包括环境保护法规方面的组织协调、环境保护政策方面的协调、环境保护规划方面的协调和环境科研方面的协调。如省生态环境厅的组织协调职责：组织协调有关生态环境国际条约省内履约活动；组织协调生物多样性保护工作等；组织对发送生态环境部的法律、行政法规草案提出有关生态环境影响方面的意见。

监督检查的内容包括环境保护法律法规执行情况的监督检查、环境保护规划落实情况的监督检查、环境标准执行情况的监督检查、环境管理制度执行情况的监督检查。如市生态环境局要履行的监督职责有：监督实施环境保护的规划、计划；对大气、水体、噪声、土壤、固体废物、重金属、危险化学品、机动车排气等污染防治工作进行监督管理；对重点区域、重点流域污染防治工作进行监督管理；负责饮用水水源地环境保护和地下水污染防治的监督管理等。

提供服务包括：①技术服务，比如解决技术难题，组织科技攻关，筛选最佳实用技术，推动科技成果的产业化，为推行清洁生产提供技术指导等。②信息咨询服务，通过建立环境信息咨询系统，为重大经济建设决策，大规模的自然资源开发规划，大型工业建设活动以及重大污染治理工程和自然保护等提供信息服务。包括环境法规、政策咨询、清洁生产咨询服务、ISO 14000 环境管理体系咨询服务等。③市场服务，通过建立环保市场信息服务系统，来逐步完善环保市场运行机制，拓宽环保产业市场流通渠道，建立环保产品质量监督体系，引导和培育排污权交易市场的正常发育等。

 **想一想**

> 7.3   在环境管理的基本职能中，你认为哪种是首要职能，为什么？

7.1.3   环境管理的实施手段

（1）法律手段

法律手段是环境管理强制性措施，依法管理环境是控制并消除污染，保障自然资源合理利用，维护生态平衡的重要措施。行使环境管理的法律手段可以从立法和执法两个方面来进行。前者把国家对环境保护的要求和做法，全部以法律形式固定下来，强制执

▶扫码扩展阅读◀
让环保意识上升为民族忧患精神

行；后者，由环境管理部门协助和配合司法部门对违反环境法律的犯罪行为或严重污染和破坏环境的行为提起公诉，追究其法律责任，也可根据有关环境法规对危害公民的健康、污染和破坏环境的组织或个人直接给予各种形式的处罚（包括责令关、停、处罚和经济赔偿等）和刑事、行政、民事处分。例如实行排污收费、超标处罚等制度。我国已形成了由国家宪法、环境保护基本法、环境保护单行法规和其他部门法中关于环境保护的法律规范等所组成的环境保护法体系，详见 7.2.1。

（2）经济手段

经济手段是环境管理中一种重要措施，是指利用价值规律，运用价格、税收、信贷等经济杠杆，控制生产者在资源开发中的行为，以便限制损害环境的社会经济活动，奖励积极治理污染的单位，促进节约和合理利用资源，并充分发挥价值规律在环境管理中的杠杆作用。环境管理的经济手段可分为：

① 宏观管理的经济手段，是指国家运用价格、税收、信贷、保险等经济政策来引导和规范各种经济行为主体的微观经济活动，以满足环境保护要求，把微观经济活动纳入国家宏观经济可持续发展的轨道上来的手段。

② 微观管理的经济手段，是指管理者采用征收排污费、污染赔款和罚款、押金制等经济措施来规范经济行为主体的经济活动，引导和强化企业内部的自主管理，促进污染防治和生态保护的手段。

环境管理经济手段的核心作用是贯彻物质利益原则，将对环境有害活动的外部影响综合到经济核算中去，即把各种经济行为的外部不经济性内化到生产成本中。包括各级环境管理部门对积极防治环境污染而在经济上有困难的企业、事业单位发放环境保护补

助资金；对污染物排放超过国家标准的单位，按照污染物的种类、数量和浓度征收排污费；对违反规定造成严重污染的单位和个人处以罚款；对排放污染物损害人群健康或造成财产损失的排污单位，责令其对受害者的损失进行赔偿；对积极开展"三废"综合利用、减少排污量的企业给予减免税收和增加利润留成的奖励；推行开发、利用自然资源的征税制度等。通过各种具体的经济措施不断调整各方面的经济利益关系，限制损害环境的经济行为，鼓励保护环境的经济行为，把企业的局部利益同全社会的共同利益有机地结合起来。

（3）行政手段

行政手段是指在国家法律监督下，各级行政管理机构运用国家和地方政府授予的行政权限开展环境管理的手段。主要包括环境管理部门定期或不定期地向同级政府机关报告本地区的环境保护工作情况，对贯彻国家有关环境保护方针、政策提出具体意见和建议；组织制定国家和地方的环境保护政策、工作计划和环境规划，并把这些计划和规划报请政府审批，使之具有行政法规效力；运用行政权力对某些区域下达特定指令，如划分自然保护区，重点污染防治区，环境保护特区等；对一些污染严重的企业要求其限期治理，甚至勒令其关、停、并、转、迁；对易产生污染的工程设施和项目，采取行政制约的方法，如审批开发建设项目的环境影响评价书，审批新建、扩建、改建项目的"三同时"设计方案，发放与环境保护有关的各种许可证，审批有毒、有害化学品的生产、进口和使用；管理珍稀动、植物物种及其产品的出口、贸易事宜；对重点城市、地区、水域的防治工作给予必要的资金或技术帮助等。

（4）技术手段

技术手段是指借助那些既能提高生产率，又能把对环境污染和生态破坏控制到最小限度的技术以及通过采用先进的污染治理技术等来达到保护环境目的的手段。运用技术手段，实现环境管理的科学化，包括制定环境质量标准；采用环境监测和统计的方法，并根据环境监测资料以及有关的其他资料对本地区、本部门、本行业污染状况进行调查；编写环境报告书和环境公报；组织开展环境影响评价工作；交流推广无污染、少污染的清洁生产工艺及先进治理技术；组织环境科研成果和环境科技情报的交流等。许多环境政策、法律、法规的制定和实施都涉及科学技术问题，所以环境问题解决得好坏，在很大程度上取决于科学技术的水平。环境管理的技术手段可分为：

① 宏观管理技术手段，指管理者为开展宏观管理所采用的各种定量化、半定量化以及程序化的分析技术。它包括三类，如图 7.2 所示。

图 7.2　环境管理的宏观技术分类

② 微观管理技术手段，指管理者运用各种具体的环境保护技术来规范各类经济行为主体的生产与开发活动，对企业生产和资源开发过程中的污染防治和生态保护活动实施全过程控制和监督管理的手段。

按照环境保护技术的应用领域划分，微观环境管理技术分为污染防治技术、生态保护技术和环境监测技术三类。其中污染防治技术包括污染预防和污染治理技术，生态保护技术包括生态建设技术和生态治理技术，环境监测技术包括污染监测技术和生态监测技术，如图 7.3 所示。

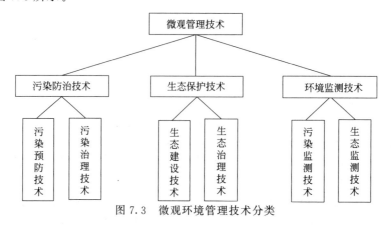

图 7.3　微观环境管理技术分类

（5）宣传教育手段

宣传教育是环境管理不可缺少的手段，既是普及环境科学知识，又是一种思想动员。通过报纸、杂志、电影、电视、广播、展览、专题讲座、文艺演出等各种文化形式广泛宣传，使公众了解环境保护的重要意义和内容，提高全民族的环境意识，激发公民保护环境的热情和积极性，把保护环境、热爱与保护大自然变成自觉行动，形成强大的社会舆论，制止浪费资源、破坏环境的行为。

专业环境教育、基础环境教育、公众环境教育和成人环境教育相互补充、互相促进，构成了环境教育的全部内容。专业环境教育即全日制普通高等学校（大专生、本科生、研究生）、中等专业学校环境保护类的学历教育，培养和提高环境保护专业人员的业务水平。基础环境教育即大、中、小学所开展的环境保护科普宣传教育。公众环境教育是公民素质教育的重要组成部分，也是监督国家和政府环境行为的社会基础。成人环境教育即在职岗位培训教育或继续教育。把环境教育纳入国家教育体系，从幼儿园、中小学抓起加强基础教育非常重要，有利于建设整个社会的环境文化氛围。

　想一想

7.4　如果你是管理者，你认为环境管理手段与管理目的之间的关系应该是怎样的？

7.2　环境保护法

7.2.1　环境保护法体系结构

法律是一种体现统治阶级意志，由国家制定、认可并强制执行的调整社会关系和行为的准则或规范。环境保护法是在环境问题日益成为严重社会问题的背景下，为了保护环境在法律上形成的具有独特性质的法律体系。环境保护法所涉及的问题是人类及其生存环境之间的关系，它是运用法律来调节人类生活与生产活动对环境产生的影响，运用法律手段影响人类行为，协调社会经济发展与环境保护的关系。

所谓的环境保护法体系就是由有关开发、利用、保护和改善环境资源的各种法律规范所共同组成的相互联系、相互补充、内部协调一致的统一整体。

从法律的效力层级看，我国环境保护的法律体系由以下部分组成：宪法关于保护环境资源的规定；环境保护基本法；环境资源单行法；环境标准；其他部门法中有关保护环境资源的法律规范；我国缔结或参加的有关保护环境资源的国际条约、国际公约。

我国环境保护法体系组成如下。

（1）宪法关于保护环境资源的规定

宪法在关于保护环境资源的规定在整个环境保护法体系中具有最高法律地位和法律权威，是环境立法的基础和根本依据。例如我国《宪法》第 26 条规定："国家保护和改善生活环境与生态环境，防治污染与其他公害"；第 9 条规定："矿藏、水流、森林、山岭、草原、荒地、滩涂等自然资源，都属于国家所有，即全民所有；由法律规定属于集体所有的森林和山岭、草原、荒地、滩涂除外。国家保障自然资源的合理利用，保护珍贵的动物和植物。禁止任何组织或个人用任何手段侵占或者破坏自然资源。"

（2）环境保护基本法

环境保护基本法是对环境保护方面的重大问题作出规定和调整的综合性立法，在环境保护法体系中，具有仅次于宪法规定的最高法律地位和效力。它依据宪法的规定，确定环境保护在国家生活中的地位，规定国家在环境保护方面总的方针、政策、原则、制度，规定环境保护的对象，确定环境管理的机构、组织、权力、职责，以及违法者应承担的法律责任。《中华人民共和国环境保护法》是我国第一部关于环境保护和自然资源保护以及防治污染和其他公害的综合性法律，于 1989 年 12 月 26 日七届人大正式通过，由 2014 年 4 月 24 日第十二届全国人民代表大会会议进行最新修订。

（3）环境资源单行法

环境资源单行法是针对某一特定的环境要素或特定的环境社会关系进行调整的专门性法律法规，具有量多面广的特点，主要由以下立法构成。

① 土地利用规划法：该类法规是为了调整人们在土地利用中产生的环境社会关系而制定的。对土地利用进行控制，也就控制了人们某些开发利用环境的活动。包括国土整治、城市规划、村镇规划等法律法规。目前，我国已经颁布的有关法律法规主要有《城市规划法》《村庄和集镇规划建设管理条例》等。

② 环境污染和其他公害防治法：包括大气污染防治法、水污染防治法、噪声污染防治法、固体废物污染防治法、有毒化学品管理法、放射性污染防治法、恶臭污染防治法、振动控制法等。目前，我国已经颁布的此类单行法律法规主要有《大气污染防治法》《水污染防治法》及其实施细则，《海洋环境保护法》及其实施条例，《环境噪声污染防治法》《固体废弃物污染环境防治法》《放射性污染防治法》《淮河流域水污染防治暂行条例》等。

③ 自然资源保护法：包括土地资源保护法、矿产资源保护法、水资源保护法、森林资源保护法、草原资源保护法、渔业资源保护法等。目前，我国已颁布的有关法律法规主要有《土地管理法》及其实施条例，《矿产资源法》及其实施细则，《水法》《森林法》及其实施细则，《草原法》《渔业法》及其实施细则、《水产资源繁殖保护条例》《基本农田保护条例》《土地复垦规定》《取水许可和水资源费征收管理条例》《森林防火条例》《草原防火条例》等。

④ 生态保护法：包括野生动植物保护法、水土保持法、湿地保护法、荒漠化防治

法、海岸带保护法、绿化法以及风景名胜、自然遗迹、人文遗迹等特殊景观保护法等。目前，我国已经颁布的有关法律法规主要有《野生动物保护法》及其实施条例，《水土保持法》及其实施细则，《自然保护区条例》《风景名胜区条例》《野生植物保护条例》《城市绿化条例》等。

（4）环境标准

环境标准是环境法体系的特殊组成部分。环境标准是国家为了维护环境质量，控制污染，从而保护人体健康、社会财富和生态平衡而制定的具有法律效力的各种技术指标和规范的总称。它不是通过法律条文规定人们的行为规则和法律后果，而是通过一些定量化的数据、指标、技术规范来表示行为规则的界限以调整环境关系。具体见7.2.3。

（5）其他部门法中有关保护环境资源的法律规范

由于环境保护的广泛性，专门的环境立法尽管在数量上十分庞大，但仍不能对涉及环境的社会全部关系加以调整。所以在行政法、民法、刑法、经济法、劳动法等部门法中也有一些有关保护环境资源的法律规范，它们也是环境保护法体系的重要组成部分。

（6）我国缔结或参加的有关保护环境资源的国际条约、国际公约

《中华人民共和国环境保护法》第46条明确规定，我国缔结或参加的与环境保护有关的国际条约，同我国法律有不同规定的，除我国声明保留的条款外，适用国际条约的规定。

国际环境法是我国环境保护法体系的特殊组成部分，我国缔结参加的双边与多边的环境保护条约、协定，都是我国环境法律的组成部分。这类国际公约、条约主要有：关于防治全球环境污染的公约；关于越界污染防治的条约；关于人类共享资源开发利用的公约等。

 **想一想**

> 7.5 为什么我国存在"有法不依，执法不严"的严重现象？环境保护法是否属于那种可执行也可不执行的法律？如何克服、纠正这种现象？

7.2.2 我国环境保护法基本制度

环境保护法的基本制度是指为保护和改善环境而制定的一些具有重大意义的法律制度，这些法律制度一般由环境保护的基本法予以确立，统领环境保护的整个立法，是环境法制建设的中心内容。目前，我国环境管理的制度措施主要有八项，如图7.4所示。

图 7.4 我国环境保护法基本制度

（1）环境影响评价制度

环境影响评价制度是指在进行建设活动之前，对建设项目的选址、设计和建成投产使用后可能对周围环境产生的不良影响进行调查、预测和评定，提出防治措施，编写环境影响报告书或填写环境影响报告表，按照法定程序报经环境保护部门审批后再进行设计和建设的法律制度。1998 年 11 月，国务院通过了《建设项目环境保护管理条例》，全面规范了环评的内容、程序和法律责任。2002 年 10 月，全国人大常委会通过《环境影响评价法》，进一步强化了环评的法律地位。2009 年 8 月，国务院通过《规划环境影响评价条例》，环评制度形成"一法两条例"。2016 年 7 月和 2018 年 12 月，全国人大常委会两次修正《环境影响评价法》。

环境影响评价制度贯彻"预防为主"的原则，制定发展规划之前，进行规划环境影响评价，避免"先污染、后治理；先破坏、后恢复"的问题出现，是实现经济建设、城乡建设和环境建设同步发展的主要法律手段。建设项目不但进行经济评价，而且进行环境影响评价，科学地分析开发建设活动可能产生的环境问题，并提出防治措施，可以为建设项目合理选址提供依据，防止由于布局不合理给环境带来难以消除的损害；可以调查清楚周围环境的现状，预测建设项目对环境影响的范围、程度和趋势，提出有针对性的环境保护措施。环境影响评价还可以为建设项目的环境管理提供科学依据。

环境影响评价的范围，一般是限于对环境质量有较大影响的各种规划、开发计划、建设工程等。例如，美国《国家环境政策法》规定，对人类环境质量有重大影响的每一项建议或立法建议或联邦的重大行动，都要进行环境影响评价。在法国，除城市规划必须作环境影响评价外，其他项目根据规模和性质的不同分为三类：必须作正式影响评价的大型项目，如以建设城市、工业、开发资源为目的的造地项目，占地面积 3000 平方米以上或投资超过 600 万法郎的有关项目等；须作简单影响说明的中型项目，如已批准的矿山调查项目，500 千瓦以下的水力发电设备等；可以免除影响评价的项目，即对环境无影响或影响极小的建设项目。有些国家或地方政府对适用环境影响评价的范围规定得较为广泛。瑞典的《环境保护法》规定，凡是产生污染的任何项目都须事先得到批准，对其中使用较大不动产（土地、建筑物和设备）的项目，则要进行环境影响评价。美国加利福尼亚州 1970 年《环境质量法》规定，对所有建设项目都要作环境影响评价。在两种特殊情况下可不进行，一种是法律另有专门规定的；另一种是为处理某种紧急事态而采取的措施或依法进行的特殊行为，如环境保护局为保护环境采取的行动、国防和外交方面某些秘密事项等。

违反环境影响评价制度的案例见本章末阅读材料。

《中华人民共和国环境影响评价法》第二十四条第一款：建设项目的环境影响评价文件经批准后，建设项目的性质、规模、地点、采用的生产工艺或者防治污染、防止生态破坏的措施发生重大变动的，建设单位应当重新报批建设项目的环境影响评价文件。

该法第三十一条第一款：建设单位未依法报批建设项目环境影响报告书、报告表，或者未依照本法第二十四条的规定重新报批或者报请重新审核环境影响报告书、报告表，擅自开工建设的，由县级以上环境保护行政主管部门责令停止建设，根据违法情节和危害后果，处建设项目总投资额百分之一以上百分之五以下的罚款，并可以责令恢复原状；对建设单位直接负责的主管人员和其他直接责任人员，依法给予行政处分。

（2）"三同时"制度

"三同时"制度是出台最早、在我国社会主义制度和建设经验的基础上提出来的、具有中国特色并行之有效独创的环境管理制度。所谓"三同时"是指新建、扩建、改建项目和技术改造项目、自然开发项目，以及可能对环境造成损害的工程建设，其防治污染及其他公害的设施，必须与主体工程同时设计、同时施工、同时投产。根据我国2015年1月1日开始施行的《环境保护法》第四十一条规定："建设项目中防治污染的设施，应当与主体工程同时设计、同时施工、同时投产使用。防治污染的设施应当符合经批准的环境影响评价文件的要求，不得擅自拆除或者闲置。"适用于新建、改建、扩建项目（含小型建设项目）和技术改造项目，以及其他一切可能对环境造成污染和破坏的工程建设项目和自然开发项目。它与环境影响评价制度相辅相成，是防止新污染和破坏的两大"法宝"，贯彻"预防为主"方针的一项重要法律制度。具体内容如下：

① 建设项目的初步设计，应当按照环境保护设计规范的要求，编制环境保护篇章并依据经批准的建设项目环境影响报告书（表），在环境保护篇章中落实防治环境污染和生态破坏的措施以及进行环境保护设施投资概算。

② 建设项目的施工，环境保护设施必须与主体工程同时施工。在施工过程中，应当保护施工现场周围的环境，防止对自然环境的破坏，或者减轻粉尘噪声、震动等对周围生活居住区的污染和危害，并接受环境保护行政主管部门的日常监督检查。

③ 建设项目在正式投产或使用前，建设单位必须向负责审批的环境保护部门提交"环境保护设施竣工验收报告"说明环境保护设施运行的情况，治理效果，达到的标准。经环境保护部门验收合格并发给"环境保护设施验收合格证"后，方可正式投入生产或者使用。

（3）环境保护目标责任制和考核评价制度

环境保护目标责任制，是指确定环境保护的一个目标及实现该目标的措施，并签订协议、做好考核、明确责任，保障措施得以落实、目标得以实现。该制度明确了一个区域、一个部门乃至一个单位环境保护的主要责任者和责任范围，运用目标化、定量化、制度化的管理方法，把贯彻执行环境保护这一基本国策作为各级领导的行为规范，推动环境保护工作的全面、深入发展，是责、权、利、义的有机结合。

环境保护目标责任制的实施以环境保护目标责任书为纽带，实施过程大体可分为四个阶段：责任书的制定阶段、下达阶段、实施阶段和考核阶段。责任制是否真正得到贯彻执行，关键在于抓好以上四个阶段。

考核评价与目标责任密切相关，考核的是目标的完成情况，并将其作为对人的考察的重要依据。考核对象包括：①本级人民政府负有环境保护监督管理职责的部门及其负责人，包括但不限于环境保护主管部门及其负责人；②下级人民政府及其负责人。

（4）现场检查制度

现场检查是指县级以上人民政府环境保护主管部门及其委托的环境监察机构和其他负有环境监督管理职责的部门，对其管辖范围内排放污染物的企业事业单位和其他生产经营者遵守环境保护法律法规和规章而直接进入现场进行检查的一种行政执法活动。现场检查制度是指有关现场检查主体、现场检查对象、现场检查内容、现场检查程序、现场检查者和被检者的义务等法律规定的总称。

现场检查程序如下：①检查前的准备。明确检查的目的任务，确定检查的内容，选择检查的适当方式，提出检查项目及有关要求等。②进行现场检查。检查人员进入现场，必须佩戴标志，身着制服，向被检查者明示身份，并出示由法定部门签发的检查证件。检查人员进入现场后，对有关事项逐一进行检查，并提出要求。在检查过程中，检查人员一般应为两个或两个以上，被检查方也应派人负责提供情况，检查人员还应当做好笔录，以便研究、总结。③总结、归档。

（5）征收排污费制度

也称排污收费制度，是指向环境排放污染物以及向环境排放污染物超过国家或地方污染物排放标准的排污者，按照污染物的种类、数量和浓度，根据排污收费标准向环境保护主管部门设立的收费机关缴纳一定的治理污染或环境破坏费用的制度。

排污收费制度最早始于德国的鲁尔工业区，我国的排污收费制度是在20世纪70年代末期，根据"谁污染谁治理"的原则，借鉴国外经验开始实行的。我国目前有两种意义的排污收费制度：一种是超标准排污收费，即现行的《环境保护法》规定："排放污染物超过国家或地方规定的污染物排放标准的企事业单位，依照国家规定缴纳超标准排污费"；另一种是排污收费，如《水污染防治法》第十五条规定的，凡向水体排放污染物的，即使不超过标准，也要征收排污费。

排污单位缴纳排污费后，并不免除缴费者应该承担的治理污染、赔偿损失的责任和法律规定的其他责任。征收排污费的对象是超过国家或地方污染物排放标准排污的企事业单位。非企事业单位、公民个人，或者排污不超标（不包括排放水污染物）的企事业单位，不需要缴纳排污费。但是企事业单位以外的其他排污单位，如机关、团体等，如使用的采暖锅炉烟尘超标，需缴纳采暖锅炉烟尘排污费。按照《水污染防治法》规定，企事业单位向水体排放污染物，即使不超标也要缴纳排污费。如果超标排污，则加缴超标排污费。

排污收费制度的根本目的不是为了收费，而是作为防治污染和改善环境质量的一个经济手段或经济措施，它利用价值规律，通过征收排污费，给排污单位施以外在的经济压力，促进其治理污染，节约和综合利用资源，减少或消除污染物的排放，以达到保护和改善环境的目的。

（6）排污许可管理制度

排污许可管理，是指凡是需要向环境排放特定污染物的单位和个人，必须事先向环境保护主管部门办理申领排污许可证手续，经批准获得排污许可证后方能向环境排放污染物。该制度的核心是将排污者应当遵守的有关国家环境保护法律、法规政策、标准、总量控制目标和环境保护技术规范等方面的要求具体化，有针对性地、具体地、集中地规定在每个排污者的排污许可证上，约束排污者的排污行为，要求其必须持证排污、按证排污。

国家对在生产经营过程中排放废气、废水和固体废物的行为实行许可证管理。凡直接或间接向环境排放污染物的企业、事业单位、个体工商户（以下简称排污者）都应当按照规定申请领取排污许可证：①向环境排放大气污染物的；②直接或间接向水体排放工业废水和医疗废水以及含重金属、放射性物质、病原体等有毒有害物质的其他废水和污水的。城市污水集中处理设施，其他污染物的排放不适用本规定。

（7）排污权交易制度

由政府征收排污费的制度是一种非市场化的配额交易。交易的一方是具有强制力的政府，另一方是企业。在这种制度下，政府始终处于主动地位，制定排放标准并强制征收排污费，但它却不是排污和治污的主体，企业虽是排污和治污的主体，却处于被动地位。由于只有管制没有激励，只要不超过政府规定的污染排放标准，就不会主动地进一步治污和减排。

排污权交易是指在污染物排放总量控制指标确定的条件下，利用市场机制，建立合法的污染物排放权利即排污权，并允许这种权利像商品那样被买入和卖出，以此来进行污染物的排放控制，从而达到减少排放量、保护环境的目的。主要做法如下：

① 首先由政府部门确定一定区域的环境质量目标，并据此评估该区域的环境容量。

② 推算出污染物的最大允许排放量，并将最大允许排放量分割成若干规定的排放量，即若干排污权。

③ 政府可以选择不同的方式分配这些权利，并通过建立排污权交易市场使这种权利能合法地买卖。在排污权市场上，排污者从其利益出发，自主决定其污染治理程度，从而买入或卖出排污权。

其主要思想是建立合法的污染物排放权利（这种权利通常以排污许可证形式表现），以此对污染物的排放进行控制，是政府用法律制度将环境使用这一经济权利与市场交易机制相结合。排污权交易对企业的经济激励在于排污权的卖出方由于超量减排而使排污权剩余，之后通过出售剩余排污权获得经济回报，这实质是市场对企业环保行为的补偿。买方由于新增排污权不得不付出代价，其支出的费用实质上是环境污染的代价。它的意义在于可使企业为自身的利益提高治污的积极性，使污染总量控制目标真正得以实现。这样，治污就从政府的强制行为变为企业自觉的市场行为，其交易也从政府与企业行政交易变成市场的经济交易。

排污权交易的前提条件是排放总量控制。总量控制是以环境质量目标为基本依据，根据环境质量标准中的各种污染物参数及其允许浓度，对区域内各种污染源的污染物的排放总量实施控制的管理制度。在实施总量控制时，污染物的排放总量应小于或等于允许排放总量。区域的允许排污量应当等于该区域环境允许的纳污量，环境允许纳污量则由环境允许负荷量和环境自净容量确定。

环境容量是指在人类生存和自然状态不受危害的前提下，某一环境所能容纳的某种污染物的最大负荷量。我们允许一定量的排污，是因为现实中的任何生产和消费活动不可能实现污染的零排放。但这种允许必须量化，而且需要有一定富余的环境容量。如果该区域的环境容量已呈饱和状态，就不会有排污权剩余，更不会有排污权交易。

排污权交易的结果是使全社会总的污染治理成本最小化。管制当局可以通过发放或购买排污权来控制排污权的价格及污染物排放量，类似于中央银行的公开市场操作：在证券市场上出售或购买政府债券以控制货币供给量及利率。认为现有的环境质量偏低或环境标准偏低的社会团体或个人，也可以通过购买排污权而不排放污染物的办法，对这种不满意的状况主动地进行改进。进行排污权交易有利于优化资源配置，提高企业投资于污染控制技术和设备的积极性。排污权市场可以对经常变动的市场价格和厂商治理成本作出及时的反应。

1974 年，美国环境保护署（EPA）首次将排污权交易用于控制空气污染。2007 年，我国 11 个地区（江苏、天津、浙江、湖北、重庆、湖南、内蒙古、河北、陕西、河南和山西）陆续被批准为排污权交易试点，制定了相关的政策和法律法规。以山西省为例，2012 年 1 月其排污权交易中心投入运行，正式开展排污权交易，并将排污权交易纳入环境保护和污染减排常态化管理。截至 2016 年底，山西排污权交易累计完成 1457 宗，实现交易金额 18.24 亿元，排污权交易涉及二氧化硫、氮氧化物、烟尘、工业粉尘、化学需氧量（COD）以及氨氮 6 项。2012 年 1 月前，企业免费获取。2012 年 1 月之后，所有新建项目都有偿使用。对于排污权初始配额，政府一律不保留指标，全部分配给企业。政府的排污权储备主要来自因违法排污被关停的企业，避免了政府垄断排污权交易，一级市场和二级市场可以同时发展。5 年来山西政府储备排污权出让金额占总成交额的 45%，企业间交易金额则达到了 55%。为了让减排更有效益，还核定了主要污染物排污权交易基准价，采取"一次性补偿"的办法分类核定，严格明码标价，排污权交易价格不得低于排污权交易基准价。基准价制定主要依据某一污染物在多个行业的每吨平均治理成本，测算时综合考虑减排设备购置费用、设备日常运行和维护费用、设备使用年限、设备折旧、材料投入、人工费用以及当地社会物价上涨趋势等因素。山西省排污权交易基准价共进行了两次调整，目前二氧化硫 18000 元/吨，氮氧化物 19000 元/吨，烟尘 6000 元/吨，工业粉尘 5900 元/吨，化学需氧量 29000 元/吨，氨氮 30000 元/吨。这样有效补贴企业减排成本，避免在竞价过程中出现人为抬高或压价，既保证正常的交易秩序，又体现对企业减排的约束。随着排污权交易的深入开展，其作用开始显现，一些高污染企业主动退出了市场。两方面政策推进排污权交易的推行，一是排污权永久使用，例如山西朔州恒锐达建陶有限公司购买 99.9 吨氮氧化物排污权花了大约 200 万元，一开始十分抵触收费，后来知道排污权使用是永久性的，而且氮氧化物排污权目前是最紧缺的，很多企业都买不到，升值空间很大，相当于给企业多了一笔无形资产；二是规定排污权交易以企业间交易优先。如果一项排污权能从企业买到，就要先从企业购买，买不到再从政府购买，这样二级市场就变成了排污权交易的主要市场。此外，山西省还积极降低排污权交易手续费，为企业减轻负担；开发在线交易平台，减少人为梗阻；在各地市设立受理窗口，提高办事效率。

（8）突发环境事件应急预案制度

突发环境事件应急预案制度，是指为了及时应对突发环境事件，由政府事先编制突发环境事件的应急预案，在发生或者可能发生突发环境事件时，启动该应急预案以最大限度地预防和减少其可能造成的危害等法律规定的总称。

该预案适用于应对以下各类事件应急响应：①超出事件发生地省（区、市）人民政府突发环境事件处置能力的应对工作；②跨省（区、市）突发环境事件应对工作；③国务院或者全国环境保护部际联席会议需要协调、指导的突发环境事件次生、衍生的环境事件。根据突发环境事件的发生过程、性质和机理，突发环境事件主要分为突发环境污染事件、生物物种安全环境事件和辐射环境污染事件三类。共分四级：特别重大环境事件（Ⅰ级）；重大环境事件（Ⅱ级）；较大环境事件（Ⅲ级）；一般环境事件（Ⅳ级）。

想一想

　　7.6　你认为征收排污费制度和"谁污染谁治理"哪种提法更合理？为什么？

7.2.3　环境标准

环境标准是指国家为了保护人群健康、保护社会财富和维护生态平衡，就环境质量、污染物的排放、环境监测方法以及其他需要的事项，按照国家规定的程序，制定和批准的各种技术指标与规范的总称。环境标准是政策、法规的具体体现。

环境标准不是一成不变的，它应该与一定时期的技术经济水平以及环境污染与破坏的状况相适应，并随着技术经济的发展、环境保护要求的提高、环境监测技术的不断进步及仪器普及程度的提高而进行及时调整或更新，通常几年修订一次，在使用时应执行最新的标准。

（1）环境标准的作用

环境标准在控制污染、保护人类生存环境中所起的作用如图 7.5 所示。环境标准是环保的工作目标，环境管理的技术基础，也是制定环境保护规划和计划的重要依据。只有依靠环境标准，才能做出定量化的比较和评价，正确判断环境质量的好坏，从而为控制环境质量、进行环境污染综合整治以及设计切实可行的治理方案提供科学的依据。环境问题的诉讼、排污费的收取、污染治理的目标等都以环境标准为依据。通过实施标准可以制止任意排污的现象，促使企业对污染进行治理和管理，进行技术改造和技术革新，积极开展综合利用，提高资源和能源的利用率。

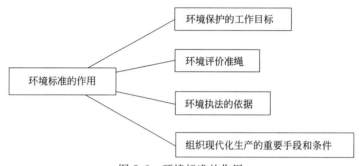

图 7.5 环境标准的作用

（2）环境标准的分级

我国环境标准体系分为三级五类，构成见图 7.6。依据 1999 年国家环保总局颁布的《环境标准管理办法》第三条第二款：环境标准分为国家环境标准、地方环境标准和国家环境保护总局标准（又称为环境保护行业标准）。

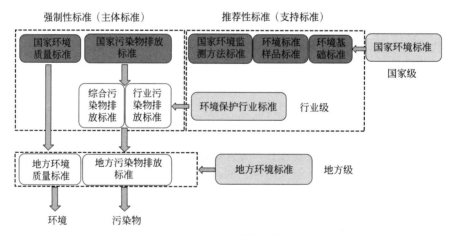

图 7.6 我国环境标准体系

① 国家环境标准主要由国务院环境保护行政主管部门与质量技术监督部门单独或者联合组织制定，针对涉及全国范围的具有普遍影响的一般环境问题，其按照全国的平均水平和要求确定控制指标和具体数值。国家环境标准使用 GB 表示。

② 环境保护行业标准是由生态环境部制定的，在全国环境保护行业范围内适用的环境标准。一般情况下，只有在国家环境标准没有相应规定而实际工作又有需要的情况下才制定，它仅仅是作为国家环境标准的备用或者补充作用而存在。一旦国家层面就此技术规范制定了国家环境标准，相应的行业标准自动废止。行业标准主要包括："执行

各项环境管理制度、法律法规、监测技术、环境区划、规划的技术要求、规范、导则等"。行业标准使用 HJ 表示。

③ 地方环境标准是在国家环境标准没有作出规定的项目上，允许地方省级人民政府制定相关标准。对于国家环境标准已经作出规定的项目，省级人民政府还可以作出更加严格的规定。地方环境标准一般以省级行政区划的名称前两字的首字母表示，例如山东省为 SD。地方环境标准大多严于国家环境标准，地方环境标准优先于国家环境标准执行。地方环境标准的建立，在一定程度上完善和补充了国家环境标准因为地方环境差异所产生的实施效果难以相统一的不足，而且一定程度上为制定更加严格的国家环境标准提供了现实的模型和实践标准。

(3) 环境标准的分类

五类标准是指环境质量标准、污染物排放标准、环境监测方法标准、环境标准样品标准、环境基础标准。

① 环境质量标准是为了保障人群健康、维护生态环境和保障社会物质财富，并留有一定安全余量，对环境中有害物质和因素所作的限制性规定。它是衡量环境质量的依据、环保政策的目标、环境管理的依据，也是制定污染物排放标准的基础。主要包括水、大气、土壤、生物和声等环境质量标准。例如，《地表水环境质量标准》（BG 3838—2002），《海水水质标准》（GB 3097—1997），《生活饮用水卫生标准》（GB 5749—2006），《地下水质量标准》（GB/T 14848—2017），《农田灌溉水质标准》（GB 5084—2021），《环境空气质量标准》（GB 3095—1996），《土壤环境质量标准》（GB 15618—1995），《海洋生物质量标准》（GB 18421—2001），《声环境质量标准》（GB 3096—2008）。

② 污染物排放标准是根据国家环境质量标准，以及采用的污染控制技术，在合并考虑经济承受能力的同时，对排入环境的有害物质和产生污染的各种因素所作的限制性规定，一般也称为污染物控制标准。国家排放标准按适用范围分为综合排放标准和行业排放标准，规定一定范围（全国或某个区域）内普遍存在或危险较大的污染物的容许排放量或浓度，适用于各个行业。行业排放标准规定某一行业所排放的各种污染物的容许排放量或浓度，只对该行业有约束力。例如，《大气污染物综合排放标准》（GB 16297—1997）规定了 33 种大气污染物的排放限值，同时规定了标准执行中的各种要求。《城镇污水处理厂污染物排放标准》（GB 18918—2002），恶臭污染物排放标准（GB 14554—1993），《船舶水污染物排放控制标准》（GB 3552—2018）要求在饮用水水源保护区内，不得排放生活污水，并按规定对控制措施进行记录。新标准要求自 2021 年 1 月 1 日起，船舶含油污水在内河水域禁止排放，这一要求高于美国、加拿大等发达国家。

③ 环境监测方法标准是为监测环境质量和污染物排放，规范采样分析测试、数据处理等所做的统一规定（对分析方法、测定方法、采样方法、试验方法、检验方法、生产方法、操作方法等所做的统一规定。环境监测中最常见的是分析方法、测定方法、采样方法）。例如，《城市区域环境噪声测量方法》（GB/T 14623—93），规定了城市区域环境噪声的测量方法；名词术语如声级用 L 表示，单位是 dB；测量仪器、方法、采样方式、布点、噪声评价方法等。

④ 环境标准样品标准是为保证环境监测数据的准确、可靠，对用于量值传递或质量控制的材料、实物样品，而制定的标准物质。标准样品在环境管理中起着甄别的作用，可用来评价分析仪器、鉴别其灵敏度；评价分析者的技术，使操作技术规范化。

环境标准样品（ERM）是指具有一种或多种足够均匀、稳定并充分确定了特性量值、通过技术评审且附有使用证书的环境样品或材料，主要用于校准和检定环境监测分析仪器、评价和验证环境监测分析方法、管理和控制检测实验室分析质量控制或确定其他环境样品的特性量值。国家环境标准样品是通过国家环境保护主管部门组织的专家技术评审，由国家标准化主管部门批准、发布和授权生产的环境标准样品，其一种或多种特性量值采用建立了能准确复现表示其特性量值计量单位的可溯源性程序确定，并附有规定置信水平的不确定度，以"GSB"进行编号。ERM 现已广泛应用于全国环境保护系统和其他相关部门及行业实验室的认证认可、质控考核、仪器校准、方法验证、技术仲裁等工作中。如硫化物、硝酸盐、氯化物、铁、锰、总磷、总氮等标准样品都有生产批号、样品浓度和有效期。

⑤ 环境基础标准为保证环境保护的正常开展，需要统一的技术性术语、符号、代号（代码）、图形、量纲、单位，以及信息编码等所作的统一规定。它是制定其他环境标准的基础，如《环境污染源类别代码》（GB/T 16706—1996），《制订地方水污染物排放标准的技术原则与方法》（GB 3839—83），《制订地方大气污染物排放标准的技术原则与方法》（GB 3840—83）。

 **想一想**

7.7　与你所学专业相关的环境标准有哪些？请查阅相关资料列出至少两个标准。

阅读材料

▶扫码扩展阅读◀
环境保护实施途径

 习　题

1. 如何理解环境管理？作为环境管理的主体包括哪些？分别有什么职责？
2. 政府、公众和企业作为环境管理的对象如何在环境管理中发挥作用？
3. 我国环境管理机构组成结构是什么？
4. 环境管理的基本职能和主要作用是什么？
5. 环境管理的主要手段有哪些？每种手段对环境保护起到什么作用？
6. 什么是环境保护法？我国环境保护法体系是如何构成的？
7. 我国环境保护法基本制度有哪些？
8. 排污权交易制度的本质和具体内容怎么做？
9. 什么是环境标准？环境标准的作用是什么？
10. 我国环境标准体系组成是什么？

参考文献

［1］　韩德培. 环境保护法教程. 北京：法律出版社，2015.
［2］　张梓太. 环境保护法. 北京：中央广播电视大学出版社，1999.
［3］　岳永德. 环境保护学. 北京：中国农业出版社，2000.

［4］　闫廷娟．人·环境与可持续发展．北京：北京航空航天大学出版社，2001.

［5］　严启之．环境卫生学．3 版．北京：人民卫生出版社，1987.

［6］　原福胜．环境卫生学．北京：中国协和医科大学出版社，2003.

［7］　刘雪梅，罗晓．环境监测．成都：电子科技大学出版社，2017.

［8］　奚旦立，孙裕生．环境监测．4 版．北京：高等教育出版社，2010.

［9］　樊玉光，林红先．环境保护与管理．西安：西北工业大学出版社，2014.

［10］　李焰．环境科学导论．北京：中国电力出版社，2000.

［11］　李青青．总量控制下的排污权交易制度．农家参谋，2018（09）：218.

［12］　曲向荣．环境保护与可持续发展．北京：清华大学出版社，2010.

［13］　张明顺．环境管理．武汉：武汉理工大学出版社，2003.

［14］　朱庚申．环境管理．2 版．北京：中国环境科学出版社，2007.

第 8 章 可持续发展的生产和经济模式

8.1 全新的工业生产模式

8.1.1 清洁生产的"诞生"

人类在地球上出现以来，从未停止对资源的开发，这是文明发展的需要。随着第二次工业革命的出现，新能源、新材料、新技术变得日新月异，资源被无节制开发，工业生产中电能和水的浪费、大量废料的产生，使人类正面对可怕的资源危机和环境问题。如果延续现有的生产与消费模式，到 2050 年，我们对自然资源的需求将需要多个地球供给。2017 年 11 月，英国著名物理学家霍金预言：随着地球人口的增长，能源消耗的增加，地球将变成一个"熊熊燃烧的火球"。他提到的人类自私、贪婪的遗传密码，毫无疑问是存在的，"200 年内地球毁灭"的预言可能并不精确，但他显然希望通过这个忠告阻止人类疯狂破坏大自然的行为。

20 世纪工业发展与污染防治历程如图 8.1 所示。20 世纪 50～60 年代，经济快速发展，人们忽视了对工业污染的防治，工业"三废"采用直接或者稀释的方式向环境排放，随之出现一系列严重的环境问题。人们逐渐认识到工业发展犹如"双刃剑"，给社会带来巨大财富、推动文明进步的同时，也带来了大量的污染负荷。20 世纪 70 年代，工业化国家开始广泛地关注环境问题并开始通过各种方法和技术对工业产生的废弃物进行处理，以期减少对环境的损害。这是"末端治理（End-of-pipe Treatment）"的方式，即在生产过程的末端，针对产生的污染物开发并实施有效的治理技术。这种仅着眼于排污末端的控制，虽在一定时期内或在局部地区起作用，但并未从根本上解决工业污染问题，存在明显的弊端：

① 污染控制与生产过程割裂开来。资源与能源不能在生产过程中得到充分利用，最后将"三废"排放到环境中，会造成资源、能源的浪费以及环境的污染，同时还引起生产管理部门和环境保护部门不相协调。

② 污染物排出后再处理，处理设施投资大，运行费用高。污染物处理只有环境效益而无经济效益，给企业带来沉重的经济负担，使得企业对"三废"的处理积极性不高；如美国杜邦公司每磅废物的处理费用以每年 20%～30% 的速率增加，焚烧一桶危险废物可能要花费 300～1500 美元。如此高的经济代价仍未能达到控制污染的目标，末

端处理在经济上已不堪重负。

③ 排放出的"三废"在存放、处理或处置过程中，存在一定风险。末端处理不能从根本上消除污染，还可能造成二次污染。

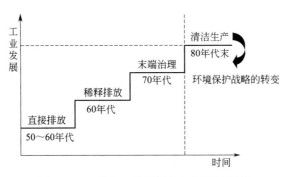

图 8.1 20 世纪工业发展与污染防治历程

因此从 20 世纪 80 年代开始，一些发达国家的企业相继尝试运用"污染预防""废物最小化""减废技术""源削减""零排放技术""零废物生产"和"环境友好技术"等方法和措施，来提高生产过程中的资源利用效率、削减污染物以减轻对自然环境和社会公众的危害。这些实践在一些国家和地区呈现了初步成效，为全球防治工业污染提出了新的思路和努力方向。在总结预防为主、防治结合的工业污染防治理论和实践的基础上，联合国环境规划署于 1989 年首次提出了清洁生产战略和推广计划，获得了绝大多数国家认可和使用。清洁生产的出现是人类工业生产发展的历史必然。

 **想一想**

8.1 如何理解工业发展是"双刃剑"，清洁生产的出现为何是必然的？

8.1.2 理解清洁生产

清洁生产（Cleaner Production）在不同的地区和国家使用着具有类似含义的多种术语。例如，欧洲国家有时称为"少废无废工艺""无废生产"；日本多称"无公害工艺"；美国则称之为"废料最少化""污染预防""减废技术"。此外，还有"绿色工艺""生态工艺""环境工艺""过程与环境一体化工艺""再循环工艺""源削减""污染削减""再循环"等。这些不同的提法或术语实际上描述了清洁生产概念的不同方面。

（1）清洁生产定义和内涵

1996 年联合国环境规划署工业与环境规划中心（UNEPIE/PAC）将其概括为：清洁生产是关于产品生产过程的一种新的、创造性的思维。意味着对生产过程、产品、服务持续运用整体预防的环境战略，以期增加生态效率和减少人类和环境风险的策略。对于产品，它意味着减少产品从原材料选取到使用后到最终处理处置，整个生命周期过程对人体健康和环境构成的影响；对于生产过程，它意味着节约原料和能源，消除有毒物料，在各种废物排出前，尽量减少其毒性和数量；对于服务，则意味着将环境因素纳入设计和所提供的服务中。

《中华人民共和国清洁生产促进法》对其定义为：清洁生产是指不断采取改进设计、使用清洁的能源和原料、采用先进的工艺技术与设备、改善管理、综合利用等措施，从源头削减污染，提高资源利用效率，减少或者避免生产、服务和产品使用过程中污染物的产生和排放，以减轻或者消除对人类健康和环境的危害。

清洁生产体现的是"预防为主"的方针，强调"源削减"，尽量将污染物消除或减少在生产过程中。减少其排放量，且对最终产生的废物进行综合利用。从本质上讲，清洁生产是对生产过程与产品采取整体预防的环境策略，减少或者消除它们对人类及环境的可能危害，同时充分满足人类需要，使社会效益和经济效益最大化的一种生产模式，是环境战略、可持续发展理念。其核心要素是整体预防、持续运用（结果是持续改进）。适用对象是生产过程、产品和服务；运用要求是对生产过程节能降耗、替代淘汰、减量降毒；对产品要权衡整个生命周期，对服务活动纳入环境因素。宗旨是提高生态效率，是实施可持续发展的重要手段。

（2）清洁生产与传统末端治理的区别

清洁生产是对传统的末端治理手段的根本变革，是污染防治的最佳模式。传统的末端治理方式与生产过程割裂，即先污染后治理，侧重于"治"；清洁生产从产品设计开始，到生产过程的各个环节，通过不断地加强管理和技术进步，提高资源利用率，减少乃至消除污染物的产生，侧重于"防"。实践证明"防"优于"治"，最大不同是找到了环境效益与经济效益相统一的结合点，能够调动企业防治污染的积极性，二者的对比见表 8.1。

表 8.1   清洁生产与传统末端治理的比较

类别	清洁生产系统	末端处理(不含综合利用)
思考方法	污染物消除在生产过程中	污染物产生后再处理
产生时代	20 世纪 80 年代末期	20 世纪 70～80 年代
控制过程	生产和产品生命周期全过程控制	污染物达标排放控制
控制效果	比较稳定	产污量影响处理效果
产污量	明显减少	无明显变化
排污量	减少	减少
资源利用率	增加	无显著变化
资源耗用	减少	增加(治理污染消耗)
产品产量	增加	无显著变化
产品成本	降低	增加(治理污染费用)
经济效益	增加	减少(用于治理污染)
治理污染费用	减少	随排放标准严格,费用增加

（3）清洁生产的内容及特点

清洁生产主要内容可归纳为"三清一控"，即清洁的能源与原料、清洁的生产过程、清洁的产品，以及贯穿于清洁生产的全过程控制。

清洁的能源是指常规能源的清洁利用，可再生能源、新能源的利用以及节能技术；清洁原料是少用、不用有毒有害的原料；清洁的生产过程包括无毒无害的中间产品，减少生产过程中的各种危险因素，少废、无废的工艺和高效的设备，物料厂内外的再循环，简便可靠的操作、控制以及完善的管理；清洁的产品是指节约原料和能源，少用昂贵和稀缺的原料，利用二次资源作原料，产品使用过程以及使用后不会危害人体健康和生态环境，易于回收、复用和再生，合理包装，合理使用功能和使用寿命以及易处置、易降解；清洁的生产过程包括生产原料或物料转化的全过程控制和生产组织的全过程控制。具有以下特点：

① 战略性。清洁生产是污染预防战略，是实现可持续发展的环境战略。它有理论基础、技术内涵、实施工具、实施目标和行动计划。

② 预防性。传统的末端治理与生产过程相脱节。清洁生产从源头抓起，实行生产全过程控制，尽最大可能减少乃至消除污染物的产生，其实质是预防污染。

③ 综合性。实施清洁生产的措施是综合性的预防措施，包括结构调整、技术进步和完善管理。

④ 统一性。传统的末端治理投入多、治理难度大、运行成本高、经济效益与环境效益不能有机结合。清洁生产最大限度地利用资源，将污染物消除在生产过程之中，不仅环境状况从根本上得到改善，而且能源、原材料和生产成本降低，经济效益提高，竞争力增强；能够实现经济效益与环境效益相统一。

⑤ 持续性。清洁生产是个相对的概念，是个持续不断的过程，没有终极目标。随着技术和管理水平的不断创新，清洁生产应当有更高的目标。

 **想一想**

8.2　企业面对"三废"需要投入处理设备是什么治理措施？企业如何从源头减少废物的产生并实现生产的全过程控制？

8.1.3　实施清洁生产

从政府的角度出发，首先要制定特殊的政策以鼓励企业推行清洁生产，完善现有的环境法律和政策以克服障碍；进行产业和行业结构调整；安排各种活动提高公众的清洁生产意识；支持工业示范项目；为工业部门提供技术支持；把清洁生产纳入各级学校教育之中。

从企业层次来说，需要积极进行企业清洁生产审核（详见 8.2.1）；开发长期的企业清洁生产战略计划；对职工进行清洁生产的教育和培训；进行产品全生命周期分析；进行产品生态设计；研究清洁生产的替代技术。

实施清洁生产的途径主要包括五个方面：

① 改进设计，在工艺和产品设计时，要充分考虑资源的有效利用和环境保护，生产的产品不危害人体健康，不对环境造成危害，能够回收的产品要易于回收；

② 使用清洁的能源，并尽可能采用无毒、无害或低毒、低害原料替代毒性大、危害严重的原料；

③ 采用资源利用率高、污染物排放量少的工艺技术与设备；

④ 综合利用，包括废渣综合利用、余热余能回收利用、水循环利用、废物回收利用；

⑤ 改善管理，包括原料管理、设备管理、生产过程管理、产品质量管理、现场环境管理等。

联合国环境规划署自 1990 年起每两年召开一次清洁生产国际高级研讨会，1992 年召开的联合国环境与发展大会制定的《21 世纪议程》，将清洁生产作为实现可持续发展的重要内容。在 1998 年的第五次清洁生产国际高级会议上推出了《国际清洁生产宣言》，截至 2002 年 3 月底，已有 300 多个国家、地区或地方政府、公司以及工商业组织在《国际清洁生产宣言》上签名。

推行清洁生产的过程中，世界各国从各自的实际出发，采取了相应的措施和行动。发达国家如德国于 1996 年颁布了《循环经济和废物管理法》；日本为适应其经济软着陆时期的发展需求，在 2000 年前后相继颁布了《促进建立循环社会基本法》《提高资源有效利用法（修订）》等一系列法律，来建立循环社会；美国国会 1990 年通过了"污染预防法"，把污染预防作为国家政策，要求工业企业通过源削减。1993 年，我国第二次工业污染防治工作会议，明确提出积极推行清洁生产，确立了其在我国工业污染防治中的重要地位。2002 年，我国颁布了《中华人民共和国清洁生产促进法》，又发布了石油炼制业等 13 部清洁生产标准和 10 部清洁生产指标体系，涉及钢铁、有色金属、电力、煤炭、化工、建材、纺织等行业共 28 项清洁生产技术。2000 年在加拿大蒙特利尔召开的国际清洁生产高层研讨会（CP6）提出，清洁生产已经成为技术进步的推动者、改善管理的催化剂、革新者的典范、连接工业化和可持续发展的桥梁。目前，清洁生产战略已在全球范围实施。

想一想

　　8.3　政府和企业在清洁生产实施过程中的作用分别是什么？

8.2　清洁生产分析工具

清洁生产的分析工具有清洁生产审核、环境管理体系（ISO 14001）、生态设计、生命周期评价、环境标志以及环境管理会计等。

8.2.1　清洁生产审核

清洁生产审核又称为清洁生产审计，是一种在企业层面操作的环境管理工具，是对企业现在的和计划进行的生产进行预防污染的分析和评估。国家发改委和国家环境保护部 2016 年颁布的《清洁生产审核办法》对清洁生产审核的定义："按照一定程序，对生产和服务过程进行调查和诊断，找出能耗高、物耗高、污染重的原因，提出减少有毒有害物料的使用、产生，降低能耗、物耗以及废物产生的方案，进而选定技术可行、经济合算及符合环境保护的清洁生产方案的过程。"

清洁生产审核是企业实行清洁生产的重要前提。通过审核可以判定出企业中不符合清洁生产的地方和做法，提出方案并解决这些问题，从而实现清洁生产。可以达到：

① 对有关单元操作、原材料、产品、用水、能源和废弃物的资料进行核对；

② 对废弃物的来源、数量和类型、废弃物削减的目标进行确定，制定经济有效地削减废弃物产生的对策；

③ 提高企业对于削减废弃物获得效益的认知；

④ 判断企业效率低的瓶颈部位和管理不善的地方；

⑤ 提高企业经济效益和产品质量。

8.2.1.1　清洁生产审核范围和对象

清洁生产审核适用于我国境内所有从事生产和服务活动的单位以及从事相关管理活动的部门，审核的对象分为自愿性和强制性审核。

国家鼓励企业自愿开展清洁生产审核。污染物排放达到国家或者地方排放标准的企业，可以自愿组织实施清洁生产审核，提出进一步节约资源、削减污染物排放量的目标。有下列其中一种情况的，应实施强制性清洁生产审核：

① 污染物排放超过国家和地方排放标准，或者污染物排放总量超过地方人民政府核定的排放总量控制指标的污染严重企业；

② 超过单位产品能源消耗限额标准构成高耗能的企业；

③ 使用有毒有害原料进行生产或者在生产中排放有毒有害物质的企业。

8.2.1.2　清洁生产审核思路

清洁生产审核是一套科学的、系统的、逻辑缜密和操作性很强的工作程序。其审核可归纳为 3 个层次、5 类对象、8 字目的、8 个方面和审核的 7 个阶段（35 个步骤）。

清洁生产审核的 3 个层次为：

① 何处（Where）？——调查废物产生源：在何处产生废物（即资源能源的流失浪费）并形成排放？特性怎样？数量及负荷强度是多少（单位时间及单位产品）？

② 为何（Why）？——分析废物产生原因：为什么会产生废物并形成排放？是否合理？能否削减？

③ 如何（How）？——产生并确定预防废物解决方案（减少废物量/降低毒性）：如何、用什么措施才能预防、减少降低废物及其毒性的产生和排放？包括一个或者多个无/低费方案和中/高费方案。

清洁生产审核的 5 类对象包括：废物、有毒有害物质、能耗、物耗和水耗。8 字目的是：节能、降耗、减污、增效。从清洁生产的角度看，对于每一个废弃物产生的原因都要从原辅材料和能源、技术工艺、设备、过程控制、产品、废弃物、管理、员工素养8 个方面分析（图 8.2），并提出相应的解决方案。

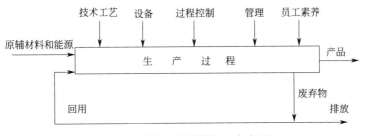

图 8.2　清洁生产审核的 8 个方面

8.2.1.3　清洁生产审核过程

清洁生产审核的主体是企业，实际可委托具有审核资质的专家组成清洁生产审核小组协助企业完成审核工作。主要包括筹划与组织、预审核、审核、备选方案的产生与筛选、方案可行性分析、方案实施和持续清洁生产 7 个阶段共 35 个步骤（图 8.3）。

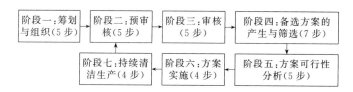

图 8.3　清洁生产审核的 7 个阶段 35 个步骤

（1）筹划与组织

审核内容主要由企业自己完成，必要时可请专家协助。包括：

① 取得企业高层领导的支持和参与。协调、组织企业各部门积极配合和动员全体职工积极参与，在人、财、物等方面得到充分支持，使提出的清洁生产的方案易于实施。通过宣传，使企业了解清洁生产概念，真正认识其对企业发展的重要性，自觉将其作为重点工作来抓。

② 宣传动员和培训。目的是使职工了解清洁生产审核目的和意义，使职工转变观念，改变思维方式，积极投入到清洁生产审核工作中去。可采用黑板报、内部广播、闭路电视、专题讲座及培训班等多种形式。宣传的重点包括：清洁生产与末端治理的比较；清洁生产审核的必要性、内容与方法；每个职工的作用；需要克服的障碍；国内外企业清洁生产审核的成功实例；本企业各部门通过清洁生产审核可能或已取得的效果及具体做法。

③ 建立清洁生产审核队伍。组建一个有权威的、掌握专业知识的清洁生产审计小组，是企业顺利实施清洁生产审核的组织保障。审核小组基本任务是实施清洁生产审核，制定审核工作计划，组织实施审核工作，编写审核报告。

④ 制定清洁生产审核工作计划。组织好人力物力，各司其职，协调配合及时编制审核工作计划表。

⑤ 清洁生产培训。通过讲课等方式完成对企业部分高、中、低层管理人员及一线工人的培训。

（2）预审核

预审核主要是选择审核的重点和设置清洁生产的目标，目的是对企业的限制等进行调查和分析，发现问题，确定重点，设立清洁生产的近期和中远期目标。其内容包括：

① 企业现状调研。包括企业概况、生产状况、环境保护状况、管理状况和企业的能耗。

② 现场考察。考察企业能耗、水耗、物耗大的部位；污染物产生与排放多、毒性大、处理处置难度大的部位；操作困难、容易引起生产波动的部位；物料的进出处，设备陈旧、技术落后和事故多发的部位等。考察方法可以是将图纸、设计资料带到现场，对应分析核对有关参数和信息；也可查阅岗位记录，与一线操作工人座谈。

③ 确定审核重点。根据企业产品产量、原材料和能源消耗、污染物产生量、环境及公众压力大的环节、是否有明显的清洁生产机会和员工的积极性来确定。

④ 设置清洁生产目标。针对审核重点，根据外部的环境管理要求，如达标排放、限期治理、本企业历史最好水平等，参照国内外同行业、类似规模、工艺或技术装备的厂家的先进水平设置目标。

⑤ 提出和实施无费或低费方案。通过现场考察初步产生部分无/低费方案，同时实施。

（3）审核

通过对审核重点的物料平衡、水平衡、能量平衡及价值流分析，分析物料、能量损失和其他浪费的环节，找出浪费产生的原因。查找材料储存、生产运行与管理和过程控制等方面存在的问题，以及与国内外先进水平的差距，以确定预防污染方案。其内容包括：

① 准备审核重点资料。收集原辅材料/能源/水、工艺流程、设备、生产数据、废弃物资料，结合现场调查，编制审核重点的工艺流程图（图 8.4）、单元操作工艺流程图（图 8.5）和功能说明表，编制工艺设备流程图。

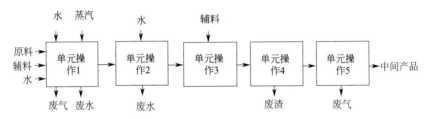

图 8.4　审核重点工艺流程图示例

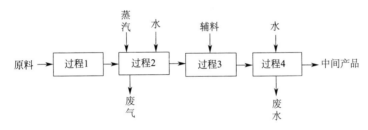

图 8.5　单元操作工艺流程图示例

② 实测输入输出物流。对审核重点全部的输入、输出物流进行实测，包括原料、辅料、水、产品、中间产品及废弃物等。物流中组分的测定原则是监测项目应满足对废弃物流的分析。主要物流的进出口要实测满足物料衡算要求，对因工艺条件所限无法监测的中间过程，可用理论数值代替。周期性生产的企业至少实测三个周期，对连续生产企业，连续监测 72h。

③ 建立物料平衡。考察输入、输出物流的总量和主要组分的量，进行预平衡测算，编制物料平衡图，原理是输入与输出相等（图 8.6，能源包括以物质形式存在的，如有空气进入体系亦应计算）。检查单位的一致性、工艺的稳定性，材料越昂贵、毒性越大，物料平衡应越精确。如果物料平衡是在每个物流的基础上建立的则有意义。建立能源平衡表、能源网络图和能流图，应做单独的水平衡，并应符合国家标准《企业水平衡与测试通则》的规定。最后阐述物料平衡结果，物料平衡的偏差（输入－输出）/输入×100%一般应在 5%以下，但对贵重原料、有毒成分应更少或应满足行业要求。实际原料利用率 $U=P/M$（P 为产品产量，M 为原料投入量）、能源利用效率、水的重复利用率等资源能源利用指标，阐述物料流失部位（无组织排放）及其他废弃物产生环节，废弃物（包括流失的物料）的种类、数量和所占比例以及对生产和环境的影响部位，评价该企业清洁生产水平。

输入：原材料＋水＋能源＋辅助材料 ＝ 输出：产品＋副产品＋废弃物

图 8.6　物料平衡原理图

④ 分析废物产生的原因。审核物料平衡、价值流图等，分析浪费产生原因，从清洁生产审核的 8 方面分析，具体见表 8.2。

表 8.2　分析废物产生原因

项目	分析内容
原辅材料和能源	原辅料不纯或未净化，存储、发放、运输损失；原辅料投料量、配比不合理；原辅料及能源超定额使用；有毒、有害原辅料的使用；未使用清洁能源；二次资源未利用
技术工艺	技术工艺落后，原料转化率低；设备布置不合理，无效传输线路过长；反应及转化步骤过长；连续生产能力差；工艺条件要求严；生产稳定性差；使用有害材料
设备	设备破旧、漏损、自动化控制水平低；有关设备之间配置不合理；主体设备和公用设备匹配不合理；设备缺乏有效维护和保养；功能不能满足工艺要求
过程控制	计量检测、分析仪表不齐全或精度较低；某些工艺参数（温度、压力、流量、浓度等）未得到有效控制；过程控制水平不能满足技术工艺要求
产品	储存、搬运过程中的破损、漏失；转化率低，不利于环境的规格和包装
废弃物	对可利用废弃物未再用或循环使用；物理化学性能、状态不利于后续处置；单位产品废弃物产生量高
管理	有利清洁生产的管理制度未得到有效执行；现有管理制度、操作规程不能满足清洁生产要求；岗位操作规程不够严格；生产记录不完整；信息交换不畅；缺乏有效的奖惩办法
员工素养	员工素质不能满足生产要求；缺乏优秀管理人员；缺乏专业技术人员；缺乏熟练操作人员；员工技能不能满足岗位要求；缺乏对员工的激励措施

⑤ 提出和实施无/低费方案。针对审核重点，根据废弃物产生的原因，从 8 个方面提出并实施明显的、简单易行的清洁生产无费、低费方案。

（4）备选方案的产生与筛选

根据审核重点的物料平衡和废物产生原因分析结果，制定污染物控制中、高费用备选方案，并对其进行初步筛选，确定出两个以上最有可能实施的方案，供下一阶段进行可行性分析。主要包括：

① 产生合理化方案。广泛采集创新思路，根据物料平衡和价值流分析结果，针对浪费废弃物产生原因分析产生方案。广泛收集国内外同行业先进技术，组织行业专家进行技术咨询，利用价值流图和其他辅助工具（生产线平衡分析，场地布局分析，程序分析等）全面系统地产生方案。

② 分类汇总方案。审核重点、非重点、已实施和未实施的方案，从清洁生产审核的 8 方面，也可按方案的投资额（即无/低费、中/高费方案）划分，列表简述其原理和实施后的预期效果。

③ 方案筛选。根据技术可行性、环境效果、经济效果、实施的难易程度、对生产和产品的影响初步筛选方案，对处理方案数量较多或指标较多情况的方案采用权重总和计分排序筛选。汇总筛选结果为三类可行的无/低费方案，初步可行的中/高费方案和不可行方案。

④ 方案研制。针对筛选出来的初步可行的中/高费方案，编写其工艺流程详图、主要设备清单、主要技术经济指标、可能的环境影响、方案的费用和效益估算。

⑤ 继续实施无/低费方案。

⑥ 核定并汇总无/低费方案实施效果。

⑦ 编写清洁生产中期审核报告，为后续改进和继续工作打好基础。

(5) 方案可行性分析

对上一步筛选出的中/高费清洁生产方案进行可行性分析，从技术、环境和财务方面评估，确定出最佳的可实施清洁生产方案。包括以下内容：

① 进行市场调查。通过市场调查和需求预测，对原来方案中的技术途径和生产规模作相应调整。在技术、环境、经济评估之前，要最后确定 2～3 个可实施中/高费方案技术途径。结合实施途径及要点、技术工艺流程图，方案所达到的技术经济指标，可产生的环境、经济效益进行预测。对方案的投资总费用进行预测。

② 技术评估。评估包括方案设计中采用的工艺路线、技术设备在经济合理的条件下的先进性、适用性与国家有关的技术政策和能源政策的相符性。技术引进或设备进口符合我国国情、引进技术后要有消化吸收能力。资源的利用率和技术途径合理。技术设备操作上安全可靠，包括对操作人员的技术要求和技术成熟度。

③ 环境评估。评估资源的与资源可永续利用要求的关系；生产中废弃物排放量的变化；污染物组分的毒性及其降解情况；污染物的二次污染；操作环境对人员健康的影响；废弃物的重复利用、循环利用和再生回收。

④ 经济评估。清洁生产经济效益的统计方法包括经济评估方法、经济评估指标及其计算、经济评估准则。直接效益包括生产成本的降低（设备维护费减少、原辅料消耗、水耗减少）；销售的增加（增加产量的收益、回收副产品的收益）；其他收益（提高企业声誉，扩大市场占有率）。间接收益包括环境收益（减少废弃物处理费用、排污罚款费用）；从废弃物回收利用的获益；其他收益（工人健康改善，减少医疗费用）。

⑤ 确定最佳可行方案。比较各方案的技术、环境和经济评估结果，从而确定最佳可行的推荐方案。

(6) 方案实施

实施筛选的中/高费最佳可行方案，总结前几个审核阶段已实施的清洁生产方案的成果，通过分析、评估激励企业持续清洁生产。其内容包括：

① 组织方案的实施。统筹规划，筹措资金（自筹或银行贷款）并优化方案实施顺序。

② 从环境和经济效益汇总已实施的无/低费方案成果。

③ 从技术、环境、经济和综合评价方面验证已实施的中/高费方案的成果。

④ 分析总结已实施方案对企业的影响。表格形式汇总环境效益和经济效益，对比各项单位产品指标，宣传清洁生产成果。

(7) 持续清洁生产

清洁生产是一个动态的、相对的概念，是一个连续的过程，制订计划、措施，在企业中持续推行清洁生产，最后编制企业清洁生产审核报告。目的是使清洁生产工作能够在企业内部长期、持续地推行下去。其内容包括：

① 建立和完善清洁生产组织。单独设立清洁生产办公室，直接归属厂长领导。组织、协调并监督实施本次审核提出的清洁生产方案，负责清洁生产活动的日常管理。经常对员工进行清洁生产教育和培训，选择下一轮清洁生产审核重点。

② 建立和完善清洁生产管理制度。把审核成果纳入企业的日常管理，建立和完善清洁生产激励机制，保证稳定的清洁生产资金来源。

③ 制定持续的清洁生产计划。包括清洁生产审核工作计划、方案的实施计划、清洁生产新技术的研究与开发计划，企业职工的清洁生产培训计划。

④ 编制清洁生产审核报告。总结企业清洁生产审核成果。

 **想一想**

8.4 清洁生产审核的步骤间有什么关系？审核过程是一次完成即止吗？

8.2.1.4 某酿酒厂清洁生产审核案例

该酿酒厂是一家生产食用酒精和饮料酒的国有中型企业，现有年产 2×10^4 t 食用酒精、1.2×10^4 t 饮料酒生产能力，主要原料为红芋干（白薯干），经过粉碎、蒸煮、糖化、发酵、蒸馏等加工过程制成产品。生产过程中产生的废气、废水和固体废弃物主要污染排放和处理情况如下：酒精废糟液 28×10^4 t/a，其中 8×10^4 t 用于沼气发酵，沼气消化液排放至七里长沟，剩余的 20×10^4 t 计划用于菌丝蛋白生产。目前，采用固液分离后清液排放至七里长沟，固体糟进行出售。工业锅炉废气 1.98×10^8 m^3/a，经麻石水膜除尘达标后排放；发酵产生 CO_2 气体 1.8×10^4 t/a，部分回收生产 CO_2 液体。白酒固体糟 1.44×10^4 t/a（水分 $50\% \sim 60\%$），直接售给农民作饲料；炉渣 0.9×10^4 t/a，直接售给当地砖厂。废水 184×10^4 t/a，清污不分流，直接排放至七里长沟。此外，该酿酒厂每年向环保部门缴纳大量排污费，是国务院重点治理项目。

步骤一　筹划与组织

组建了一支由 13 人组成的清洁生产审计小组。组长由厂长担任，组员分别由厂办、酒精车间、锅炉车间、水电系统、仪表车间和会计科、设备科负责人组成，按照清洁生产的工作内容进行了职责分工并制定了审计工作计划。指定厂办秘书专门负责宣传动员工作；在全厂范围内利用宣传栏、黑板报和厂内广播，连续不断地报道"清洁生产"及"清洁生产审计"的概念、内容和意义，并打印下发有关学习资料和知识问答。

步骤二　预审核

预审核的目的是找出清洁生产审计重点（表 8.3），并制定预防污染的目标。为达到此目的，审计小组首先分别到各科室、车间座谈，按《企业清洁生产审计手册》要求搜集有关资料；在搜集了大量资料基础上，对全厂各车间进行了考察。对各车间的能耗、水耗、物耗、废物排放量进行了总体测试，并与工程技术人员及现场操作工人进行座谈分析，核实了生产及废物的产出情况。主要包括原料消耗、产品数量，废水、废气数据，蒸汽消耗、水耗、电耗，废渣数据等。鉴于酿酒厂排放的主要废物均无毒性，生产中主要排放的是酒精废糟液和废水，能耗、水耗各车间相差甚大，通过清洁生产权重总和法确定了本次的审计重点为酒精车间。

表 8.3　清洁生产审计重点分析

因素	权重	方案得分（1～10）					
		酒精车间	酿酒一	酿酒二	酿酒三	锅炉车间	包装车间
废物量	7	70	35	42	42	56	21
环境代价	10	100	50	70	70	80	40
清洁生产潜力	8	80	32	40	48	48	64
车间的关心合作	3	24	18	15	15	21	24
总得分		274	135	167	175	205	149
排序		1	6	4	3	2	5

步骤三　审核

① 编制审计重点的工艺流程图和单元操作流程图　审计小组对审计重点酒精车间进行了细致的调查。为了说明各工艺单元之间的相互关系而编制了单元操作表和车间工艺、各工序工艺流程图：酒精生产（图 8.7）、粉碎工序（图 8.8）、保热系统、蒸煮工序、糖化工序、发酵工序、蒸馏工序、酵母工序、液体工序、空压机工序（此处其余工艺图略）。

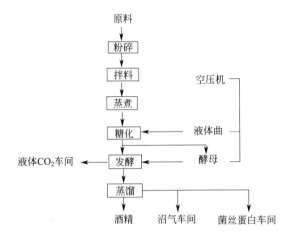

图 8.7　酒精生产工艺流程

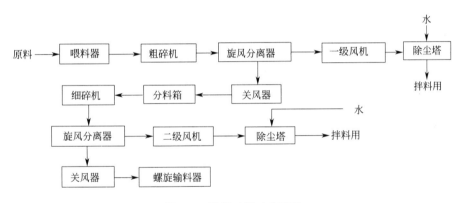

图 8.8　粉碎工序工艺流程

② 实测输入输出物流　审计小组首先从宏观入手，摸清酒精车间的输入和输出，建立了酒精车间原辅材料消耗表（表 8.4）、废水排放情况统计表（表 8.5）、操作输入数据记录、单元操作用水记录表、输出物查定记录表（其余表略）和酒精生产输入与输出示意图（图 8.9），然后着手测定输入、输出物流。

表 8.4　酒精车间原辅材料消耗表

输入物料	吨酒精消耗量/kg	输入物料	吨酒精消耗量/kg
红芋干	2950	配料用水	10856
玉米	13.3	蒸汽	6121.5
豆饼	4.8	硫酸铵	0.72
α-淀粉酶	1.1	青霉素	0.005
硫酸	2.4		

表 8.5　废水排放情况统计表（单位：kg/t 酒精）

废水来源	废水排放去向						废水来源	废水排放去向					
	下水道		回用		冷却水池			下水道		回用		冷却水池	
	温度/℃	数量	温度/℃	数量	温度/℃	数量		温度/℃	数量	温度/℃	数量	温度/℃	数量
破碎							蒸馏			60	10262	28	32026
供料	20	64					酒母	20	42	25	8154		
蒸煮	42	3441					液体曲	25	2497.3				
糖化	28	7887	28	19959	28	3520	空压机	25	1820				
发酵	23	6325.2	23	43782									

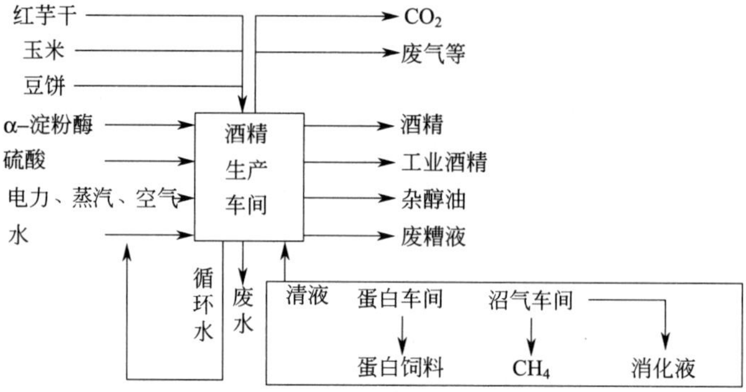

图 8.9　酒精生产输入与输出示意图

步骤四　备选方案的产生与筛选

通过组织发动全厂广大职工参与，针对酒精生产从原材料、生产及设备管理、技术方案调研、向同行业专家技术咨询，共产生 102 个备选方案，立即得到解决的有 18 个，共归纳整理出 16 个备选方案做进一步分析，见表 8.6。对于低费、无费易于实施的方案，在审计过程中分步实施。

表 8.6　备选方案汇总

方案类型	序号	方案名称	方案简介及要点
原料代替	F₁	酒精生产原料改用玉米	适应原料品种改变，综合利用生产蛋白饲料，提高产品质量，消减污染
技术工艺改造	F₂	采用浓醪发酵	减少废水的产生、节水节能、提高出酒率
	F₃	改造二级冷却	降低料管阻力，提高设备利用率、节约冷却水
	F₄	蒸馏系统改造	多塔差压蒸馏提高产品质量、节约能源、削减废物产生量
	F₅	冷却水的循环利用	多次循环、节约深井水、减少排放量
	F₆	原料粉碎系统改造	改进工艺流程、降低电耗
	F₇	生产系统微机自控	提高检测、监控、调节能力，节能，稳定工艺，优化操作
生产及设备管理	F₈	增设生产检测计量仪	利于参数控制、工艺稳定、积累基础数据，便于定额考核
	F₉	发酵罐内防腐	延长使用寿命，减少冲罐用水、杀菌蒸汽，减少排污
	F₁₀	对职工岗位技术培训	提高职工业务素质和解决问题的能力，规范操作
	F₁₁	设备定期维护保养	降低设备维修费用，提高设备利用率
	F₁₂	修订和完善操作规程	确保生产操作实际，校正参数
废物回收利用	F₁₃	废糟余热利用	节约能源，减少废气排放
	F₁₄	精馏塔废水用于发酵罐杀菌	节约能源，稳定生产，降低排污量
	F₁₅	废糟生产沼气，沼气发电	开发新能源，减少污染，削减 COD 负荷
	F₁₆	废糟液生产蛋白饲料	生产饲料，废液回收，减少污染

步骤五　方案可行性分析

对上一步筛选出的中、高费用清洁生产方案进行可行性分析，从而确定出最佳的可实施清洁生产方案（表 8.7）。

表 8.7　可行性分析及方案确定

备选方案	F_1	F_2	F_4	F_{15}	F_{16}
技术可行性	√	√	√	√	√
环境可行性	√	√	√	√	√
经济可行性	×	√	√	√	×
结论	×	√	√	√	×

因素	权重 W(1～10)	方案得分		
		F_2	F_4	F_{15}
减少环境危害	10	70	60	70
经济可行性	8	64	64	56
技术可行性	7	63	63	49
易于实施	5	40	35	40
发展前景	4	32	36	32
节约能源	3	27	27	27
总分		296	285	274
排序		1	2	3

步骤六　方案实施

两个方案的启动资金拟向当地银行贷款和企业自筹。方案的实施是在现有的酒精生产线基础上改造，主要是基础与管架的施工。塔器的设计，委托轻工设计院，塔器的加工由设计院指定专业加工厂家制作，安装调试以该厂的施工力量为主，安装试车时由设备加工厂家现场指导。

步骤七　持续清洁生产

通过清洁生产审计，特别是实施预防污染的低费/无费方案，该企业认识到清洁生产的必要性。因此，他们将审计小组的主要成员保留下来，组成了长期的清洁生产审计小组，并制定了长期的工作计划；组建了研究开发新的清洁生产技术小组，确定了研究、开发项目；并选择另一酒精车间为下一轮清洁生产审计重点。

 **想一想**

8.5　清洁生产审核过程中哪一步是关键步骤？企业主动实施清洁生产审核能够带来哪些好处？

8.2.2　生命周期评价

人们希望有一种方法对其所从事各类活动的资源消耗和环境影响有一个彻底、全面、综合的了解。早期采用单因子方法来评价材料的环境影响，如测废渣排放量，评价其对固废污染的影响等。此法不能反映对环境的综合影响如全球温室效应、能耗、资源效率等，且较多的单项指标无法平行比较。

(1) 认识生命周期评价

到 20 世纪 90 年代初，专家提出了一个综合的评价方法——生命周期评价方法

(Life Cycle Assessment，LCA)。LCA 开始的标志是 1969 年美国中西部研究所对可口可乐公司的饮料包装瓶进行的评价，该研究从原材料采掘到废弃物最终处置，进行了全过程的跟踪与定量研究，揭开了生命周期评价的序幕。当时把这一分析方法称为资源与环境状况分析（Resource and Environmental Profile Analysis，REPA）。LCA 方法现已成为全世界通行的材料环境影响评价方法，已在 ISO 14000 国际环境认证标准中规范化，是 ISO 14000 的标准系列之一。

一种产品从原料开采开始，经过原料加工、产品制造、产品包装、运输和销售，然后由消费者使用、回用和维修，最终再循环或作为废弃物处理和处置，整个过程称为产品的生命周期。国际标准化组织（ISO 14040）对 LCA 的定义是：汇总和评估一个产品（或服务）体系在其整个生命周期间的所有投入及产出对环境造成的和潜在的影响的方法。对产品或服务系统整个生命周期中，与产品或服务系统功能直接相关的环境影响、物质和能源的投入产出进行汇集和测定的一套系统方法。

具体地说，LCA 是指用数学物理方法结合实验分析对某一过程、产品或事件的资源与能源消耗、废物排放、环境吸收和消化能力等环境负担性进行评价，定量确定该过程、产品或事件的环境合理性及环境负荷量的大小。其本质是检查、识别和评估一种材料、过程、产品或系统在其整个生命周期中的环境影响。

（2）LCA 特点及分类

与其他行政和法律管理手段不同，LCA 方法作为一种环境管理工具有着自身的特点。首先，LCA 方法不是要求企业被动地接受检查和监督，而是鼓励企业发挥主动性，将环境因素结合到企业的决策过程中。因此该方法不具有行政和法律管理手段的强制性。由于 LCA 在产品环境影响评价中的重要作用以及环保思想的深入人心，LCA 的研究和应用仍然大行其道。另外，LCA 评估建立在 Life Cycle 概念和环境编目数据的基础上，从而可以系统、充分地阐述与产品系统相关的环境影响，才可能寻找和辨别环境改善的时机和途径。因此，LCA 面向的是产品系统，对产品或服务"从摇篮到坟墓"的全过程的评价，是一种系统性、定量化、充分重视环境影响、开放性的评价方法。体现了环境保护手段由简单粗放向复杂精细发展的趋势。LCA 主要类型如下。

① 概念型：定性的清单分析评估环境影响，不宜作为公众传播和市场促销的依据，但可以帮助决策人员认识哪些产品在环境影响方面具有竞争和优势。

② 简化型或速成型：涉及全部生命周期，但仅限于简化的评价，着重主要的环境因素、潜在环境影响等，多用于内部评估和不要求提供正式报告的场合。

③ 详细型：包括目的和范围确定、清单分析、影响评价、结果解释 4 个阶段。

（3）生命周期评价的总体框架

1997 年，ISO 14040 标准将 LCA 实施步骤分为目标和范围确定、清单分析、影响评价和结果解析 4 个部分，如图 8.10 所示。

确定目标和范围是生命周期评价研究中关键的第一步包括确定研究目标和范围、建立功能单位、建立保证研究质量的程序等内容。要清楚地说明开展此项 LCA 的目的和原因，以及研究结果的预期应用领域。最后是得到所有数据必须以功能单位为标准。为有关的输入和输出数据提供参考基准，以保证 LCA 结果的可比性。

清单分析是 LCA 中发展最完善的一部分，对一种产品、工艺过程或活动在其整个生命周期内的能量与原材料需要量以及对环境的排放进行以数据为基础的客观量化过程。该分析评价贯穿原材料的提取、加工、制造和销售、使用和用后处理，目的是将环

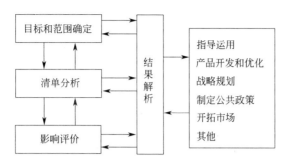

图 8.10　LCA 基本结构图（资料来源：国际环境毒理学与环境化学学会，SETAC，1993）

境影响定量化。清单分析具体步骤程序包括制作生命周期过程图、数据收集、数据核算、进一步完善系统边界，最后是数据处理与汇总。

影响评价是 LCA 的核心内容，包括影响分类、特征化和量化。影响分类是将清单分析中得来的数据归到不同的环境影响类型，如资源耗竭、生态影响和人类健康三个大类。另外，一种具体类型可能会同时具有直接和间接两种影响效应。常用的特征化方法有临界体积模型、效应导向模型和生态评价模型。量化即加权，在特定情况下，且仅当有意义时，将结果进行合并。量化是确定不同环境影响类型的贡献相对大小或权重，以便能够得到一个数字化的可供比较的单一指标。如对在不同领域内（如气候变化、臭氧层空洞和毒性）的影响进行横向比较，目的是为了获得一套加权因子，使评价过程更具客观性。结果解释就是根据 LCA 前几个阶段研究，系统地分析结果、解释局限性、形成结论、提出建议并报告生命周期解释的结果，应提供对 LCA 研究结果的易于理解的、完整的和一致的说明。根据我国国家标准中环境管理/生命周期评价/生命周期解释（GB/T 24043—2002/ISO 14043—2000）要求，LCA 研究中生命周期解释阶段包括 3 个要素，即识别（重大环境问题）、评估（对整个 LCA 过程完整性、敏感性和一致性进行检查）和报告（形成结论，提出建议）。

（4）生命周期评价方法

LCA 评价过程中，常需要用到数学模型和数学方法，简称为 LCA 评价模型。到目前为止，关于 LCA 评价模型可分为精确方法和近似方法，前者有输入输出法，后者有线性规划法、层次分析法等。

① 输入输出法　在评价过程中仅考虑系统的输入和输出量，从而定量计算出该系统对环境所产生的影响。数据处理简单，计算不复杂，各种环境影响的指标定量且具体，在 LCA 模型应用中发展比较成熟。但输入输出的指标数据分类较细，不能对环境影响进行综合评价。

② 线性规划法　在一定约束条件下寻求目标函数的极值问题。当约束条件和目标函数都属线性问题时，该系统分析方法即被称为线性规划法。可以解决环境负荷的分配问题，对环境性能优化，也能进行定量的分析。由于 LCA 方法是探讨人类行为和环境负荷之间的一些线性关系，故线性规划法可以定量地应用于各种领域的环境影响评价。数学模型如下：

$$[A_{i,j}][B_{i,j}]=[F_{i,j}]\ (i,j=1,2,\cdots,n) \tag{8.1}$$

式中，A 为环境影响的分类因子；B 为各环境影响因子在系统各个阶段的环境影响数据；F 是该环境影响因子的环境影响评价结果；i,j 是系统各阶段序号。

由式可见，环境影响因子和这些因子在各个阶段的环境影响数据组成了一个矩阵序列，通过求解矩阵，最后可得到各因子的环境影响评价结果。

③ 层次分析法 根据问题的性质以及要达到的目标，把复杂的环境问题分解为不同的组合因素，并按各因素之间的隶属关系和相互关系分组，形成一个不相交的层次，上一层次对相邻的下一层次的全部或部分元素起着支配作用，从而形成一个自上而下的逐层支配关系。

可分为目标层、准则层和方案层，其中目标层可作为 LCA 的评价目标并为范围定义服务，相当于环境影响因子；准则层在 LCA 应用中可作为数据层，不同的环境影响因子在系统各个阶段有不同的数据；最后的方案层则对应着环境影响的评价结果。具体有四种典型的 LCA 方法：

a. 贝尔实验室的定性法 该法将产品生命周期分为 5 个阶段：原材料加工、产品生产制作、包装运销、产品使用以及再生处置。相关环境问题归成 5 类，即原材料选择、能源消耗、固体废料、废液排放和废气排放，由此构成一个 5×5 的矩阵。其中的元素评分为 0~4，0 表示影响极为严重，4 表示影响微弱，全部元素之和在 0~100 之间。评分由专家进行，最终指标称为产品的环境责任率 R，则有：

$$R = \sum_{j=0}^{5} \sum_{i=0}^{5} \frac{m_{i,j}}{100} \tag{8.2}$$

式中，$m_{i,j}$ 为矩阵元素值，其中 i 为产品的生命周期阶段数；j 为产品的环境问题数；R 以百分数表示，其值越大表明产品的环境性能越好。

b. 柏林工业大学半定量法 该法是柏林工业大学的 Fleisher 教授等在 2000 年研究的方法，通过综合污染物对环境的影响程度和污染物的排放量，对产品的生命周期进行半定量的评价。该方法首先要确定排放特性的 ABC 评价等级和排放量的 XYZ 评价等级，其影响程度中，A 为严重，如致畸、致癌、致突变的"三致"物质及毒性强的各类物质；B 为中等，如碳氧化物、硫氧化物等污染物；C 为影响较小、可忽略的污染物。

c. 荷兰的"环境效应"法 该法认为评价产品的环境问题应从考虑消耗和排放对环境产生的具体效果入手，将其与伴随人类活动的各种"环境干预"关联，根据两者的关系来客观地判断产品的环境性能，这是在影响分析的定量方法中迄今为止最完整的一种方法。这种方法将影响分析分为"分类"和"评价"两步，分类指归纳出产品生命周期涉及的所有环境问题，已确认了 3 类 18 种环境问题明细表。这 3 类环境问题是：消耗型，包括从环境中摄取某种物质资源的所有问题；污染型，包括向环境排放污染物的所有问题；破坏型，包括所有引起环境结构变化的问题。在定量评价 3 类 18 种环境效应时，引用了分类系数的概念，分类系数是指假设环境效应与环境干预之间存在线性关系的系数。目前，对这 18 种环境效应大部分都有了计算分类系数的方法。

通过分类，产品的生命周期对环境的影响可用 10~20 个效应评分来表示，并进一步进行综合性的评价。目前有定性多准则评价和定量多准则评价。定性评价通常由专家进行，并对产品进行排序，确定对环境的相对影响。定量评价通过专家评分对各项效应加权，得到环境评价指数 M 即：

$$M = \sum_{i=1}^{m} u_i r_i \tag{8.3}$$

式中，u_i 为各效应评分；r_i 为相应的加权系数。由于至今尚无公认的加权系数值，致使定量评价达不到彻底定量化的要求。

d. 日本的生态管理 NETS 法　瑞典环境研究所于 1992 年在环境优先战略 EPS 法（Environment Priority Strategy）中提出了环境负荷值（Environment Load Value，ELV）的概念。根据为保持当前生活水平而必须征收的税率，EPS 规定标准值为 100（ELV/人），此值可用于计算化石燃料消耗引起的环境负荷。日本的 Seizo Kato 等人在 EPS 法的基础上发展了 NETS 法，主要用于自然资源消耗和全球变暖的影响评价，可给出环境负荷的精确数值公式为：

$$EcL = \sum_{i=1}^{n} (Lf_i \times X_i)(\text{NETS});$$

$$Lf_i = \frac{AL_i \times \gamma_i}{P_i} \tag{8.4}$$

式中，EcL 为环境负荷值或任意工业过程的全生命周期造成的环境总负荷值；Lf_i 为基本的环境负荷因子；X_i 为整个过程的第 i 个子过程中输入原料或输出污染物的数量；P_i 为考虑了地球承载力的与输入、输出有关的测定量，如化石燃料储备及 CO_2 排放等。AL_i 为地球可承受的绝对负荷值；γ_i 为第 i 种过程的权重因子。EcL 用量化的环境负荷标准 NETS 表示，其值规定为一个人生存时所能承受的最大负荷，即为 100NETS。

（5）生命周期评价的应用及案例

ISO 14040 标准《生命周期评价——原则与框架》于 1997 年颁布，该标准体系的目的是对生命周期评价的概念、技术框架及实施步骤进行标准化。生命周期评价作为一种评价产品、工艺或活动的整个生命周期环境后果的分析工具，迄今为止在私人企业和公共领域都有不少应用。其目的是量化和评价产品或工艺的环境影响（表现），帮助决策者在备选方案中做出选择；进行改进潜力分析，为改进产品的环境表现提供依据。

在政府方面，生命周期评价主要用于公共政策的制定，其中最为普遍的适用于环境标志或生态标准的确定，许多国家和国际组织都要求将生命周期评价作为制定标准的方法。在私人企业，生命周期评价主要用于产品的比较和改进，典型的案例有布质和易处理婴儿尿布的比较，塑料杯和纸杯的比较，汉堡包聚苯乙烯和纸质包装盒的比较等。

生命周期评价还用来制订政策、法规和刺激市场等，如美国环保局在"空气清洁法修正案"中使用生命周期理论来评价不同能源方案的环境影响，还将生命周期评价用于制定污染防治政策；能源部用生命周期评价来检查托管电车使用效应和评价不同。在欧洲，生命周期评价已用于欧盟制定"包装和包装法"，比利时政府 1993 年决定，根据环境负荷大小对包装和产品征税，其中确定环境负荷大小采用的就是生命周期评价方法。丹麦政府和企业间的一个约定中也特别包含了生命周期评价，并用 3 年时间对 10 种产品类型进行生命周期评价。

清洁生产、绿色产品、生态标志的提出和发展进一步推动生命周期评价的发展。目前，各国政策重点从末端治理转向污染源、总量控制，一定程度上反映了现有法规制度无法单独承担对环境和公共卫生造成的危机，从另一侧面也反映了 LCA 将成为未来制定环境问题长期政策的基础。从某一角度看，LCA 反映了现有环境管理已转向"各类污染源最小化-排放最小化-负面影响最小化"的管理模式，这对实现可持续发展战略具有深远的意义。

过去 10 年中，通过实施 ISO 14000 国际环境管理标准，LCA 的应用已遍及社会、经济的生产、生活的各个方面。在材料领域，LCA 用于环境影响评价更是日臻完善。目前为止，LCA 在钢铁、有色金属材料、玻璃、水泥、塑料、橡胶、铝合金、镁合金等材料方面，在容器、包装、复印机、计算机、汽车、轮船、飞机、洗衣机及其他家用电器等产品方面的环境影响评价应用都有报道。

（6）建筑瓷砖的环境影响评价案例

我国是世界上最大的建材生产国。从资源的消耗到环境的损害，建材行业一直是污染较严重的产业。为考察建材生产过程对环境的影响，用 LCA 方法评价了某建筑瓷砖生产过程对环境的影响。该瓷砖生产线的年产量为 $30 \times 10^4 \mathrm{m}^2$，采用连续性流水线生产。所需原料有钢渣、黏土、硅藻土、石英粉、釉料以及其他添加剂等，消耗一定的燃料、电力和水，排放出一定的废气、废水、废渣，其生产工艺见图 8.11。

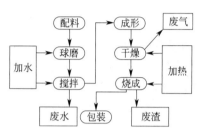

图 8.11　某瓷砖生产工艺示意图

在 LCA 实施过程中，首先是对该瓷砖生产过程的环境影响评价的目标定义，定义为只考察其生产过程对环境的影响；范围界定在直接原料消耗和直接废物排放，不考虑原料的生产加工过程以及废水、废渣的再处理过程。

对该瓷砖生产过程的环境影响 LCA 评价的编目分析，主要按资源和能源消耗、各种废弃物排放及其引起的直接环境影响进行数据分类、编目。如能耗可按加热、照明、取暖等过程进行编目；资源消耗则按原料配比进行数据分类；污染物排放按废气、废水、废渣等进行编目分析。由于该生产过程排放的有害废气量很小主要是 CO_2，故废气排放量可以忽略，而以温室效应指标进行数据编目。另外，在该瓷砖生产过程中其他环境影响指标如人体健康、区域毒性、噪声等也很小，因此在编目分析中也忽略不计。

在环境影响评价过程中采用了输入输出法模型，其参数见图 8.12。其中输入参数有能源和资源，输出参数包括产品、废水、废渣，以及由 CO_2 排放引起的全球温室效应。

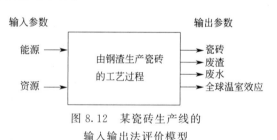

图 8.12　某瓷砖生产线的输入输出法评价模型

通过输入输出法计算，得到该瓷砖生产过程对环境的影响结果见图 8.13。可见，该瓷砖生产过程的能耗和水的消耗较大。由于采用钢渣为主要原料，这是炼钢过程排放的固态废弃物，因此在资源消耗方面属于再循环利用，这是对保护环境有利的生产工艺。

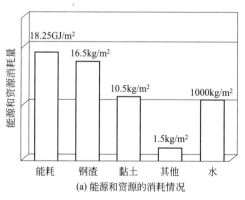

(a) 能源和资源的消耗情况

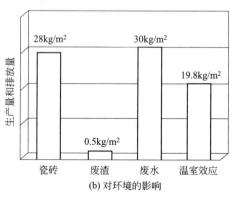

(b) 对环境的影响

图 8.13　瓷砖生产过程对环境的影响

另外，该工艺过程的废渣排放量较小，仅为 $0.5kg/m^2$，废水的排放量为 $30kg/m^2$，且可以循环再利用。相对而言，该工艺过程的温室气体效应较大，生产 $1m^2$ 瓷砖要向大气层排放 $19.8kg\ CO_2$。因此，年产量为 $30\times10^4\ m^2$ 的瓷砖向空中排放的 CO_2 总量是相当可观的。对 LCA 评价结果的解释，除上述的环境影响数据外，通过对该瓷砖生产过程的 LCA 评价，提出的改进工艺主要有降低能耗、降低废水排放量、减少温室气体效应影响等。

想一想

8.6 结合私人企业或公共领域 LCA 的具体应用，说明政府利用 LCA 为可持续发展可制定哪些管理措施？生命周期评价的核心问题是什么？

8.2.3 其他清洁生产分析工具

（1）环境管理体系/ISO 14000

各国政府领导、科学家和公众认识到要实现可持续发展的目标，就必须改变工业污染控制的战略，从加强环境管理入手，建立污染预防（清洁生产）的新观念。通过企业的"自我决策、自我控制、自我管理"方式，把环境管理融于企业全面管理之中。为此国际标准化组织（ISO）于 1993 年 6 月成立了 ISO/TC3207 环境管理技术委员会，正式开展环境管理系列标准的制定工作，以规划企业和社会团体等所有组织的活动、产品和服务的环境行为，支持全球的环境保护工作。有 14001 到 14100 共 100 个号，统称为 ISO 14000 系列标准，见表 8.8。

表 8.8 ISO 14000 系列标准的标准号

分技术委员会	任务	标准号
SC1	环境管理体系（EMS）	14001～14009
SC2	环境审核（EA）	14010～14019
SC3	环境标志（EL）	14020～14029
SC4	环境绩效评价（EPE）	14030～14039
SC5	生命周期评价（LCA）	14040～14049
SC6	术语和定义（T&D）	14050～14059
WG1	产品标准中的环境因素	14060
	备用	14061～14100

该系列标准融合了世界上许多发达国家在环境管理方面的经验，是一种完整的、操作性很强的体系标准，包括为制定、实施、实现、评审和保持环境方针所需的组织结构、策划活动、职责、惯例、程序过程和资源。其中 ISO 14001 是环境管理体系标准的主干标准，它是企业建立和实施环境管理体系并通过认证的依据。ISO 14000 环境管理体系的国际标准，目的是规范企业和社会团体等所有组织的环境行为，以节省资源、减少环境污染、改善环境质量、促进经济持续、健康地发展。ISO 14000 系列标准的用户是全球商业、工业、政府、非营利性组织和其他用户，其目的是用来约束组织的环境行为，达到持续改善的目的，与 ISO 9000 系列标准一样，对消除非关税贸易壁垒即"绿色壁垒"，促进世界贸易具有重大作用。

ISO 14000 作为一个多标准组合系统，按标准性质分三类：①基础标准——术语标准；②基本标准——环境管理体系、规范、原则、应用指南；③支持技术类标准（工具），包括环境审核、环境标志、环境行为评价、生命周期评估。

如按标准的功能，分为两类：①评价组织，包括环境管理体系、环境行为评价和环境审核。②评价产品生命包括周期评估、环境标志和产品标准中的环境指标。

ISO 14000 系列标准归根结底是一套管理性质的标准。它是工业发达国家环境管理经验的结晶，在制定国家标准时又考虑到了不同国家的情况，尽量使标准能普遍适用。它的意义在于 ISO 14001 标准可以促使企业在其生产、经营活动中考虑其对环境的影响，减少环境负荷；促使企业节约能源，再生利用废弃物，降低经营成本；促使企业加强环境管理，增强企业员工的环境意识，促使企业自觉遵守环境法律、法规；树立企业形象，使企业能够获得进入国际市场的"绿色通行证"，国际贸易中对环保标准 ISO 14000 的要求越来越多。符合可持续发展要求，享受国内外环保方面的优惠政策和待遇，促进企业环境与经济的协调和持续发展。

想一想

8.7 ISO 14000 系列标准的作用是什么，如何让企业具有环保的积极性？

（2）生态设计

生态设计，也称绿色设计或生命周期设计或环境设计，是指将环境因素纳入设计之中，从而帮助确定设计的决策方向。生态设计要求在产品开发所有阶段均考虑环境因素，从产品的整个生命周期减少对环境的影响，最终引导产生一个更具有可持续性的生产和消费系统。

生态设计活动主要包含两方面含义，一是从保护环境角度考虑，减少资源消耗、实现可持续发展战略；二是从商业角度考虑，降低成本、减少潜在的责任风险，以提高竞争能力。生态设计首先要提高设计人员的环境意识，遵守环境道德规范，使产品设计人员认识到产品设计是预防工业污染的源头，认识到环保的责任。应在产品设计中引入环境准则，并将其置于首要位置。设计的环境准则包括降低物料消耗、降低能耗、减少废物产出、减少健康安全风险，使产品具有可生态降解性。性能准则遵循满足多项使用功能、易于加工制作并保证产品质量。费用准则保证费用最低和利润最大化。还要考虑美学准则，即是否符合当地文化传统，满足消费者的美学情趣。社会准则要考虑当地法律法规的规定。

产品设计具体要遵守七个原则：

一是选择对环境影响小的原料。尽量避免使用或减少使用有毒有害化学物质；如必须使用有害材料，尽量在当地生产，避免从外地运来；尽可能改变原料的组分，使利用的有害物质减少；选择丰富易得、能耗低的材料，优先选择天然材料代替合成材料；尽量从再循环中获取所需的材料，特别是利用固体废物作为建材。

二是减少原材料的使用。使用轻质材料；使用高强度材料也可以减轻产品重量；去除多余的功能；减少体积，便于运输。

三是加工制造技术的优化。减少加工工序，简化工艺流程；进行生产技术的替代；降低生产过程中的能耗；采用少废、无废技术，减少废料产生和排放；降低生产过程中的物耗。

四是建立有效的运销体系。综合运用立法、管理、宣传和市场等多种手段，促进包装废料的最少化；减少包装的使用；将一次性包装改为多次复用；加强回收包装废料的分选工作，促使包装材料的再循环，减少其焚烧和填埋；改变包装材料。

五是减少使用阶段的环境影响。采用清洁能源和消耗品；减少必需的消耗品；使用过程尽量无不良的能源和消耗品损耗。

六是延长产品使用寿命。加强产品耐用性、适应性，提高可靠性；设计产品易于维修保养；组合式的结构设计，可以通过局部更换损坏的部件延长整个产品的使用寿命。

七是优化产品报废系统。建立一个有效的废旧物品回收系统；可通过重复利用、翻新再生完成材料的再循环；采用易于拆卸的设计和清洁的最终处置。

想一想

　　8.8　生态设计可以用于哪些领域，核心思想是什么？

（3）环境标志

环境标志亦称绿色标志、生态标志，是指由政府部门或公共、私人团体依据一定的环境标准向有关厂家颁布证书，证明其产品的生产使用及处置过程全部符合环保要求，对环境无害或危害极少，同时有利于资源的再生和回收利用的一种特定标志。在国外被称为生态标签、蓝色天使、环境选择等，国际标准化组织将其称为环境标志。

1978 年，德国首先实施了环境标志，欧洲、美国、加拿大、日本等 30 多个国家和地区陆续实施了环境标志，其在全球范围内已成为防止贸易壁垒、推动公众参与的有力工具。环境标志在全球范围的作用是倡导可持续消费；引领绿色潮流跨越贸易壁垒，促进国际贸易发展；促进企业不断地开发适应市场需求的新产品或为原有产品增加新的附加价值，不断寻找新的卖点，倡导绿色消费。

1994 年 5 月 17 日，原国家环保总局（现生态环境部）、国家质检总局等 11 个部委的代表和知名专家组成中国环境标志产品认证委员会，代表国家对绿色产品进行权威认证，是授予产品环境标志的唯一机构。我国环境标志产品认证程序与国际接轨，由国家环保总部颁布环境标志产品技术要求，技术专家现场检查，行业权威检测机构检验产品，最终由技术委员会综合评定，要求认证企业建立融 ISO 9000、ISO 14000 和产品认证为一体的保障体系，并对认证企业实施严格的年检制度。中国环境标志立足于整体推进 ISO 14000 国际环境管理标准，把生命周期评价的理论和方法、环境管理的现代意识和清洁生产技术融入产品环境标志认证，推动环境友好产品发展，坚持以人为本的现代理念，开拓生态工业和循环经济。为环境管理服务，为消除贸易壁垒、保障环境安全服务，为建设小康社会、提高人民生活质量服务。

环境标志制定的目的是引导企业自觉调整产业结构，采用清洁工艺生产对环境有益的产品，最终达到环境与经济协调发展的目的。以其独特的经济手段，使广大公众行动起来，将购买力作为一种保护环境的工具，促使生产商在从产品到处置的每个阶段都注意环境影响，并以此观点重新检查他们的产品周期，从而达到预防污染、保护环境、增加效益的目的。

发达国家的民意测验表明，大部分消费者愿意为环境清洁接受较高的价格，其中的多数人愿意挑选和购买贴有环境标志的产品。消费者是市场的"上帝"，其购买倾向直接影响着产品的发展方向。正是由于公众环境意识的提高而逐步影响着制造商和经销商的生产经营思想，推动了市场和产品向着有益于环境的方向发展。日本 55％的制造商表示他们申请环境标志的理由是有利于提高他们产品的知名度，30％的制造商认为获得环境标志的产品比没有贴环境标志的产品更易销售，73％的制造商和批发商愿意开发、生产和销售环境标志产品。此外，相关调查显示，40％的欧洲人已对传统产品不感兴趣，而是倾向购买环境标志产品；日本37％的批发商发现他们的顾客只挑选和购买环境标志产品。德国推出的一种不含汞、镉等有害物质的电池，在获得蓝色天使（德国环境标志，图8.14）之后，贸易额从10％迅速上升到15％，出口英国不久就占据了英国超级市场同类产品10％的市场份额。

我国环境标志（俗称"十环"，图8.14）图形由中心的青山、绿水、太阳及周围的十个环组成。图形的中心结构表示人类赖以生存的环境，外围的十个环紧密结合，环环紧扣，表示公众参与，共同保护环境；同时十个环的"环"字与环境的"环"同字，其寓意为"全民联合起来，共同保护人类赖以生存的环境"。积极推行国际通行的环境管理体系认证和环境标志产品认证，促进对外贸易发展，为环境标志工作的开展指明了方向，我国环境标志将不断推动社会的可持续发展和消费。

中国　　　　　　　　　　　　德国　　　　　　　　　　　加拿大

图 8.14　不同国家的环境标志

 **想一想**

8.9　了解世界各国的环境标志是什么，你是否愿意选购带有环境标志的产品？如何理解"购买力是一种保护环境的工具"？

（4）环境管理会计

20世纪90年代，美国环境保护协会最早提出环境管理会计。此后，世界上已有30多个国家先后开始推行环境管理会计。通过开发和实施恰当的与环境有关的会计系统和实务，来达到对环境和经济绩效进行有效管理的目的，包括与环境有关的会计信息的披露和审计，但更侧重的是生命周期成本核算、全成本法、收益评价和环境管理战略的规划。是用来辨识和度量当前生产流程的环境成本以及采取污染预防或清洁流程的经济效益的各个层面，并且将这些成本和效益集成到日常业务决策中的一种机制。环境管理会计的理论基础为：

① 可持续发展理论。它强调人类应当通过发展与自然相和谐的方式追求健康而富有生产成果的生活，而不是破坏和污染生态环境来追求发展。可持续发展理论从为人类长远利益的角度赋予了环境管理会计迫切发展的理论基础。

② 经济的外部性理论。经济外部性是经济主体（包括厂商或个人）的经济活动对他人和社会造成的非市场化的影响。分为正外部性和负外部性。正外部性是某个经济行

为个体活动使他人或社会受益,而受益者无须花费代价。负外部性是某个经济行为个体的活动使他人或社会受损,而造成外部不经济的人却没有为此承担成本。外部不经济内部化的主要办法,就是对企业的排污进行收费甚至罚款,这已经被许多国家的政府所采纳并得到实施。外部性理论要求国家制定相应法规规范企业行为,使其承担社会成本,督促其实行环境管理会计。

③ 环境资源价值理论。作为国民财富的一部分,环境资源必然有其价值。此理论要求企业重视周围环境的改善,将环境资源作为企业的一项资本对待,从而迫切要求环境管理会计对其价值进行核算。

环境管理会计具有如下作用:

① 有助于企业准确地进行成本计算和产品定价。能够克服传统成本核算方法的主观性和分摊标准的单一性,将与环境相关的成本进行单独的确认与计量,可以量化企业的各项经济活动对环境造成的影响。一方面,使企业更清楚地了解产品的生命周期中可能发生的环境成本,发现削减成本和改进业绩的机会,降低环境风险;另一方面,有效的环境成本信息可以保证产品成本的完整性和真实性,有助于企业更准确地进行产品的定价,改善企业财务业绩。

② 有助于企业管理当局做出正确决策。环境管理会计不仅提供了企业决策所需要的货币信息(例如环境成本与收益),也提供了非货币信息(例如污染物的排放量)。在环境管理会计系统辅助下,管理层可以有效地抑制短期行为,从企业的长远利益、企业与社会双重利益的角度出发,在生态设计和清洁生产中,合理规划,科学管理,做出最优决策。如某企业将要投产的新产品在生产过程中会产生一种残余物,该残余物可以用以下两种方案清除:

方案1,采用蒸汽去除法。所需设备投资50万元;每年发生的开支有:购买材料6万元,交纳排污费6万元,生产控制支出4万元。这种处理方式会产生一种有毒废气,企业目前没有处理该废气的能力。但国家近几年将会颁布一部有毒废气排放的控制法规,企业的行为很有可能面临巨额罚款,经过估算,罚款额高达150万元(假定罚款在设备报废时一次性支付)。

方案2,采用碱式去除法。该工艺不释放任何废气,只会产生一种含碱废料,废料可回收制造肥料。其费用包括:设备投资100万元,购材料支出8万元,交纳排污费2万元,生产控制支出3万元,碱废料回收1万元(假定两套设备使用年限均为10年,采用平均年限法提取折旧,无残值;不考虑所得税的影响;折现率为15%)。经过计算,方案1的净现值大于方案2的,应选择方案2。如果不考虑环境损害的罚款支出,则方案1的净现值小于方案2的净现值,应选择方案1。这样就会导致错误的投资决策,给企业造成不小的损失。

③ 有助于企业进行环境绩效考核与评价。环境绩效评价体系能够帮助环境资源所有者和管理者了解环境资源的存量和流量,以及资源资产的分布及其可能的变动情况,反映企业履行环境责任、预防和治理自身所产生环境污染的资源投入与绩效信息,通过对企业每个环节的具体实施行为进行监控,发现不足,找出与标准之间的差距,提出改进建议,从而保证企业不受或者少受环境风险的威胁,不断提高企业的经济效益和环境业绩。

大量研究证明,企业的环境业绩与财务业绩之间存在着一定的正相关关系。企业把环境目标作为其战略目标后,在不同的实施阶段,通过环境管理会计收集的信息,可对企业的环境业绩及财务业绩进行评价。如决策中综合考虑环境因素,企业改进产品设计,为企业带来多大的环境绩效等。环境管理会计对企业管理进行业绩评价,以促进企业环境管理的自我调整。通过综合考核环境业绩，企业实现可持续战略目标，创造长期的价值。

想一想

8.10　企业管理会计在企业环境政绩考核方面有哪些作用？

8.3　全新的经济发展模式

　　低碳经济、生态经济、循环经济和绿色经济也许你都听说过，都是为了解决能源和环境危机，人类社会提出的不同经济形态，是对人和自然关系的重新认识和总结，旨在解决人类可持续发展的问题。

8.3.1　循环经济——实现人类可持续发展的经济模式

循环经济典范——
卡伦堡生态工业园

　　人类社会在发展经济过程中经历了三种模式：传统经济模式，"生产过程末端治理"模式和循环经济模式。传统经济模式也称线型经济增长模式，采用"资源-产品-污染排放"的单向线性开放式过程，依靠产品自身来组织并发展，注重有利可图的直接交易，着眼于经营业绩的高低，随着生产规模扩大和人口数量增长，环境自身净化力的削弱，导致环境问题和资源短缺日益突出。"生产过程末端治理"模式，则开始注意环境问题，强调在生产过程的末端采取措施治理污染，但采用"先污染、后治理"的做法，治理污染的技术难度大、成本高，且难以遏制生态恶化趋势，很难达到经济、社会和生态效益的"三赢"。循环经济（Circular Economy）是按照生态规律利用自然资源和环境容量，以生态经济为基础，实现经济活动的生态化转向。是针对传统线性经济模式提出的一种新的生产力发展方式，为生态学建设提供了根本性保证，为新型工业化开辟了新的道路，是保护环境和削减污染的根本手段，是实现可持续发展的最佳选择。

8.3.1.1　循环经济由来

　　20世纪60年代，人类活动对环境的破坏相当严重，开始反思自身的发展模式给生态环境造成的损害及这种损害对社会可持续发展的影响。1965年，美国经济学家肯尼斯·鲍尔丁发表了《地球像一艘宇宙飞船》，他认为宇宙飞船是一个孤立无援、与世隔绝的独立系统，靠不断消耗自身资源存在，终将会因为资源的耗尽而毁灭。延长其寿命唯一方法就是使宇宙飞船内的资源循环利用，尽可能少地排出废物。地球经济系统如同宇宙飞船，虽然地球资源系统更大、地球的寿命更长，只有实现对资源的循环利用，地球才能得以长存。不过，作者并没有直接提出"循环经济"一词，而是使用"循环其废物"和"循环流"等词语。1966年，鲍尔丁又发表了《未来宇宙飞船地球经济学》。提出宇宙飞船经济要求新的发展观：必须要把过去"增长型"经济改变为"储备型"经济；要改变传统的"消耗型经济"，以休养生息的经济取而代之；实行福利量的经济，摒弃只重视生产量的经济；建立既不会使资源枯竭，又不会造成环境污染和生态破坏、能使各种物资循环利用的"循环式经济"，以代替过去的"单程式"的经济。

鲍尔丁"宇宙飞船理论"是循环经济的早期代表。认为人类社会的经济活动应该从效法以线性为特征的机械论规律向服从以反馈为特征的生态学规律转变。20 世纪70 年代先后发生了 3 次石油危机，促使人们意识到提高资源使用效率的重要。与此同时，西方国家在长时间工业化发展过程中产生了大量废弃物，一方面导致了对于新型废弃物管理战略的需求，另一方面人类可以通过对废弃物的再生利用、提供一种解决资源短缺问题的新途径。可见，废弃物数量的增加为循环经济的发展提供了物质基础。

第一次使用"循环经济"词语的人是英国环境经济学家大卫·皮尔斯和图奈。他们认为，废物可以是循环的，提出自然资源管理的两个规则：一是可再生资源的开采速率不大于其可再生速率；二是排放到环境中的废物流不大于环境的同化能力。针对资源存量的特点，他们还提出可耗竭资源减少应当由可再生资源的增加来补偿（即可持续性），达到一定的生活标准就要减少可耗竭资源或可再生资源存量（即提高资源使用效率）。近些年可持续发展战略成为世界潮流，环境保护、清洁生产、绿色消费和废弃物的再生利用等被整合为一套系统的以资源循环利用、避免废物产生为特征的循环经济战略。

　**想一想**

8.11　"宇宙飞船理论"对循环经济有哪些启示？传统经济和循环经济模式分
　　　别是怎样的一种发展？

8.3.1.2　理解循环经济

循环经济按照自然生态系统物质循环和能量流动规律重构经济系统，使经济系统和谐地纳入自然生态系统的物质循环过程中，建立起一种新形态的经济，本质上就是一种生态经济，要求运用生态学规律来指导人类社会的经济活动。在可持续发展的思想指导下，按照清洁生产的方式，对能源及其废弃物实行综合利用的生产活动过程。

循环经济亦称"资源循环型经济"。以资源节约和循环利用为特征、与环境和谐的经济发展模式。强调把经济活动组织成一个"资源-产品-再生资源"的反馈式流程。其特征是低开采、高利用、低排放。所有的物质和能源能在这个不断进行的经济循环中得到合理和持久的利用，以把经济活动对自然环境的影响降低到尽可能小的程度。

可从三个不同角度理解循环经济：从生态学角度，认为循环经济是生态经济规律在经济社会的运用；从物质循环利用角度，认为其是通过约束人的活动，将依赖资源净消耗线性增加的粗放链式经济转变为依附自然生态良性循环来发展的集约闭环经济；从宏观经济角度，认为其是一种全新的可持续发展的经济模式，它超越了传统经济，具有其自身的特点及对经济社会的发展要求，在物质不断循环利用的基础上加速经济的发展，实现可持续发展的一种经济模式。

以上说法都认可"资源-产品-再生资源"的物质流动模式是未来经济社会的特征。也就是说，循环经济是一种以资源循环利用为特征的经济形态。什么是循环？2009 年版《辞海》指出作为自然辩证法的概念，指事物周而复始的发展上升运动，它是事物发展变化的阶段性、曲折性和复归性的表现，是物质运动和存在的普遍形式之一。由于事物发展变化的不可逆性，这种复归不是简单的重复，而是否定的否定，物质的永恒循环，形成物质世界的无限发展。首先，循环经济是一种物质闭环流动型经济。对资源的循环利用是其核心内涵，它强调要物尽其用，提高资源使用的经济性，避免和减少废物。所以要实现循环经济就要实现生产物质流程从单向的、"从摇篮到坟墓"的过程向"从摇篮到摇篮"（详见 6.3）的过程转变。其次，它是一种环境友好型经济。循环经济条件下的"循环"，不仅着眼于经济系统内部各个环节和过程中的资源循环利用，而且着眼于人类经济系统与自然生态系统之间的物质循环利用和友好相处，即人类的经济活动不能破坏生态的多样性平衡、超出环境自净能力。最后，循环经济是一种可持续发展型经济。循环不是单调的周而复始，也不是绝对的封闭圆圈，而是建立在发展的基础之上，呈螺旋式上升。

想一想

8.12　如何理解循环经济的本质和"循环"的意义？请你举一个例子来阐释你的理解。

8.3.1.3　循环经济的特征和 3R 原则

循环经济作为一种科学的发展观，是全新的经济发展模式，具有自身的独立特征体现在以下几个方面。

（1）新的系统观

循环经济观要求人在考虑生产和消费时不再置身于这一大系统之外，而是将自己作为这个大系统的一部分来研究符合客观规律的经济原则，将"退田还湖""退耕还林""退牧还草"等生态系统建设作为维持大系统可持续发展的基础。

（2）新的经济观

传统经济的各要素中，资本和劳动力在循环，唯独自然资源没有形成循环。循环经济观要求运用生态学规律，不是只沿用 19 世纪以来机械工程学的规律来指导经济活动。共同考虑工程承载能力和生态承载能力。考虑在资源承载能力之内的良性循环，保证使生态系统平衡发展。

（3）新的价值观

循环经济不像传统经济将自然作为"取料场"和"垃圾场"，而是将它作为人类赖以生存的基础，维持良性循环的生态系统；考虑技术对自然的开发能力，同时考虑技术对生态系统的修复力，尽可能使技术有益于环境。重视人与自然和谐，促进人的全面发展。

（4）新的生产观

传统经济的生产理念是最大限度地开发利用自然资源，最大限度地创造社会财富，最大限度地获取利润。而循环经济的生产理念是考虑自然的承载力，节约并循环使用资源，提高资源利用效率，创造良性的社会财富。

（5）新的消费观

循环经济观要求走出传统经济"拼命生产、拼命消费"的误区，提倡物质适度消费、层次消费，消费同时兼顾废弃物资源化，建立循环生产和消费的观念。通过税收和行政等手段，避免一次性产品的消费与过度包装。

在生产过程中，循环经济观遵循"3R"原则。资源利用减量化（Reduce）原则，即在生产投入端尽可能少地输入原料和能源而达到既定生产或消费目的；经济活动的源头就注意节约资源和减少污染。在生产中，此原则要求产品小型化和轻型化，提倡产品包装简单朴实，以减少废物排放。产品再使用（Reuse）原则，要求制造商尽量延长产品使用期，多种场合使用，不是很快地更新换代。产品和包装容器能够以初始的形式被反复使用。抵制当今世界一次性用品的泛滥，生产者应该将产品和包装按照循环使用理念设计，像餐具和背包一样可被反复使用。废弃物再循环（Recycle）原则，即最大限度地减少废弃物排放，实现资源再循环。一种是原级再循环，即废品被循环用来产生同种类型新产品，例如报纸再生报纸、易拉罐再生易拉罐等；另一种是次级再循环，即将废物资源转化成其他产品的原料。原级再循环在减少原材料消耗上的效率比次级再循环高，是循环经济追求的目标。

同时，在生产中还要求尽可能地利用可循环再生的资源替代不可再生资源，如利用太阳能、风能和农家肥等，使生产合理地依托在自然生态循环之上；尽可能地利用高科技，以知识投入来替代物质投入，达到经济、社会与生态和谐统一。

 **想一想**

　　8.13　传统经济与循环经济发展模式有什么区别？如何达到经济、社会与生态和谐统一？

8.3.1.4　循环经济的发展模式

循环经济是实施可持续发展战略的重要经济模式，它倡导社会效益、经济效益和环境效益的和谐统一。按照不同层次和阶段，可以将循环经济分为企业层面的小循环、区域层面的中循环和社会层面的大循环，三个层次之间相互联系，其中前一层面是后一层面的基础，后一层次是前一层面的平台。

（1）小循环——企业层面的循环经济发展模式

小循环是以一个企业内部运行为标准，类似生态系统中一个种群内部的自我运行。依照经济理念和原则，以科技进步为动力，清洁生产为手段，以提高资源能源的利用效率、减少废物排放为主要目的，努力构建全新的循环企业发展体系。在小循环模式下，企业是发展循环经济的主体，在循环性企业中实现清洁生产，提高生态效率，应用少废、无废的工艺和高效的设备，最大限度地降低单位产品物耗、能耗、水耗和排放污染物的量；在一些水量消耗比较大的企业中，利用中水回用技术将达到外排标准的工业污水进行再处理，实现废水的资源化，有条件的企业实现废水"零排放"；在大型联合企业中，引入关键连接技术，开展物流、能流的梯级利用，开发利用企业的废弃资源，形成废弃物和副产品的循环利用生态链。确保生态工业区内各企业在生产过程中的资源得到高效循环利用，形成"资源-产品-废弃物-资源-产品"的多维非线性资源循环利用模式（图 8.15）。

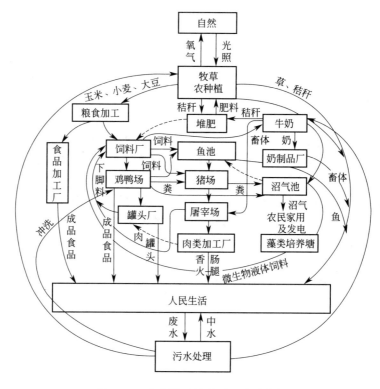

图 8.15 企业层面的循环经济示意图

（2）中循环——区域层面的循环经济发展模式

中循环是指依照工业生态学原理，通过建立生态工业园区，将区域内的企业、工厂和有关部门联系起来，形成企业间的工业代谢和共生关系，以模拟自然系统建立产业系统中"生产者-消费者-分解者"循环方式，类似生态系统群落之间物质能量的交换，一个企业生产过程中产生的废物可以作为原料和能源被其他企业利用，以寻求物质闭路循环、能量多级利用和废物产生最小化。中循环模式下生态产业园区内的企业、工厂之间要形成废弃物的输出输入关系，企业间通过物质集成、能量集成和信息集成等方式，结合起来，形成共享资源和互换副产品的产业共生组合，实现园区、企业和产品三个层面的生态管理，建成稳定的生态工业网络结构（图 8.16）。

（3）大循环——社会层面的循环经济发展模式

大循环指的是社会层面的循环经济，这个层面上，循环经济的发展模式不能仅限于企业内部、生态工业园区的企业之间，而是要应用于整个经济社会生活中，实现消费过程中和消费后物质与能量的循环。大循环模式的发展需要政府的宏观政策引导和社会公众的微观生活行为的共同作用来推进，并且还需要较大的资金投入和技术支持。要通过调整社会的产业结构，转变其生产、消费和管理模式，在一定的范围内和第一、二、三次产业各个领域构建各种产业生态链，把社会的生产、消费、废物处理和社会管理统一组织为生态网络系统。它从污染预防的角度出发，以物质循环流动为特征，把社会、经济、环境可持续发展作为最终目标，最大限度地提高资源和能源的利用率，减少废弃物排放。循环经济的社会发展模式重点强调四个协调：一是社会的局部利益和整体利益的

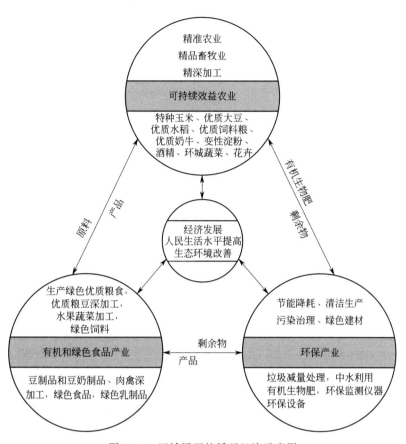

图 8.16　区域层面的循环经济示意图

协调，二是眼前利益与长远利益的协调，三是人口适度增长与社会经济发展的协调，四是资源合理开发利用和保护生态环境之间的协调。大循环的内容包括以下四个方面：

① 建设循环型社会，包括国民经济的三个产业生产、消费和循环领域的建设。在生产领域，大力发展生态工业和生态农业。建立和完善行业内部以及行业之间的产业链，实施清洁生产及资源、废弃物的减量化。加大农业产业的调整力度，使地方资源优势得到充分发挥；在消费领域，积极宣传可持续消费观，努力实施可持续消费。根据城市和区域实际情况，发展具有当地的特色产业如生态旅游，推行绿色采购，建造生态住宅，建设生态社区，在公众、政府和企业等各个层面推行绿色消费；在循环领域，企业、社区实施清洁生产，提高生态效率，在资源循环利用和废弃物产生最小化的基础上实现城市的物质循环。

② 建立健全利益驱动机制、环境与发展综合决策机制和公众参与机制。政府要建立以循环经济为导向的宏观经济政策，引导生产力要素向有利于循环经济发展的方向集聚；正确引导社会的消费倾向；要有效利用多种渠道筹措资金，特别是要充分利用民间资本，逐步建立完善的由投融资机制、补偿机制和激励机制等组成的利益驱动下的循环经济发展机制。加快环境与发展综合决策机制的落实工作，研究推行绿色 GDP 等社会经济全面发展的指标体系，落实地方政府对当地环境质量负责机制、领导干部环境保护政绩考评机制。完善环境目标责任制，确保环保目标责任到位、措施到位、投入到位。切实健全考核与奖惩制度，并严格执行责任追究制度。公众是循环型社会的主体，政府要加大对公众的宣传教育，增强公众的环保意识和科学消费意识，并且还要不断扩大公

众参与环境保护的途径，协调处理好环境保护与公众利益的关系，为循环经济发展谋求更强大的支撑动力。

③ 实现三个效益相协调。循环型社会的建设以循环经济理论为指导，发展生态工业，构建绿色消费体系，充分高效利用资源和废弃物，合理进行产业布局，采用可持续的发展模式，实现经济、环境和社会三个效益的协调统一。

④ 政府在循环社会建设中要采取有力措施，加强宏观调控。循环型社会是一个庞大的体系，要比单个城市、园区或企业的循环经济的建设复杂。循环型社会的构建具有基础性、前瞻性和战略性特点，建设循环型社会采取的各项行动可能得不到城市、园区、企业层面和消费者的充分理解。所以，国家和政府有必要采取各种强有力的手段和措施，来推动循环型社会的建设、促进循环型社会的发展。此外，虽然循环型社会的建设要根据循环经济理论进行，但同时也要因地制宜，充分发挥地方的独特优势，合理利用资源，寻求稳步发展。

8.14　请查阅相关资料，写出除中国外的其他国家（至少两个）的循环经济发展模式。

8.3.2　我国循环经济实践及成果

我国循环经济从 20 世纪 90 年代开始发展，至今为止经历了几个发展阶段。20 世纪 90 年代末至 2002 年，为理念引进与理论研究阶段。此阶段重点在于充分认识和掌握循环经济的核心思想和本质内容，通过宣传等方式让全社会开始认识、了解并逐渐接受循环经济。2003 年至 2005 年，为国家重视与战略决策阶段。开启了发展循环经济的战略，以新型工业化促进科学发展。2006 年起，我国循环经济进入大发展阶段。"十一五"规划中专门有一章是讲循环经济的，从此上升到国家的战略层次。我国先后制定了多部涉及环境保护和资源管理利用的法律。2009 年 1 月 1 日《中华人民共和国循环经济促进法》正式实施（2018 年最新修订），旨在从微观、中观和宏观上推动全国循环经济的快速发展，标志着我国循环经济进入全面试点与持续推进阶段。此后，在全国范围内全面开启试点工作。随后 2011 年颁布的"十二五"规划（2011～2015）中，提出了截至 2015 年，国家工业体系要实现固体废物综合利用率达到 72%，同时 50% 以上的国家园区和 30% 以上的省级园区要实施循环化改造的主要目标。而在 2016 年发布的"十三五"规划（2016～2020）中，国家发展改革委员会表明，会在未来建立更加清晰的循环经济评估框架，细化循环经济评价指标。2018 年党的第十八次全国代表大会强调了国家生态文明建设的重要性，并指出环境财政、环境价格、生态补偿政策框架体系已经基本建设完成，未来将对环境生态发展起到重要作用。

2016 年，Nature 期刊刊发了一系列与循环经济有关的文章，其中包含了对中国近 10 多年来在循环经济推动方面成果的肯定。来自经济合作与发展组织的数据显示，我国在 1990～2011 年，资源强度从每单位 GDP 消耗 4.3kg 资源，下降到每单位 GDP 消耗 2.5kg 资源；作为国家重点扶持项目的苏州高新技术产业开发区，在 2010 年完成了每万元 GDP 消耗 0.57t 煤炭的目标，同期国家平均水平为每万元 GDP 消耗煤炭 1.24t。

截至 2013 年，我国的资源消耗与经济增长已经实现了相对脱钩，废物再生利用比例增长了 8.2％；而循环经济指数从 2005 年的 100，增长到了 2013 年的 137.6，说明了全国范围内循环经济综合表现的提升。从地区层次来看，全国各区域之间循环经济绩效存在明显差异，其中东部地区领先于西部地区，与区域经济发达程度存在一定相关性；自 2005 年起，浙江、山东和广东的循环经济绩效水平有持续明显增长，到 2014 年，云南和浙江两省的循环经济已达到全国领先水平。

以广东为例，2017 年广东八大部门联合发布的《珠三角城市群绿色低碳发展 2020 年愿景目标》提出，到 2020 年第三产业在珠三角地区的增加值占 GDP 比重要达到 60％，同时大力发展清洁能源和可再生能源，实现单位 GDP 碳排放强度降低到 0.457t/万元。同时，广州、深圳、东莞、佛山等市正在创建国家餐厨废弃物资源化利用试点城市，在产业园建设方面，广州经济开发区、深圳光明高新技术产业园区、深圳坪山园区、珠海经济技术开发区、惠州大亚湾产业园这 5 个园区被列入国家循环化改造试点。

想一想

8.15　循环经济是如何发挥自身优势来发展工业的？

8.3.3　生态工业园

（1）工业生态学

工业生态学（Industrial Ecology）最早是在 1989 年《科学美国人》杂志上由通用汽车研究实验室的罗伯特·弗罗斯彻（Robert Frosch）和尼古拉斯·格罗皮乌斯（Nicholas E. Gallopoulous）提出的。他们认为"为什么我们的工业行为不能像生态系统一样，在自然生态系统中一个物种的废物也许就是另一个物种的资源，而为何一种工业的废物就不能成为另一种资源？如果工业也能像自然生态系统一样，就可以大幅减少原材料需求和环境污染并能节约废物垃圾的处理过程"。

由此发展了年轻、新兴的交叉学科工业生态学，它是一门研究人类工业系统和自然环境之间相互作用、相互关系的学科。工业生态方法寻求的目标是按自然生态系统的方式来构造工业基础。我们知道，自然界中没有真正的废物，鉴于自然生态系统物质和能量循环的高效率和可持续性，要求工业系统在供应者、生产者、销售者和用户以及废物回收或处理之间建立密切联系。把工业生产视为一种类似于自然生态系统的封闭体系，其中一个单元产生的"废物"或副产品，是另一个单元的"营养物"和投入原料。这样，区域内彼此靠近的工业企业就可以形成一个相互依存，类似于生态食物链过程的"工业生态系统"。工业生态学将废物重新定义为另一工业生产过程的原料。

（2）生态工业园区

生态工业园（Eco-industry Park）是建立在一块固定地域上的由制造企业和服务企业形成的企业社区。该社区内，各成员单位通过共同管理环境事宜和经济事宜来获取更大的环境效益、经济效益和社会效益。整个企业社区能获得比单个企业通过个体行为的最优化所能获得的效益之和更大的效益。

20 世纪发展起来的工业生态学和循环经济是生态工业园的理论基础。它遵从循环经济 3R 原则，强调资源循环利用，鼓励企业间相互交换副产品，结网建立企业间的工业共生关系，最终实现园区的污染物"零排放"。把经济增长建立在环境保护的基础上，体现了人与自然和谐相处的思想，是 21 世纪经济可持续发展的一种重要模式。

国内外生态工业园可分为四种模式：

① 初具雏形的生态园。这种模式生态园中已经存在几条生态工业链，副产品或废物的交换和能量、废水的梯级利用以及基础设施等方面初具规模，主要是利用高新技术来补充和完善现有的生态工业链，使之发展成为一个稳固的生态工业网，同时提高生态工业网中各环节的质量。

② 全新型生态工业园。在良好规划和设计的基础上，从无到有进行建设，并创建一些基础设施，使得企业间可以进行废水、废热等的交换。

③ 改造型生态工业园。对已存在的工业企业通过适当的技术改造，在区域内成员间建立起废物和能量的交换关系，目前我国大部分生态工业园属于这种类型。

④ 虚拟型生态工业园。这是突破地理位置限制和行政区域限制的更广泛意义上的生态工业园。它不严格要求其成员在同一地区，而是在计算机上建立成员间的物、能交换关系，然后在现实中选择适当的企业组成工业生态链。

8.3.4　工业园区与循环经济的典型模式

(1) 丹麦卡伦堡工业园

20 世纪 70 年代，卡伦堡几家重要企业通过资源的循环利用和废料的合作管理，建立了企业间的相互协作关系——"工业共生体"（图 8.17）。其中，"工业共生体"中的核心企业是发电厂、炼油厂、制药厂和石膏壁板厂。

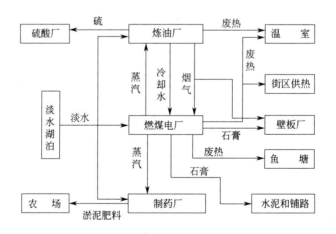

图 8.17　卡伦堡生态工业园框图

一家企业的废弃物或副产品可以作为另一家企业的原料，通过企业间工业共生和代谢的生态群落关系，实现能源的多级利用和副产品（废弃物）的利用。在图8.17 中，炼油厂的废气可以作为发电厂的燃料，其他公司与炼油厂共享冷却水；发电厂煤炭燃烧产生的副产品可用于生产水泥和做铺路材料；发电厂的余热可为养鱼场和城里的居民住宅提供热能。该园区以闭环方式进行生产的构想要求各个参与厂家的输入和产品相匹配，形成一个连续的生产流，每个厂家产生的废物或副产品至少可以作为除这个厂家外的一个或多个厂家的有效燃料或原料。通过这种"从副产品到原料"的交换和"废热利用",不仅减少了废弃物产生量和处理它们所需的费用,还节约了资源和能源,降低了生产成本,产生了经济效益,形成经济发展与资源和环境的良性循环。

经过几十年的发展,目前卡伦堡工业园已成为世界生态工业园区的典范,并为21世纪新的工业园区发展模式奠定了基础。

（2）广西贵港国家生态工业（制糖）示范园区

1999年,我国生态工业园示范区建设试点工作开始启动,在原国家环保总局支持下,在广西贵港建设了以甘蔗制糖企业为核心的生态工业示范园区。它以贵糖（集团）股份有限公司为核心,创建了一系列子公司或分公司来循环利用废物,从而减少污染和从中获益。贵糖集团各个下属企业之间形成了以蔗田、制糖、酒精、造纸、热电联产及环境综合处理6个系统为框架建设的生态工业园区。各系统之间通过中间产品和废弃物的相互交换和相互衔接,形成一个比较完整和闭合的生态工业网络（图8.18）,使园区内资源得到最佳配置,废弃物得到有效利用,环境污染降低到最低水平。

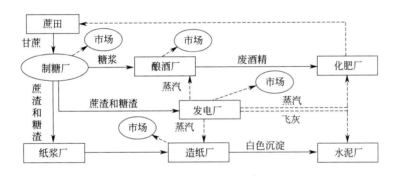

图 8.18　广西贵港国家生态工业园框图

其主要生态链有：①蔗田-甘蔗-制糖-废糖蜜-制酒精-酒精废液-制复合肥-蔗田;②甘蔗-制糖-蔗渣造纸;③制糖（有机糖）-低聚果糖三条。具体分工如下：蔗田负责向园区提供高品质的甘蔗,保障园区制造系统获得的原料是充足的;制糖系统生产出各种糖产品;酒精系统通过开发一些新工艺使制糖副产品得到利用,如开发能源酒精、酵母精工艺,利用甘蔗制糖副产品废糖蜜生产出能源酒精和酵母精等产品;造纸系统利用甘蔗制糖的副产品蔗渣生产出高质量的生活用纸及文化用纸等产品;热电联产系统用甘蔗制糖的副产品蔗髓替代部分燃煤,实现热电联产,供应生产所必需的电力和蒸汽,保障园区整个生产系统的动力供应;环境综合处理系统为园区内制造系统提供环境服务,包括废气、废水的处理。

为了使该工业共生体更加完善,真正成为能源、水和材料闭环流动的系统,贵糖集团自2000年以后又逐步引入了以下产业：以干甘蔗叶作为饲料的新肉牛和奶牛养殖场、鲜奶处理场、牛制品生产场以及使用牛制品副产品的生化场;利用乳牛场的肥料发展蘑菇种植厂;同时利用蘑菇基地的剩余物作为蔗田的天然肥料,弥补了生态产业链条上的缺口,真正实现了资源的充分利用和环境污染的最小化。经过数年的实践,生态工业园所取得的最大收效是综合利用效益不断提高。

（3）灵宝市果菌肥循环经济案例

河南省灵宝市地处全国两大苹果最佳适生区之一的黄土高原东缘,苹果始终是灵宝市农业农村经济的第一大支柱产业、特色产业和富民产业。政府以"生态循环果业"为主题，优化资源配置为核心，走持续高效、低碳节能、生态环保的发展之路，形成了以苹果为基础的两大特色生态循环经济模式，实现了资源合理利用、人与自然和谐发展。

① 果品生产-废弃枝条（树桩）再利用-加工食用菌袋料-食用菌生产-废弃食用菌袋料再利用-加工有机肥-果品生产。以苹果树木屑为原料，所产香菇品质优良，创建代表性品牌"灵宝香菇"，带动食用菌产业全面发展，先后通过国家农产品地理标志认证和生态原产地产品认定，成为灵宝市第二大农业农村经济支柱产业。目前，"灵宝香菇"年栽培规模近1亿袋，年产值12亿多元。全市食用菌企业、合作组织超过100家，安置和带动从事食用菌生产经营的群众超过5万人。食用菌生产过后废弃的菌棒，有机肥厂回收再利用，经过科学配方后加工成有机肥，有机肥用于肥沃果园土壤。

② 果品生产-果品加工-果渣加工饲料-畜禽养殖-粪便肥园。每年的风落果、残次果、无等级苹果全部经清洗、筛选、榨汁、杀毒、超滤、脱色、浓缩等工序，加工成浓缩果汁。将榨汁后的果渣，经烘干处理合理配方再加工，制作成畜禽饲料养殖畜禽，畜禽的粪便腐熟后肥沃果园土壤，还可以生产沼气，用来做饭、照明等，沼液喷洒果树防控病虫害，或将沼液、沼渣肥沃果园土壤。果品加工企业随着果品产量的增加应运而生，目前有6家果品加工企业，年加工和转化果蔬220万吨，果品加工产品包括浓缩果蔬、饮料浓浆、果蔬罐头、水果浓浆、果沙饮料、乳品饮料、果酒等八大系列100多个品种，远销美国、加拿大、欧盟等20多个国家和地区。2017年全市出口浓缩果汁1.06万吨，创汇1012.5万美元。

 **想一想**

8.16　生态工业园是循环经济下的特色发展，谈谈其与20世纪90年代初所倡导的经济技术开发区有何本质的区别？

阅读材料

▶扫码扩展阅读◀
可持续发展的生产和经济模式

 **习 题**

1. 工业发展的"双刃剑"如何对环境产生影响？清洁生产是在什么情况下"诞生"的？

2. 保证可持续发展的企业生产模式是什么？其内涵是什么？与末端治理的区别是什么？

3. 简述清洁生产的内容、特点以及各国的实施情况。

4. 清洁生产审核的范围、对象和基本思路是什么？结合清洁生产审核案例说明其审核的过程和步骤。

5. 对生命周期评价的理解是什么？其特点、分类、总体框架和评价方法是什么？

6. 结合生命周期评价案例说明其作用是什么？

7. 清洁生产分析工具有哪些？理解每种分析工具在环境、社会和经济发展中的内涵和作用？

8. 体现人类社会真正意义上的可持续发展的是什么样的经济？你对其如何理解？

9. 生态经济的特征是什么？生态经济系统的基本成分是什么？

10. 总结生态经济的发展思路，如何实现经济和社会的可持续发展？

11. 实现人类可持续发展的经济模式是什么？简述其由来。

12. 如何理解循环经济的本质和基本特征？

13. 循环经济的发展模式有哪些？我国循环经济发展状况如何？

14. 什么是生态工业园区？有哪些发展模式？结合案例说明生态工业园区结构、组成及作用。

参考文献

[1] 杨雪峰. 循环经济学. 北京：首都经济贸易大学出版社，2009.

[2] 伍世安. 循环经济的经济学基础探析. 上海：复旦大学出版社，2015.

[3] 赵涛,徐凤君. 循环经济概论. 天津：天津大学出版社，2008.

[4] 陈宗兴,刘燕华. 循环经济的战略思考. 沈阳：辽宁科学技术出版社，2007.

[5] 樊森. 中国循环经济发展模式与案例分析. 西安：陕西科学技术出版社，2012.

[6] 黄贤金. 循环经济学. 南京：东南大学出版社，2010.

[7] 王志文. 中国区域生态经济发展战略模式研究. 北京：经济日报出版社，2015.

[8] 陈婷,曾婷. 中国循环经济发展简述. 循环经济，2019，12（1）：12-14.

[9] 王全新. 生态经济学原理. 郑州：河南人民出版社. 1988.

[10] 李珂. 发展循环经理理论、政策与实践研究. 北京：中国政法大学出版社. 2013.

[11] 黄贤金. 循环经济学. 南京：东南大学出版社，2010.

第 9 章　可持续发展的环境伦理

9.1　环境伦理

20 世纪以来，人类社会在科学技术上的巨大进步，带来空前的经济发展和繁荣，创造了前所未有的灿烂的工业文明。然而，高度的物质文明发展带来的地球环境问题日益凸显，特别是庚子年一件件灾害接踵而至：澳洲山火、新冠疫情、粮食减产、非洲蝗灾等，在人们心中留下了不可磨灭的阴影。

大自然是善良的慈母，同时也是冷酷的屠夫。孔子云："大人者，与天地何其德"；庄子认为："万物以自然为贵"；王阳明说："与天地万物为一体。"古代圣人们对待人与自然、人与社会、人与人之间的关系皆以自然尊，注重生态和谐。而科技如此发达的今天，为什么生态灾难却越来越多，毁坏性越来越大呢？这是否应该引起我们人类的深刻反思呢？

9.1.1　人与自然关系的认识

（1）人类中心论

人类中心主义思想早在古希腊时期就已起源和发展。公元前 5 世纪，智者派代表普罗泰戈拉就提出："人是万物的尺度。"亚里士多德也认为："植物为了动物而存在，动物为了人类而存在。"欧洲文艺复兴以后，哲学家提出人是大宇宙下的小宇宙的思想，这也是人类中心论的体现。产生这种狭隘人类中心论思想的原因是由于当时的科学技术和社会生产力有了一定的发展，人类利用和改造自然环境的能力有一定的提高，从自身出发，追求对自然的征服感，而忽略了自然环境对人类社会的反作用。

人类中心论最根本的缺陷体现在人对自然改造能力的无限性以及由此形成的人类的主宰地位的思想论调。19 世纪，自然科学的突飞猛进使人类产生了对科学技术的迷信，坚信科学技术能改变一切。人对自然的主动性发挥到极致，变为自然的统治者。

实际上，这种"人是自然主人"的观念实质中只不过是在传统文化氛围中人类所形成的一种虚妄观念，它所反映的恰恰是人类智慧的不成熟。事实也不容置疑地证明了人类绝不可能是自然的主人。

 **读一读**

9.1　中国作为世界上唯一一个文化没有中断的国家，足以证明了中华传统文化的生命力和正确性。大量的古籍经典和文学作品中都蕴含着人与自然和谐共处的思想和道理。例如在《列子》中记载了一则故事《鲍子难客》，就宣传了人不是世界万物的主宰，而是人与天地共存的思想。齐国有个姓田的权臣，在厅堂设宴祭祀路神，赴宴的幕僚有上千人。宴席上有人献上鱼和大雁，田氏看了，感叹道："上天对人很厚道啊！长五谷，生鱼鸟，供我们享用。"所有食客高声附和，赞美大人英明。在座的有个姓鲍的男孩，年龄十二岁，走上前来说："事情并非如您所说啊。天地间的生物和我们人并存，本没有什么贵贱之分，只是因为体型的大小、智力的不同而互相制约，互相捕食，并没有谁只是为了给谁吃而生存的。人类选择可以吃的其他生物吃，并不是天为了让人吃而孕育其他生物。更何况，蚊虫叮人，老虎和狼吃肉，按您的道理，岂不是上天为了蚊虫而生人，为了虎狼而孕育有肉的生物了吗？"

（2）自然中心论

与"人类中心主义"相对立的"自然中心主义"是自然生态伦理主义的一种理论表现。它是在全球性的环境和资源危机背景下提出来的。自然中心论认为，人与其他生物或实体具有同等的内在价值，都是自然界的相关部分。这一伦理思想是站在宏观和长远的高度表达了人类重新审视人与自然的主体与客体关系。

自然中心论中包括动物解放论和生物中心论，但无论哪一种流派，其本质都是认为动物或者非人类物种都具有独立于人类的"内在价值"，并需要被赋予尊重和"生存权利"。自然中心论虽然是在人与自然矛盾冲突中产生的人类行为和科技发展之间的一种反思，但也存在一定的谬误，自然中心论在某种程度上忽视了自然和社会的联系，忽略了人从自然界中分离产生的主客体差异性，过度贬低了人在自然界中的存在地位和人类的生存利益。

 **读一读**

9.2　人是万物之灵，孟子提到，要重视人禽之辨，人因为具有智慧，而在生物体中脱颖而出。孔子教导我们重视仁义，"仁"者，人也。但是人类却往往因为贪图利益的诱惑而失去仁义，变得残忍而贪婪。

日本是全世界捕鲸数量最多的国家，最残忍的是杀鲸大会，180 头座头鲸会被全部杀死，后在市场上贩卖，供人生食。美丽可爱的海豚也是日本人传统捕杀的对象。

日本和歌山太地町被称为"海豚湾"，有纪录片揭露该地屠杀海豚乱象，但是该地仍然每年都会有持续半年的海豚驱猎。每年 9 月 1 日，大批渔船正式开始出海捕猎鲸鱼和海豚，并将一直持续到第二年的 4 月。渔民把大量海豚驱赶入三面封闭、水深较浅的海湾内，然后用长鱼叉刺伤海豚，进行捕杀，十分残忍！虽然备受争议，但日本以围捕海豚和食用海豚肉是当地文化传统为由进行反驳。

（3）生态中心论

生态中心论是在生物中心论基础上的进一步发展，它认为生物中心论主张的道德范围过于狭窄，因此将环境伦理价值概念从生物个体扩展到整个生态系统，赋予生命有机体和无生命自然界同等价值意义。生态中心主义是一种整体论的或总体主义的方法。在某种程度上，生态中心主义实现了对人的价值观的重塑，即人类需要构建一种人与自然的新型关系，以达到人与自然的协调发展。

生态中心论把价值的扩展推到了极限，为环境伦理提供了新的理论依据。生态中心主义视野中，强调了人类对自然界的义务的环境保护价值观，强调了对未来后代的责任关怀的未来价值观，强调了非人类中心主义的自然价值观，同时也强调了人与自然关系平等的环境平等观。生态中心主义的价值观是一种和谐的发展观，它追求的是人与自然、人与社会、社会与生态环境之间的一种和谐关系，是兼顾经济、环境和社会的可持续发展价值观。

21 世纪，人们逐渐认同和接受了生态中心主义价值观，"人类作为守护者和成全者的形象必将代替他征服者和剥削者的形象"。

 **读一读**

9.3　中国古代文化中蕴含丰富的生态文明思想，尤其是儒、释、道三家华夏文化精髓，生生不息，源远流长。

儒家以"仁"为核心思想，孔子视"仁"是道德规范的最高准则，《论语·乡党》记载："色斯举矣，翔而后集。曰'山梁雌雉，时哉时哉！'子路共之。三嗅而作。"孔子和子路在山间行走，看见一群野鸡，孔子神色动了一下，野鸡飞走又盘旋落在另一棵树上。孔子说："这些山梁上的母野鸡，识时务呀！识时务呀！"子路对它们拱拱手，野鸡三次点头作为回应。孔子因为野鸡受到他们的惊吓而心生感慨，可见，孔子的"仁爱"不仅由亲亲惠及整个人类，还将对人类的道德关怀推及自然万物。孟子继承了孔子的仁爱思想，提出了"仁民爱物"。"仁民"是对人的同情仁爱，"爱物"则是爱护人之外的动物植物等。

道家以"道"为根本，道生万物。"道"即自然规律。万物皆顺应自然规律而成长。易经有云："观乎天文，以察时变；观乎人文，以化成天下"；《道德经》中提到："人法地、地法天、天法道、道法自然"；《黄帝内经》讲："春生、夏长、秋收、冬藏，是气之常也。人亦应之。与天地相应，与四时相副，人参天地。"

释家的主要思想是："诸恶莫作，众善奉行，自净其意，是诸佛教。"佛教倡导宇宙一切生命的平等。《大智度论》中记载："诸罪当中，杀罪最重；诸功德中，不杀第一。"释家认为人与自然"万物一体"，即人与环境是不可分割的统一整体。

 **想一想**

9.1　人与自然的关系究竟是一种什么样的关系？近年来极端气候和疫情灾害的发生让我们意识到该如何和自然相处？

9.1.2　环境伦理的定义

伦理作为一种社会意识形态，是调整人与人、人与社会、人与自然之间相互关系规范的总和。当伦理对象从人类逐渐扩展到环境和自然界，便有了环境伦理。环境伦理解决的是人类与自然环境间的道德关系，包括人对自然界的价值观及对自然界应有的义务和责任。

人与自然的关系表现为：人对自然的依赖性和能动性。人既依赖自然而生存，又是改变自然的力量；人类要改造自然又受自然的制约。因此，人与自然的关系是依存、适应、冲突与和谐。

可持续发展成为人与自然和谐相处的一剂良药。环境伦理为可持续发展提供坚实的伦理基础。环境伦理告诉我们，要在尊重自然规律及其内在价值的基础上，规范人类的实践活动。

环境伦理在可持续发展中涉及的领域极为广泛，如控制人口、节约资源、生态修复、环境整治、清洁生产、减少污染、适度发展、合理消费、保护自然等等。环境伦理为这些领域提出相应的原则、要求和具体行为规范。如干旱区水土资源利用，不应过度开采地下水、盲目垦殖荒地，而是要重视水土资源的利用效率。在区域发展中引进企业应从严评估，贯彻"生态优先"的基本理念。总之，环境伦理应兼顾自然生态的价值、个人与全人类的利益和价值、当代人与后代人的价值和利益。环境伦理规范体系要求人类应当培养生态公正、保护环境、善待生命、尊重自然和适度消费的伦理情操，尽到管理好地球家园的义务。只有树立正确的环境伦理观念，不断追求人与自然的和谐，才能真正实现人类社会全面协调的可持续发展。

 **想一想**

　9.2　环境伦理产生的价值是什么？

9.1.3　环境伦理基本原则

人和自然本是不可分割的统一整体，但是在经济价值面前人类往往忽视了生命起源于自然，生命需要遵循于自然的铁律。自然本身的内在价值，不需要人类赋予，但人必须依靠自然才能生存和发展。要使人类社会的发展与环境协调，就需要可以为相关政策、立法提供理论基础的环境伦理来支持。

可持续发展观的出现使其成为人与自然和谐相处的一剂良药，这点人类必须承认。树立正确的环境伦理观——生态中心主义，并在此基础上进行生态文明建设，才能实现人类可持续的真正的幸福。因此，环境伦理学要遵循以下三个关于人与自然之间的基本原则。

（1）环境正义原则

人与自然都是构成生态系统的内在要素，生态系统的整体机能是一切生物与环境相互依存、相互作用的结果。生态系统是各种生物在一定时间内结构和功能的相对稳定状态，其物质和能量的输入输出接近相等，从环境中受益的人要履行相应的义务以保证环境系统的平衡。这一原则要求我们在进行意义的思考时，必须从自然与社会相统一的角度，基于人与自然及人与社会的两种关系序列中进行价值判断。

 **读一读**

9.4 草原是自然界重要的生态屏障。绒山羊是我国重要的生物资源，绒山羊所产的羊绒被誉为"软黄金"，近十多年来，国际市场上对山羊绒的需求量剧增，我国北方的少数民族地区大力发展绒山羊养殖业，并成为这些地区农牧民生活的重要经济来源。

但近年来，由于绒山羊养殖数量猛增，超过了当地草场合理载畜量的50%，在草场资源锐减的情况下，山羊处于求生本能，不可避免地尽量觅食，甚至啃食树皮和草根。载畜量的增加成为加剧草原生态恶化的重要原因之一。

（2）代际平等原则

地球的承载力是有限的，地球环境是人类共同具有的，环境不仅是当代人的，也是未来人的，未来人与当代人具有同等的环境使用权利，所以当代人负有未来人拥有与当代人相同或更好的环境条件的责任。任何国家与地区、任何一代人都不能为了局部利益而置生态系统的稳定于不顾，当代人不能为了满足自己的需要而透支后代人的环境资源，应该给后代留下与如今同样范围大小、健康的生态环境。

读一读

9.5 过去几十年，长江遭受到严重的污染，湿地和野生动物栖息地流失破坏了生态平衡，中华鲟等濒临灭绝。曾经的"滚滚长江东逝水"变成"一江毒水向东流"。曾经沿着长江分布了五大钢铁基地，七大炼油厂，一万家化工企业，这里面有大量的外资企业，发达国家将不要的污染企业都赶到我们中国。当然，经济学家很高兴。但是沿着长江布局化工厂，污染物交给长江，带到海里去，处理成本很低，但是最终长江受不了，退化极其严重。

长江、黄河都是中华民族的发源地，是中华民族的摇篮。长江拥有独特的生态系统，是我国重要的生态宝库。2016年，习近平在推动长江经济带发展座谈会强调要把修复长江生态环境摆在压倒性位置。几年来，在党中央领导下，各地区各部门坚决贯彻习近平生态文明思想，长江流域开展强化国土空间管控，严守生态保护红线；落实长江"十年禁渔"，改善水生生物多样性；排查整治排污口，推进水陆统一监管；加强工业污染治理，防范生态环境风险；持续改善农村人居环境，遏制农业面源污染；补齐环境基础设施短板，保障饮用水水源水质安全；加强航运污染治理，防范船舶港口环境风险；优化水资源配置，保障生态用水需求；强化生态系统管护，严厉打击生态破坏行为等一系列治理措施。据统计，2020年，长江流域水质优良（Ⅰ～Ⅲ类）断面比例为96.7%，高于全国平均水平13.3个百分点，较2015年提高14.9个百分点，干流首次全线达到Ⅱ类水质，劣Ⅴ类国控断面全部完成消劣。沿江一公里范围内落后化工产能全部淘汰。省级及以上工业园区均建成污水集中处理设施。长江江豚等旗舰物种的出现频率增加，生物多样性水平逐渐提升。

（3）尊重自然原则

在人的利益与自然客体发生冲突时，我们应该在满足人类基本需求的基础上，选用对自然最轻干扰、最小伤害的方案。在利用各种动物资源时，要遵守动物自身的自然法则，尽量不给动物带来过度痛苦。将对环境的损害视为对人类的损害而同等对待，尽可能地给予环境尊重。

读一读

9.6　在非洲，每天平均有 104 头大象遭到猎杀。大象是比人类历史更悠久的物种。尽管濒危野生动物国际贸易公约很早颁布了象牙贸易禁令，但是在利益的驱使下，人类仍然进行着残忍而自私的行为。

人类对待动物到底有多残忍，以胜利者自居的我们根本体会不到。人类虽拥有高级智慧，但也不能丧失仁义道德之心，处残忍自私之事。如果有一天我们和动物角色互换，那会是怎样的一种情形呢？

想一想

9.3　长久以来，人类一直以为自己是食物链的顶端。而在天灾和疫情面前，人类是如此的渺小。我们应该如何正视人类在自然界中的存在，如何能够实现人类的可持续发展？

9.1.4　环境伦理实施办法

（1）开展多方面环境伦理教育，提高公众环境意识

在意识形态上，社会个体的人应成为自然的朋友，培养对自然的感恩情怀，亲近自然，尊重自然。维持物种的多样性、统一性与稳定性。在改造自然的每一步面前用爱自然的眼光预测将来要产生的影响，而不是凭借一种独断的世界观，定位自然的经济价值和非经济价值。这样的进步才是不沾染危机的文明，才是不狭隘的价值判断。在生态文明建设的步伐中，环境伦理应越来越被人们作为生存准则去遵守，保卫自己一手改造过的充满人类灵性的家园。

（2）针对环境问题严峻性进行立法

一个社会的制度是否完善，一个衡量的重要指标就是法律法规的健全程度和执行情况。针对环境问题立法，使社会个体在一个公平、平等的条件下重视环境，从而达到保护环境实现生态文明的目的。

（3）加强国际合作，实现国际公平

由于历史原因，欧美国家的社会发达程度远远高于亚非拉国家。发达国家所占有的资源也远远超过发展中国家。但是从全球化着眼，任何一个国家或地区自然生态环境的恶化和破坏都将影响到其他的国家和地区；从生态环境方面看，全球是一个生态共同体。因此要建立生态文明就需要全球化的公示和合作。1992 年联合国环境与发展大会通过的《21 世纪议程》，更是高度凝结了当代人对可持续发展理论的认识。

读一读

9.7　2008 年，北京奥运会上提出了"绿色奥运、科技奥运、人文奥运"三大理念，而对"绿色奥运"，北京奥组委更是向世界作出七项具体绿化美化的承诺。北京奥组委与驻巴黎的联合国环境规则属 Ozon Action 办公室以及我国国家环保总局积极合作，全市林木覆盖率接近 50％；山区林木覆盖率达到 70％；城市绿化覆盖率达 40％以上；全市形成三道绿色生态屏障；"五河十路"两侧形成 2.3 万公顷的绿化带；市区建成 1.2 万公顷的绿化隔离带；全市自然保护区面积不低于全市国土面积的 8％。奥运场馆的建设也体现了"绿色奥运"的元素。拥有 9.1 万个座位的奥运会主体育馆"鸟巢"采用绿色能源——太阳能光伏发电系统为整个场馆提供电力，可以说"鸟巢"是当今世界上最大的环保型体育场。

想一想

9.4　近年来，经常有报道称已经灭绝的物种又重新出现，想想是什么原因？

9.2　环境道德

所谓伦理，是指在处理人与人、人与社会相互关系时应遵循的道理和准则，包括对道德、道德问题及道德判断所作的哲学思考。伦理乃人伦之理，道德即为人之德。环境伦理解决的是人与自然环境间的道德关系，即人在自然环境中的权利与责任。

《世界自然宪章》对环境道德原则作出如下概括：

（1）要尊重自然，不损害必须的自然过程

老子云："有物混成，先天地生，寂兮寥兮，独立而不改，周行而不殆，可以为天地母。吾不知其名，字之曰道，强为之，名曰大。大曰逝，逝曰远。远曰反。故道大，天大，地大，人亦大。域中有四大，而人居其一焉。人法地，地法天，天法道，道法自然。"

此乃《道德经》中处理人与自然关系的经典思想，意思就是在广阔无垠的宇宙中，人受大地的承载之恩，所以其行为应该效法大地；而大地又受天的覆盖，因此大地应时时刻刻效法天的法则而运行。这是千古不易的密语，是老子思想精华之所在。而天最终也要效法"道"的法则而周流不息，"道"即为自然规律。所以人要尊重自然，不能损害必须的自然过程。

（2）不能危机地球上的遗传能力

所有形式的生命，不管是野生的还是驯化后的，其种群水平必须足以维持其繁衍能力。为此目的，保护必须的生态环境。

地球经过亿万年的演变和物种进化，不仅地球整体具有一定的生态平衡性，在某一特定自然区域内，也有着自己的生态平衡系统。

澳大利亚原本没有兔子。1859 年，一个英国人为澳大利亚带来了 24 只野兔，养在庄园里，供打猎取乐。后来，兔子陆续逃亡到了野外，茂盛的牧草给这些兔子提供了丰富的食物来源，且没有鹰等天敌的威胁。若干年后，繁殖能力强大的 24 只野兔繁衍了子子孙孙，给整个澳洲带来了无尽的灾害。

兔子与牛羊争抢牧草，掠夺了数万平方公里的植物，导致水土流失，每年由野兔造成的经济损失至少 1 亿美元，许多野生动物因缺乏食物甚至面临灭绝的危险。

澳大利亚人采用围墙、猎捕、天敌甚至投毒的方法抑制兔子的繁殖和扩散。直到 1950 年，一种能杀死兔子的病——黏液瘤病被引入澳大利亚。科学家先将该病传染给蚊子，然后经蚊子再传染给兔子。通过这种手段在澳大利亚东南地区消灭了大约 80％ 的野兔。

(3) 保护地球上独特的区域

对地球上的任何区域，包括海洋、陆地，遵循保护原则，特别要保护那些独特的区域，保护各种生态系统类型的代表性样地，并珍惜濒危物种的生态环境。一个关键物种的灭绝可能破坏当地的食物链，造成生态系统的不稳定，并可能最终导致整个生态系统的崩解。

过去 5 个世纪内，约有 900 种动植物从地球消失。而濒临消亡的物种超过 10000 种。每年金枪鱼捕鱼产业的 GDP 是 72 亿美元，所带来的结果是自 1980 年以来，金枪鱼数量减少了 70％。专家预计它们 10 年内将从地球上消失。万兽之王老虎也不容乐观，据 2016 年调查显示，目前全球野生虎的数量仅为 3900 只。老虎已经成为珍稀濒危物种，被列为《濒危野生动植物种国际贸易公约》附录Ⅰ级保护动物，2010 年 1 月，在泰国召开的老虎保护亚洲部长级会议提出，将每年 7 月 29 日设为"全球老虎日"。

我国为了进一步加强野生动植物保护和濒危物种拯救繁育工作。建立了 700 多个自然保护区和植物园、动物驯养繁殖中心等，多种珍稀动植物得到保护和繁育。

(4) 人类利用环境资源的限度是不能威胁生态系统的完整性

生态系统和生物以及土地、海洋和人类利用的大气资源，都要得到认真管理，以获取和维持最大的持续生产力，但不能以这种方式对那些与之共存的其他生态系统或物种的完整性构成威胁。

 读一读

9.8　曾经的罗布泊像座仙湖，位于塔里木盆地东部。罗布泊曾是我国第二大内陆河，海拔 780 米，面积 2400～3000 平方千米。《汉书·西域传》记载了西域 36 国在欧亚大陆的广阔腹地画出的绵延不绝的绿色长廊，夏季走进这里与置身江南无异。1925 年至 1927 年，国民党政府将塔里木河改道向北流入孔雀河汇入罗布泊，导致塔里木河下游干旱缺水，3 个村庄的 310 户村民逃离家园，耕地废弃，沙化扩展。1952 年，塔里木河中游修筑轮台大坝。塔里木河下游生态环境有所好转，胡杨返绿，废弃的耕地长出了青草，形成了牧场。

然而在接下来的 30 多年，塔里木河两岸人口激增，需水量增加。扩大后的耕地要用水，开采矿藏需要水。人们拼命向塔里木河要水。几十年间塔里木河流域修筑水库 130 多座。任意掘堤修引水口 138 处，建抽水泵站 400 多处。有的泵站一天就要抽水 1 万多立方米。

盲目增加耕地用水、盲目修建水库截水、盲目掘堤引水、盲目建泵站抽水，"四盲"像个巨大的吸水鬼，终于将塔里木河抽干了，使塔里木河的长度由60年代的1321公里急剧萎缩到2002年的不足1000公里，320公里的河道干涸，以致沿岸5万多亩耕地受到威胁。1960年代因塔里木河下游断流，罗布泊迅速干涸。罗布泊干涸后，周边生态环境马上发生变化，草本植物全部枯死，防沙卫士胡杨林成片死亡，沙漠以每年3～5米的速度向湖中推进。罗布泊很快与广阔无垠的塔克拉玛干大沙漠浑然一体。罗布泊从此成了寸草不生的地方，被称作"死亡之海"。

（5）要保证不因战争或其他敌对行为而引起的自然的退化

任何一场战争，都会给环境带来或多或少不同程度的伤害，现代高科技战争中的武器具有巨大的破坏性，消耗大量金属材料的同时，对环境造成巨大的伤害，甚至含有毒性或放射性。

1937～1945年，日本帝国主义在侵华战争中，先后在我国13个省78个地区使用毒剂1600多次。由于当时的防护条件差，我国民众受到重大损失。1941年8月，日寇围攻我晋察冀抗日根据地时，用毒剂杀害我抗日军民5000多人。同年，日军为了夺取被中国军队收复的宜昌，大量使用芥子气，使1600人中毒，死亡600人。此外，日寇还曾在太原、宜昌、济南、南京、汉口、广州等地建立了毒剂或化学武器工厂。据战后清查，仅分散在东北三省尚未使用的日军各种毒剂弹就有270余万发，还有大量毒剂钢瓶。

1962年至1970年，美国在侵越战争中，曾把越南南方作为化学武器试验场。据不完全统计，在越南南方44个省，使用了西埃斯7000吨，植物杀伤剂12万吨，用毒700多次，染毒面积占越南南方总面积的30%以上，使130多万人中毒。同时，使农业生产遭到了巨大破坏。

社会在发展过程中，人与自然之间发生种种关系，也存在一定内在的矛盾。但从一定意义上讲，人与自然之间的矛盾是由人类的失误造成的，而且是可以避免的。要解决这种矛盾，就需要先从调节人类的行为开始。建立具有道德约束或法律约束的环境伦理规范，来约束、调节、引导人类的行为。把善恶、正义、平等等道德观念扩大到人与自然的关系中去，明确人类对自然界所负有的道德责任。

环境道德观念的确立，并不意味着人类不能再开发利用自然资源和生物资源，而是不能破坏生态可持续的限度。这就是环境伦理学的道德标准或原则要求。环境伦理观也必须借助于具体的法律形式体现出来，才能在环境保护实践工作中发挥其作用。

想一想

9.5　如何在日常生活中建立自己的环境道德规范？

9.3 可持续环境伦理观

9.3.1 可持续发展的意义

人们常说"发展的问题常常需要靠进一步发展来解决",事实也确实如此。发展新能源代替化石能源从而解决因自然资源消耗而产生大量污染;改变空调中的氟利昂制冷剂来减少氟氯化合物对臭氧层的破坏等等。但是如果在进一步发展之前,我们就已经使问题的严重性超出下一步发展所能解决的范畴,那么用发展解决发展的问题显然也就无从谈起。因此,在发展的时候,我们有必要给未来留有余地。

过去一百年里,人类无节制利用地球资源,疯狂地生产那些貌似能够使我们快乐的物品,但是发展带来的幸福里夹杂着困惑和无奈。人类在自然灾害面前、在雾霾面前、在污染面前、在瘟疫面前毫无招架能力。那么真正的幸福是什么?怎样实现人类真正的幸福?为了追求暂时的经济利益向大自然排放废弃物时是否会有良心受到冲击?为了追求舌尖上的美味去残害野生动物是否想过其味道与家常菜肴无异?看到海里的海龟鼻子里穿透的吸管、海狮脖子上无法解脱的塑料袋,是否想过这也许就是你随手扔掉的那一个呢?

幸福不在于占有,而在于内心。人类需要有爱,爱己、爱人、爱社会、爱自然。在蓬勃兴旺、绿色和谐的大自然中,在富强、民主、文明、和谐的国家社会中,法治、公正,人类自由、平等,人与人之间诚信、友善,工作中爱岗、敬业,这就是简单而真正的幸福,也是人类完全能够实现的幸福。

要实现可持续的幸福,就需要践行可持续发展伦理观。可持续发展观以经济增长为核心转变为以社会的全面发展即人类的共同进步为宗旨。是使人口、资源、环境与经济、社会永续性地协调发展的伦理观。

 **读一读**

9.9 古人的可持续发展观

古代的生产力低下,自然灾害频发,先辈们给我们留下许多持续发展理念,为维持良好生态环境提供了宝贵经验。

在商周时代,周人的始祖稷最初就生活在帕米尔高原的山前平原。由于自然生态遭到破坏才东迁到陇、秦一带。正因为他们有过切身的体会,所以2800 年前,周人建立了周朝以后就特别强调保护生态。发布了《伐崇令》,还设立专管山林保护和树木采伐的衙门,专职官员名为"虞衡"。他们按自然生长季节和生产需要来决定封山还是解除禁令。《伐崇令》是专管保护山林鸟兽的法令,也明确规定在树木鸟兽生长繁育季节不得采伐和狩猎。

春秋时代有一个叫师旷的人,他本来是个音乐家,可是他对生态与经济的持续增长有独到的见解。他的名言是"欲丰五谷,先丰五木"。意思是说要想五谷丰登,首先要林茂草盛。林业发达,则防风沙,防干旱,减少自然灾害,为农业创造良好环境。他揭示了生物间的相互依存的消长关系,注意到农林副渔全面发展的综合效益。他的这一理论得到后人的认可和发挥,宋代曾安止写了一本论述稻谷品种的专著《禾谱》中就强调了林果业对稻谷生产的关系。

秦王朝统一后在政治上实行高压政策，在保护生态上也是严厉的，《秦律》是秦始皇统一全国以后的第一部法律，其中就规定"春三月勿敢伐林木山林及雍堤水。不夏日勿敢夜革为灰（放火烧草）"。他还发动群众大搞植树造林"东穷燕齐，南及吴楚"全国绿化。公元前239年，吕不韦组织当时的有识之士写出了《吕氏春秋》，其中也强调，不要在春季去掏鸟窝，要保护害虫的天敌。其书中说"制四时之禁，山不敢伐材下木，泽不敢灰僇"。《淮南子》也是一部集体著述，他们强调"草木未落，斤斧不入山林"。

唐代诗人李商隐看到一些达官贵人饕餮终日，破坏环境，便写下了这样一首诗歌——"嫩箨香苞初出林，於陵论价重如金。皇都陆海应无数，忍剪凌云一寸心。"竹笋在当时的长安城是非常值钱的鲜味，吃腻了山珍海味的达官贵人每到春天都想尝尝鲜，于是，鲜嫩的竹笋成了桌上餐。可是吃下肚的是竹笋，毁掉的却是一片竹林。对于这样近乎残忍的行为，采竹笋的人并不深思其中利害，故而诗人发出了这样无可奈何的叹息。这种叹息是一个人良心的自我发现，更是爱护环境之情感的自然流露。

白居易对动物的爱护尤为理性："虾蟆得其志，快乐无以加。地既蕃其生，使之族类多。天又与其声，得以相喧哗。"他认为虾蟆之类的动物是天地生成，人类不应该伤害它们。他还身体力行，常常把买到的野禽放生。每年春夏之交，鸟儿们正处于繁育时期，小孩喜欢掏鸟窝、抓小鸟，甚至不少大人也在田间地头边干活边捕鸟，究其动机，仅仅是出于好玩。那一幅幅鸟儿或死去或挣扎的画面，让他心悸惊恐，心生悲凉。于是，他写下了这样的诗句，深情呼喊与号召——"谁道群生性命微，一样骨肉一样皮；劝君莫打三春鸟，子在巢中盼母归。"字里行间，流露出诗人盼望人与自然和谐相处的美好愿望。

有识之士已经深谙可持续发展的环保之道，并且身体力行，环保付诸真心，然后知行合一，以实际行动唤起人们的环保意识。随着时代发展，如今环保观念已深入人心，我们期待着人与自然和谐相处，共同迎来更美的明天。

9.3.2 可持续发展生态价值取向

生态公平是指地球上所有主体都应该拥有平等享用生态环境资源和不受不良环境伤害的权利，同时又都公平地承担环境保护的责任和环境破坏的风险。简言之，生态公平所关注的核心是如何公平地在生态利益主体之间分配生态权益和分摊生态责任。

可持续发展观在生态公平这一价值取向上呈现出双重向度：人与人关系层面的人际生态公平和人与物关系层面的种际生态公平。

人际生态公平指不同时代、不同地域、不同种族、不同群体的生态利益主体在利用自然资源、维护生态平衡过程中权利与义务的对应，它主要包括代内生态公平和代际生态公平。代内生态公平是指同一时代的所有人，不分民族、种族、国籍、性别、地域、职业、宗教信仰、教育程度、经济和文化状况等，都公平地利用自然资源、享受良好生态环境和平等地承担生态责任。代际生态公平是指不同时代的人在开发利用自然资源、享有良好生态环境和谋求生存发展等方面具有平等的权利和机会。当代人在进行满足自己需要的发展时，要保持生态的可持续性，给后代留有足够的生存空间和发展潜力。

种间生态公平是指地球上每一个物种都有其存在的权利，同为自然界成员，人类与其他物种之间在享有生态利益与承担生态责任方面是公平的，人类应尊重生态系统中的所有生命，平等地对待所有物种，它强调人类对其他物种的生态责任。人类与其他物种都依赖于自然生态系统的平衡稳定，所以人类的行为应以自然生态规律为基础。作为可持续发展的生态价值取向，生态公平的本质就是指以人与自然和谐为目标，主张对生态资源的合理和正当地开发和利用，以实现生态资源分配与责任担当中的平等与公正。

就我国而言，一直以来，我国高度重视生态环保问题，积极倡导可持续发展，2003年，我国提出"以人为本，树立全面、协调、可持续的科学发展观"，体现了人与自然关系的和谐协调及人类世代间的责任感。2012年，党的十八大把生态文明建设纳入中国特色社会主义事业"五位一体"总体布局，首次把"美丽中国"作为生态文明建设的宏伟目标，同时，审议通过《中国共产党章程（修正案）》，将"中国共产党领导人民建设社会主义生态文明"写入党章，作为行动纲领。

 **读一读**

9.10 日本"核"水之患为何要世界买单？

2011年3月11日，一场里氏9.0级的特大地震袭击了日本东北沿海，大地震引发了数十米高的巨大海啸，福岛第一核电站因海水灌入发生断电，导致核反应堆无法正常冷却，除了当时停运检修的5号和6号反应堆，另外4个反应堆均不同程度受损，造成灾难性核泄漏。按照国际核能事件分级表（International Nuclear Event Scale，INES），这次事故被归为最严重级别7级。达到这一级别的特大核事故总有共两起，另一起是1986的苏联切尔诺贝利核电站的事故。

福岛第一核电站反应堆的地基，建造于海平面以下4米处，311事故发生后，地下水、雨水就不断地渗流进去，形成大量遭到污染的核污染水。之后为了让反应堆降温冷却，每天还需要注入大量的冷却水，以防止燃料棒因温度过高进一步损坏，造成更大的核泄漏风险。但所有这些注入反应堆的冷却水全都沾染上放射性核元素，主要包括氚、铯-134、铯-137、碘-129、锶-90、钴-60等。

经过10年积累，福岛第一核电站的核污染水量已经达到至少125万吨，足以填满约500个奥林匹克标准游泳池，估计到2022年秋季就会达到137万吨的储量极限。

2013年以来，日本政府提出过5种方案：地层注入、排入海洋、蒸汽释放、电解处理和固态化埋入地底。在这5种方案中，将核污染水排入海洋成本最低，最昂贵的方案是固态化埋入地底，预估其成本是排放入海洋的几十倍甚至上百倍。

2021年4月13日，日本政府做出一项决定，将福岛第一核电站上百万吨核污染水排入大海，此举引发日本国内外强烈质疑。

国际权威海洋科研机构德国基尔亥姆霍兹海洋研究中心（GEOMAR Helmholtz Centre）指出，福岛沿岸拥有世界上最强的洋流，该机构曾进行计算机模拟。结果显示，从排放之日起57天内，放射性物质将扩散至太平洋大半区域，3年后美国和加拿大受到影响，10年后蔓延全球海域。海洋是人类共同财产，涉及生态环境的方方面面。面对国际组织及各国的指责，日本环境大臣原田义昭却在新闻发布会上宣布："别无选择，只能将核污染水稀释并释放，从科学性和安全性的角度上都没有问题。"当然是不是真的没有问题，他心里应该也明白。日本重小节失大义，被宣称已经过精密过滤程序的核废水，带给人类不仅是健康威胁，对海洋、食品、子孙后代都是难以估量的影响。

 **想一想**

9.6   怎样看待社会主义生态文明建设的重要性？

9.4   可持续发展新理念

9.4.1   我国新可持续发展环境道德

党的十八大以来，习近平总书记多次从生态文明建设的宏阔视野提出山、水、林、田、湖是一个生命共同体的论断，强调人的命脉在田，田的命脉在水，水的命脉在山，山的命脉在土，土的命脉在树。用途管制和生态修复必须遵循自然规律。山、水、林、田、湖等生态要素之间是相互依存的，进行着能量转化和物质循环，需要遵循和谐共生、动态平衡的自然规律，是自然的"生命共同体"。这一论述唤醒人类尊重自然、关爱生命的意识和情感，喻示了人与自然关系的伦理考量对人类社会发展的深远影响。是在环境伦理语境中对自然价值观、理想人格、美德伦理、公平正义的探讨。是人、生命、自然共生共荣的本原性诉求，为建构中国环境伦理提供了一种整体的认知方式。

（1）尊重生命的绿色价值观

绿色是生命的本色，是生机活力和健康安全的体现。绿色化是生态文明建设的重要标志。绿色价值观是从生命维度对人与自然关系的全新认知。在中国古代，"一水护田将绿绕，两山排闼送青来"，一江碧水、两岸青山无不体现自然的美好。而工业革命后，地球由绿色逐渐变成灰色，环境污染愈来愈严重，自然灾难频发，世界各国也意识到了保护环境、回归绿色的重要性。

绿色价值观是从当代生态学视域对人与自然价值关系的新阐释。"生命共同体"的论断，凸显了人类生存的根基所在以及人与山水林田湖之间价值关系的协同性和多样性，昭示人们应该从人类社会经济系统与自然生态系统协调发展的视角研究自然的多重价值。自然的价值是在人的认识和实践活动中生成的，并通过人化自然和自然化人得以体现。作为一个价值体系，自然价值包括经济价值、文化价值、生态价值等多方面。由于人的生命、健康和幸福有赖于山水林田湖生命共同体的完整、稳定、有序，因此，自然的生态价值更具基础性。

自然的生态价值主要体现为：自然承载生命、孕育和滋养人类，直接或间接地向人类提供生态福利、生态服务和生活空间，包括新鲜的空气、洁净的水源、适宜的光照、宜人的气候等；自然自身固有的创生价值、自净价值和平衡价值，能够维护作为人类家园的地球的绿色和健康。是否承认自然的生态价值，直接决定着人类在处理其与外部生态环境关系上的伦理判断、道德追求和行为方式。"生命共同体"论断，反映了人类对生态健康安全和生态系统综合服务功能的客观需要和价值认同，对绿色产品、绿色空间、优美宜居的期待，为建构中国环境伦理提供了价值支点。

（2）珍爱自然的生态美德观

习近平总书记把山水林田湖形象比喻为生命共同体，要求人们"像保护眼睛一样保护生态环境，像对待生命一样对待生态环境"。这些论述，蕴含着人类保护地球家园的道德责任和行为规范，对于培养人们珍爱自然、呵护地球的生态美德，塑造生态文明时代的新型人格具有重要意义。

"你善待环境，环境是友好的。"润泽、呵护山水林田湖生命共同体，给予大自然充分的道德关怀，是为了人类能拥有更好的生存与发展的绿色空间，实质上就是善待、关爱人类自身。人类应该树立山水林田湖是一个生命共同体的理念，并将这种理念内化为人的德性修养、道德情感和道德意志，外化为护育自然、绿色治理、生态修复等具体的环境道德行为规范和环保实践，以是否有利于人类健康生存和生态安全作为衡量人类善恶行为的新的道德标准和道德标尺，自觉承担起营造可持续的生命支撑体系以及优美舒适的人居环境等伦理责任和道德义务，用自己的智慧和劳动促进人与自然的和谐发展。这是人与自然伦理关系的真实意义，也是环境伦理建构的新向度。

从美德伦理视角看，"生命共同体"理念内含着对人类环境行为的德性要求，主要表现为："求真"，即了解生态学和生物学的科学方法，掌握自然生态系统的知识，充分认识人与自然关系的全面性、丰富性和内在统一性，进而尊重自然、顺应自然，自觉维护生态平衡。"择善"，即对自然充满珍爱之心，并将道德关怀投向自然界，善待生命，履行环境保护的道德责任和义务，以适度、节制、简约的态度对待生活，追求人类可栖居的最佳状态。"臻美"，即对自然怀有赞美之情，欣赏自然，发现自然之美，达致人与自然在生命节律上的和谐共进。

（3）增进民生福祉的环境正义观

习近平总书记指出，"环境就是民生，青山就是美丽，蓝天也是幸福"。人与山水林田湖的关系，折射出生命共同体所承载的人与人之间的利益关系。在今天，人们所追求的经济利益，其重要组成部分就是环境利益。环境利益具有社会公共性，代表着人类整体的、长远的可持续生存利益。从根本上说，经济利益的实现受制于环境利益，经济发展最终有赖于自然价值和自然资本的增值。要金山银山，更要绿水青山。树立山水林田湖是一个生命共同体的理念，协调好不同区域主体之间、当代人与后代人之间在分配和享用环境资源、分担环境责任、维持自身生存与发展的利益关系，倡导环境代内正义和环境代际正义，保持区域间环境利益的公正性，是我们建设生态文明、促进绿色可持续发展的关键。

环境权与人民的生命健康权密切相关。山水林田湖是一个生命共同体的论断为我们从法理上确认公民在社会生活中的环境权，重塑环境正义，实现绿色富国、绿色惠民和中国美丽提供了理论指引。环境正义的实现，有赖于制度建设和政策设计，需要我们强化和完善正确运用自然规律的社会机制，健全政府环境责任，完善环境法律基本制度，进而保障人民群众及子孙后代的生态环境权益，使青山常在，清水长流。

9.4.2　碳达峰与碳中和

碳中和与碳达峰，
中国一直在努力

在第75届联合国大会上，中共中央总书记、国家主席习近平宣布中国二氧化碳排放力争于2030年前达到峰值，努力争取2060年前实现碳中和。

碳达峰，是指二氧化碳排放量达到历史最高值，然后经过平台期进入持续下降的过程，也是二氧化碳排放量由增转降的历史拐点；碳中和，就是指通过能效提升和能源替代将人为活动排放的二氧化碳减至最低程度，然后通过森林碳汇或捕集等其他方式抵消掉二氧化碳的排放，实现源与汇的平衡。

碳达峰、碳中和首先改变的将会是能源产业格局。在我国能源产业格局中，产生碳排放的化石能源：煤炭、石油、天然气等占能源消耗总量的84%，而不产生碳排放的水电、风电、核能和光伏等仅占16%。要实现2060年碳中和的目标，就要大幅发展可再生能源，降低化石能源的比重，因此，能源格局的重构必然是大势所趋。2060年，中国实现碳中和，核能的装机容量将是现在的5倍多，风能的装机容量是现在的12倍多，而太阳能会是现在的70多倍。巨大的绿色产业发展空间将会被打开，而在产业链的细分领域，将产生众多的新兴产业，创造大量的就业机会。

碳达峰、碳中和还将重构整个制造业，中国的所有产业将从资源属性切换到制造业属性。例如，对于手机企业，如果要实现碳中和，负责组装的企业要实现碳中和，为其提供零部件和原材料的环节要实现碳中和，为其提供芯片的企业也要实现碳中和，产业链上的每一个环节都要实现碳中和。这就会对产业链形成一个新的标准。在碳中和的大背景下，全球制造业的产业链将进行新的国际合作、国际分工、形成新的产业格局。

碳交易成会成为新能源汽车企业增收新支点。在碳市场越来越活跃的情况下，碳交易将对包括新能源汽车在内的所有制造业带来变革，进一步重构全球制造业。2060年，中国实现碳中和，巨大的汽车产业链将发生翻天覆地的改变。马路上将很难看到燃油车，取而代之的是无人驾驶电动车或者氢能车。光伏、风能聚集的中西部地区将会成为最主要的能源输出地之一。中西部地区在中国经济版图上的角色将被重新定义。

在生态环境方面，中国的森林一年生长量要达到10亿立方米，这比现在翻了一倍还要多，森林覆盖率稳定在30%左右，中国的生态环境将发生一次质的飞跃。碳达峰、碳中和就是绿水青山。

碳中和的背景下，"石油地缘政治时代"也将被完全打破，传统石油出口国将面临全面利益丧失。国际竞争的焦点也将逐渐转移到低碳技术价值链的控制上，也就是新能源和低碳技术的价值链将会成为重中之重。

碳中和已经悄然改变了我们每个人的日常生活。如"保持清醒神器"咖啡杯上，吸管的位置被可翻盖直饮代替；塑料吸管也被环保可降解吸管代替。类似的变化还有很多，地球正迎来一个碳中和的世界。

增加碳汇，是实现"碳中和"一个重要的途径。碳汇是指通过植树造林、森林管理、植被恢复等措施，利用植物光合作用吸收大气中的二氧化碳，并将其固定在植被和土壤中，从而减少温室气体在大气中的浓度。

2010年至2016年，我国陆地生态系统年均吸收约11.1亿吨碳，吸收了同时期人为碳排放的 45%。经过测算，森林蓄积量每增加 1 亿立方米，相应地可以多固定 1.6 亿吨二氧化碳。可见，植树造林在助力碳中和方面是既简单又行之有效的方法。

在杭州临安区太湖源镇上阳村重阳坞，有一片 334 亩的"碳中和林"。2017 年 3 月，这片特别的树林种下了 27722 株红豆杉、银杏、浙江楠、栾树、无患子等珍贵树种，用于抵消 G20 杭州峰会排放的 6674 吨二氧化碳，以实现 G20 峰会零排放目标。

"碳中和林"是一种生态补偿办法，主要目的是通过造林的方式中和人类活动所产生的碳排放。栽种的树种既有较强的固碳能力和观赏性，也有较高的经济价值。据测算，"碳中和林"在 20 年里将累计增加碳汇 6680 吨。除了能完全吸收 G20 杭州峰会排放的全部温室气体，帮助峰会实现零排放的目标，还将产生直接经济效益 1200 余万元。

目前，部分地区已经在探索通过"碳汇"实现生态价值机制。森林除了传统的木材等经济价值以外，还有之前并没有得到重视的固碳价值。发达地区可以通过购买欠发达地区的碳汇，从而达到区域层面的碳中和，如此一来，发达地区可以通过购买碳汇弥补本地区的碳赤字，欠发达地区则可通过出售本地区的碳盈余，获得经济收益，实现经济价值，这也是"绿水青山"向"金山银山"转换的可行路径。

这对拥有大量森林碳汇的地区来讲，既是一种激励，也为生态产品价值实现转换提供了新路径。

 **想一想**

9.7 在碳达峰、碳中和背景下，作为当代大学生，如何促进碳达峰、碳中和的实现，在未来碳经济社会中，如何利用自己的专业助力碳达峰与碳中和？

 **习 题**

1. 对人与自然关系的认识有哪些观点？解释各自的意义所在。
2. 举例说明什么是环境伦理？在人类社会发展的中意义是什么？
3. 人类对待环境的道德准则是怎样的？
4. 环境伦理的基本原则是什么？
5. 环境伦理的实施途径有哪些？
6. 可持续发展的环境伦理观是什么？举例说明
7. 我国有哪些新型的可持续发展伦理观念？
8. 什么是碳中和与碳达峰？为尽快达到碳减排预期目标，我国各行各业应该怎样调整？

参考文献

[1] 李真真, 杜鹏, 黄小茹. 环境伦理的实践导向研究及其意义. 中国科学院院刊, 2008 (03): 239-244.
[2] 李淑文. 环境伦理: 对人与自然和谐发展的伦理观照. 中国人口·资源与环境, 2014, 24 (S2): 169-171.
[3] 余谋昌, 王耀先. 环境伦理学. 北京: 高等教育出版社, 2004, 996.
[4] Schumacher E F. Small is beautiful: A study of economics as if people mattered. Random House, 2011.
[5] 巴里, 康芒纳, 侯文蕙. 封闭的循环: 自然、人和技术. 长春: 吉林人民出版社, 1997.

［6］ 邓玉兰．论人类中心主义生态伦理观．西南大学，2010.

［7］ 奥尔多·利奥波德．沙乡年鉴．人民法治，2018，03（05）：119.

［8］ 国际环境与发展研究所．我们共同的未来．长春：吉林人民出版社，1990.

［9］ 贾西平．利在当代 功在千秋：实施可持续发展战略．1998-12-08.

［10］ Chiba S，Saito H，Fletcher R，et al．Human footprint in the abyss：30 year records of deep-sea plastic debris ［J］．Marine Policy，2018，96：204-212.

［11］ Gelder S V. 可持续的幸福．北京：华夏出版社，2016：176.

［12］ 于杰．环境伦理观与可持续发展，中国人口·资源与环境 2001 ，11（51）.

［13］ 郑度．可持续发展需树立正确环境伦理观．中国气象报，2015-04-29.

［14］ 孙熙国．对人类中心论和自然中心论的超越．光明日报．2020-07-20.

［15］ 成强．环境伦理教育研究，南京：东南大学出版社．2015.10.

［16］ 秦绪娜．可持续发展的生态伦理意蕴．光明日报．2011-07-21.

［17］ 范春萍．环境为什么可以是一个伦理问题．绿叶．2010，（10）：112-116.

［18］ 武利强．人类对自然的道德责任．百度文库．2010.

［19］ 蒋高明．社会主义核心价值观科普讲座：环境保护与生态文明建设．科学网．2015.11.

下　篇

第 10 章　环境监测基础实验

随着全球生态环境问题日益突出，环境质量检测显得尤为重要。环境检测是环境保护工作的重要基础和手段，在环境质量评价体系中有着举足轻重的地位，为国家执行各类环境法规和标准，科学地开展环境管理工作提供准确和可靠的监测数据和资料。环境保护与可持续发展课程设置的相关实验通过对水、空气、噪声等生态环境质量的检测，使学生掌握环境分析领域常规仪器的基本操作，了解不同环境污染物的检测方法，加深学生对环境保护基础知识的理解。通过科学的归纳和分析实验数据，培养学生独立思考、分析问题与解决问题的能力，使学生养成严谨求实的科学态度。

10.1　实验内容

实验一　大气环境中颗粒物（PM$_{2.5}$）的测定

【实验目的】

（1）利用重量法测定校园内某一区域的 PM$_{2.5}$ 浓度，评价校园空气质量状况。

（2）了解大气环境中颗粒物的测定意义。

（3）掌握空气中颗粒物采样方法和采样器的使用方法。

【实验原理】

大气环境中的颗粒物是大气质量评价中重要污染物之一。它主要来源于燃料燃烧时产生的烟尘、生产加工过程中产生的粉尘、建筑和交通扬尘、风沙扬尘以及气态污染物经过复杂物理化学反应在空气中生成相应的盐类颗粒。根据空气动力学直径不同，大气环境中颗粒物包括总悬浮颗粒物 TSP（直径≤100μm）、可吸入颗粒物 PM$_{10}$（直径≤10μm）、细颗粒物 PM$_{2.5}$（直径≤2.5μm）等。其中 PM$_{2.5}$ 对大气环境质量、能见度、人体健康等有重要的影响，细颗粒物可被吸入到人体的细支气管和肺泡，直接影响肺的通气功能，引发哮喘和慢性支气管炎等呼吸道疾病以及肺部硬化、肺癌等。

PM$_{2.5}$ 的测定常采用重量法，通过具有一定切割特性的采样器，以恒速抽取定量体积空气，使环境空气中的 PM$_{2.5}$ 被截留在已知质量的滤膜上，根据采样前后滤膜的质量差和采样体积，计算出 $PM_{2.5}$ 浓度。

【仪器和材料】

KC-6120 型大气综合采样器（量程 60～125L/min）、BY-2003P 数字式大气压力表、恒温恒湿箱、分析天平、超细玻璃纤维滤膜、滤膜储存袋和滤膜保存盒、镊子、X光看片机。

【实验内容】

1. 空白滤膜的准备

（1）用 X 光看片机检查滤膜，滤膜不得有针孔或者任何缺陷。

（2）将滤膜置于恒温恒湿箱中平衡 24h，平衡条件为：15～30℃ 中任一温度，相对湿度控制在 45％～55％ 范围内，记录平衡温度与湿度。

（3）在上述平衡条件下，用分析天平称量滤膜，记录滤膜的质量。

（4）将称量后的滤膜平展地放在滤膜保存盒中，采样前不得将滤膜弯曲或折叠。

2. 样品的采集

（1）采样点应避开污染源及障碍物，采样时采样器入口距地面不得低于 1.5m。

（2）打开采样头顶盖，取出滤膜夹，用清洁干布擦去采样头内及滤膜夹的灰尘。

（3）用镊子将已称量的滤膜放入洁净采样夹内的滤网上，滤膜毛面应朝进气方向，压紧滤膜至不漏气，盖好采样头顶盖。按照采样器操作说明，设置采样相关参数后进行采样，记录采样流量、现场的大气压力和温度。

（4）采样结束后，打开采样头，用镊子轻轻取出滤膜，采样面向里，将滤膜对折两次后放入已编号的滤膜袋中密封待用，并完成采样记录。

3. 尘膜的平衡和称量

将采样后的尘膜置于与采样前相同的温度和湿度条件下，平衡 24h，在该平衡条件下称量尘膜，记录其质量。

【数据记录与处理】

1. 数据记录

表 10.1　现场空气质量采样记录表

采样地点：＿＿＿＿＿；　　　　采样日期：　　年　　月　　日；　　　　　采样人：＿＿＿＿＿

采样器编号	滤膜编号	采样开始时间	采样结束时间	采样时间/min	采样流量/(m³/min)	大气压力/kPa	大气温度/K

注：当采样器不能直接显示标准状态下的累积采样体积时，需记录大气压力和温度。

表 10.2　$PM_{2.5}$ 浓度测量记录表

1	滤膜种类	
2	滤膜平衡温度/℃	
3	滤膜平衡湿度/%	
4	采样前滤膜质量 m_1/g	
5	采样后滤膜质量 m_2/g	
6	标准状态下的气体采样体积 V/m³	
7	$PM_{2.5}$ 的浓度 ρ/(mg/m³)	

2. 数据处理

（1）根据采样前后滤膜的质量差和折合成标准状态下采样体积，计算出 PM$_{2.5}$ 的浓度（保留 3 位有效数字）。

PM$_{2.5}$ 的浓度按下式计算：

$$\rho = \frac{m_2 - m_1}{V} \times 1000$$

式中 ρ——PM$_{2.5}$ 的浓度，mg/m^3；

m_1——采样前滤膜质量，g；

m_2——采样后滤膜质量，g；

V——已换算成标准状态（101.325kPa，273K）下的采样体积，m^3。

（2）参考环境空气质量标准（GB 3095—2012），评价校园空气质量情况，并谈谈改善校园空气质量的建议或措施。

【注意事项】

（1）滤膜在平衡条件下，经过 24h 平衡后称量，称量时要消除静电的影响。

（2）采样前后需使用同一台天平，称量精确到 0.1mg。

（3）测定前需要对中流量采样器进行流量校准。

（4）取滤膜时，如发现滤膜损坏，或滤膜上尘粒的边缘轮廓不清晰、滤膜安装歪斜等情况，表明采样时漏气，需重新采样。

（5）当滤膜安放正确，采样后滤膜上颗粒物与四周白边之间出现界线模糊时，应更换滤膜密封垫。

（6）当 PM$_{2.5}$ 的浓度过低时，采样时间不能过短。感量 0.1mg 的分析天平，滤膜上颗粒物负载量应大于 1mg，以减少实验误差。

（7）本实验主要参考国家环境保护标准（HJ 618—2011）环境空气 PM$_{10}$ 和 PM$_{2.5}$ 的测定（重量法），以及环境保护行业标准（HJ 93—2013）环境颗粒物（PM$_{2.5}$ 和 PM$_{10}$）采样器技术要求及检测方法。

【思考题】

（1）采样前后滤膜为什么要在恒温恒湿箱中平衡 24h，且平衡温度与湿度前后应一致？

（2）当 PM$_{2.5}$ 的浓度过低时，采样时间为什么需要延长？

【预习内容】

（1）重量法测定 PM$_{2.5}$ 的原理。

（2）空气中颗粒物的采集方法。

（3）收集实验基础资料：本实验以学校校园大气环境为监测对象，需要收集的基础资料包括校园内及其附近的污染源分布及排放情况、气象和地形资料等。

读一读

　　二手烟是被动吸烟的俗称，是指由卷烟或其他烟草产品燃烧端释放出的以及由吸烟者呼出的烟雾所形成的混合烟雾，是危害最广泛、最严重的室内空气污染源。研究指出二手烟含有焦油、氨、尼古丁、悬浮微粒、PM$_{2.5}$、一氧化碳等超过 4000 种有害化学物质及数十种致癌物质。当香烟燃烧产生的烟雾随着气流涌入呼吸道时，刺激咽喉气管黏膜，损伤呼吸道，引发气管炎、咽喉炎等炎症，伴随着呼吸有害化学物质快速抵达人体肺部，对肺部细胞产生破坏，容易引发哮喘、肺气肿、慢阻肺，乃至肺癌；一氧化碳进入血管能够降低血红蛋白携氧能力；而烟雾中的尼古丁等有害物质刺激大脑又会引起脑血管硬化等疾病。二手烟的危害绝不亚于一手烟，而最大的受害者就是孕妇及儿童，为了您和家人的健康，请"珍爱生命，远离烟草"。

实验二　水体水质监测与评价（pH 值、电导率和溶解氧）

【实验目的】

（1）通过对马家沟水体水质的检测，对学校周边水环境有一定的认识。

（2）掌握水体水质指标 pH 值、电导率和溶解氧（DO）的测定方法。

（3）学会应用环境质量标准评价地表水的水质。

【实验原理】

1. pH 值测定原理

pH 值是水中氢离子活度的负对数，即 $pH = -\lg \alpha_{H^+}$。天然水的 pH 值多在 6～9 范围内，这也是我国污水排放标准中 pH 的控制范围。pH 值是水化学中常用的和最重要的检验项目之一。由于 pH 值受水温影响而变化，测定时应在规定的温度下进行，或者校正温度。通常采用玻璃电极法和比色法测定 pH 值。如果粗略地测定水样 pH 值，可使用精密 pH 试纸。

2. 电导率测定原理

电导率是表示水溶液传导电流的能力。水溶液的电导是电阻的倒数。距离 1cm、截面积为 $1cm^2$ 的两电极间所测得的电阻和电导分别为电阻率（Ω/cm）和电导率（S/cm），分别用 ρ 和 K 表示。因为电导率与溶液中离子含量大致成比例地变化，电导率的测定可以间接地推测离解物质总浓度，其数值与阴、阳离子的含量有关。因此，该指标常用于推测水中离子的总浓度或含盐量。通常用于检验蒸馏水、去离子水或高纯水的纯度、监测水质受污染情况以及用于锅炉水和纯水制备中的自动控制等。

不同类型的水有不同的电导率。新鲜蒸馏水的电导率为 $0.5～2.0\mu S/cm$，存放几周后，因吸收了 CO_2，电导率上升至 $2～4\mu S/cm$。天然水的电导率多在 $50～500\mu S/cm$ 之间。

由于电导是电阻的倒数，因此，当两个电极插入溶液中，可以测出两电极间的电阻 R，根据欧姆定律，温度一定时，电阻值与电极的间距 L（cm）成正比，与电极的截面积 A（cm^2）成反比。

$$R = \frac{\rho L}{A}$$

由于电极截面积 A 和间距 L 都是固定不变的，故 L/A 是一常数，称为电导池常数（以 Q 表示）。ρ 称作电阻率，其倒数 1/ρ 称为电导率，以 γ 表示电导率。

$$\gamma = \frac{1}{\rho} = \frac{Q}{R}$$

γ 反映导电能力的强弱。当已知电导池常数，并测出电阻后，即可求出电导率。电导率值可通过电导率仪直接测定。

3. 溶解氧测定原理

溶解于水中的分子态氧称为溶解氧，用 DO 表示，单位 mg/L。水中溶解氧的含量与大气压力、水温及含盐量等因素有关。大气压力降低、水温升高、含盐量增加，都会导致溶解氧含量减少，其中温度影响尤为显著。

清洁地表水中的溶解氧一般接近饱和状态。当有大量藻类繁殖时，由于它的光合作用，溶解氧可能过饱和；相反，当水体被有机物质、无机还原性物质污染时，会使溶解氧含量不断减少，甚至趋于零，使厌氧菌繁殖活跃，有机物质腐败，水质恶化。水中溶解氧小于 3～4mg/L 时，许多鱼类呼吸困难；再减少则会导致鱼虾窒息死亡，一般规定水体中的溶解氧应不小于 4mg/L。因此，溶解氧的测定，对了解水体自净作用的研究有重要意义，是评价水质的一项重要控制指标。另外，在水污染控制和废水处理工艺控制中，DO 也是一项水质综合指标。常用的测定方法为碘量法、修正碘量法和溶解氧电极法，本实验采用碘量法来测定哈尔滨市马家沟河水中的溶解氧。

碘量法的测定原理是在水样中加入硫酸锰和碱性碘化钾，水中的溶解氧将低价锰（二价锰）氧化成高价锰（四价锰），生成四价锰的氢氧化物棕色沉淀。加酸后，沉淀溶解，四价锰又可氧化碘离子而释放出与溶解氧量相当的游离碘。以淀粉为指示剂，用硫代硫酸钠标准溶液滴定释放出的碘，可计算出溶解氧的含量，反应方程式如下：

$$MnSO_4 + 2NaOH \Longrightarrow Na_2SO_4 + Mn(OH)_2 \downarrow$$
$$2Mn(OH)_2 + O_2 \Longrightarrow 2MnO(OH)_2 \downarrow (棕色沉淀)$$
$$MnO(OH)_2 + 2H_2SO_4 \Longrightarrow Mn(SO_4)_2 + 3H_2O$$
$$Mn(SO_4)_2 + 2KI \Longrightarrow MnSO_4 + K_2SO_4 + I_2$$
$$2Na_2S_2O_3 + I_2 \Longrightarrow Na_2S_4O_6 + 2NaI$$

【仪器、试剂及材料】

（1）仪器及材料：采样器、水温计、气压计、精密 pH 试纸、电导率仪、溶解氧瓶（250～300mL）、虹吸管、吸量管（100、2、1mL）、酸式滴定管（25mL）、锥形瓶（250mL）。

（2）试剂：硫酸锰溶液、（1+5）硫酸溶液、碱性碘化钾溶液、1%淀粉溶液、硫代硫酸钠标准溶液。

【实验内容】

1. 水样的采集和保存

（1）采样点的布设　实验测定的是流经校园东侧的马家沟河段的水质，由于研究的间流区域没有形成完整的江河水系，在流过学校的河段位于校园东门附近有一个常年使用的排污口，结合实际情况设置流过学校前排污口上游 50～1000m 处为对照面，在排污口下游 500～1000m 处设置一个控制断面。监测河段河宽 21m，水深随季节不同有较大差别，雨水丰沛时水深可达 1.5～2m，最低水位时水深 20cm 左右，根据河宽和水深，在水面上设一条中泓线，在该垂线上距水面 0.5m 处或 1/2 水深处设为采样点。

（2）水样的采集和保存　采集的水样为表层水水样，用塑料桶等简单容器直接采集。采样前，采样器需事先洗涤干净，采样前用被采集的水样洗涤 2～3 次。测定电导率、溶解氧等项目时需要单独采样。采样结束后，必须尽快送回实验室分析，若水样长时间放置，可能会因微生物、氧化还原、吸附、沉淀等因素作用导致水样水质变化。如不能及时运输或尽快分析的水样，应该根据不同监测项目的要求，选择适宜的保存措施。

2. pH 值的测定

粗略地测定水样 pH 值，可使用精密 pH 试纸。取一小块试纸放在表面皿上，用洁净的玻璃棒蘸取水样点滴于试纸的中部，观察 pH 试纸变化稳定后的颜色，与标准比色卡对比，确定 pH 值。

3. 电导率的测定

采用 DDS-11A 数显电导率仪测定水样的电导率。

（1）调节温度补偿旋钮至当前水温（电极浸泡在蒸馏水中）。

（2）将校准/测量键按下使仪器处于校准状态，将量程旋钮指向 $2\mu S/cm$。

（3）调节常数旋钮，使仪器显示电极所标常数值。

（4）按校准/测量键至测量状态。

（5）用水样冲洗烧杯后，在烧杯中加入水样（水样应能完全浸没电极头），选择合适的量程，测定水样的电导率。

4. 溶解氧的测定

（1）溶解氧的固定

① 水样的采集：用水样冲洗溶解氧瓶后，用虹吸法将水样引入溶解氧瓶中（虹吸管插入溶解氧瓶底部）至水样溢流出溶解氧瓶容积的 1/3～1/2。采集水样时，要注意不使水样曝气或有气泡残存在采样瓶中。

② DO 的固定：水样采集后，为防止溶解氧的变化，应立即加固定剂于样品中，并存于冷暗处，同时记录水温和大气压。具体操作方法如下：用吸管插入溶解氧瓶的液面下，加入 1mL 硫酸锰溶液、2mL 碱性碘化钾溶液，盖好瓶塞，颠倒混合数次，静置。待棕色沉淀物降至瓶内一半时，再颠倒混合一次，待沉淀物下降到瓶底。

（2）溶解氧的测定

① 析出碘：轻轻打开瓶塞，立即用吸管插入液面下加入 2.0mL（1＋5）硫酸。小心盖好瓶塞，颠倒混合摇匀至沉淀物全部溶解为止，暗处放置 5min。

② 滴定：移取 2 份各 100.00mL 上述溶液于 250mL 锥形瓶中，用硫代硫酸钠标准溶液滴定至溶液呈淡黄色，加入 1mL 淀粉溶液，继续滴定至蓝色刚好褪去为止，记录硫代硫酸钠溶液的用量，平行滴定 2 次。

【数据记录与处理】

1. 数据记录

表 10.3　水质指标的记录表

水样温度/℃	
大气压力/kPa	
pH	
电导率/($\mu S/cm$)	

续表

溶解氧的测量		
测定次数	1	2
$Na_2S_2O_3$ 溶液标准浓度/(mol/L)		
$Na_2S_2O_3$ 初读数/mL		
$Na_2S_2O_3$ 终读数/mL		
$Na_2S_2O_3$ 体积/mL		
DO/(mg/L)		
DO 平均值/(mg/L)		

2. 数据处理

（1）计算 DO

$$溶解氧(O_2, mg/L) = \frac{cV \times 8 \times 1000}{100}$$

式中　c——硫代硫酸钠标准溶液的浓度，mol/L；

　　　V——滴定时消耗硫代硫酸钠标准溶液体积，mL；

　　　8——氧换算值，g。

（2）根据测定的数据与《地表水环境质量标准》（GB 3838—2002）中基本项目限值对比，判断马家沟河属于几类水体？评价其水质情况。

【注意事项】

（1）电导率的测定多在 25℃时进行，如果水温不是 25℃，必须进行温度校正。电导率的测定应在水样采集后尽快进行，如含有粗大悬浮物质、油脂干扰测定，应过滤或萃取除去。最好使用塑料烧杯，且不能使用已测定过 pH 值的样品溶液再去测定电导率。

（2）测定溶解氧时：①采集水样时，要注意不使水样曝气或有气泡残存在采样瓶中。②按顺序加入硫酸锰溶液和碱性碘化钾溶液，加入时需将移液管的尖端缓慢插入样品表面稍下处，慢慢注入试剂，小心盖好瓶塞防止气泡残留在瓶内。③当水中含有氧化性物质、还原性物质及有机物时，会干扰测定，应预先消除并根据不同的干扰物质采用修正的碘量法。④如果水样呈强酸性或强碱性，可用氢氧化钠或硫酸溶液调至中性后测定。

（3）本实验主要参考国家标准 GB/T 6908—2018 和 GB 7489—87，以及《地表水和污水监测技术规范》（HJT 91—2002）。

【思考题】

（1）测定 DO、水温、pH 值、电导率等水质指标有何意义？

（2）水样中加入 $MnSO_4$ 和碱性 KI 溶液后，如发现白色沉淀，测定还继续进行吗？试说明理由。

【预习内容】

（1）碘量法测定水样溶解氧的基本原理。

（2）电导率仪的使用方法。

（3）水样的采集方法。

（4）收集实验基础资料：本实验选取流经哈尔滨工程大学校园东侧的马家沟

河段进行监测，需要收集的基础资料包括监测区域水体的地貌资料、水文、气候和地质等状况；监测区域水体沿岸工业布局及其排污情况，城市给排水情况；监测河段概况（河段全长、河段宽度、水深以及污染源）等。

读一读

　　黄河是中华民族的母亲河。千百年来，奔腾不息的黄河同长江一起，哺育着中华民族，孕育了中华文明。党的十八大以来，党中央着眼于生态文明建设全局，黄河流域水沙治理取得显著成效，龙羊峡、小浪底等大型水利工程充分发挥作用，河道萎缩态势初步遏制，黄河含沙量近 20 年累计下降超过 8 成；黄河流域水土流失综合防治成效显著，生态环境明显改善，三江源等重大生态保护和修复工程加快实施，上游水源涵养能力稳定提升；中游黄土高原蓄水保土能力显著增强，实现了"人进沙退"的治沙奇迹，库布齐沙漠植被覆盖率达到 53%；下游河口湿地面积逐年回升，生物多样性明显增加。万物各得其和以生，各得其养以成，人类应尊重自然、顺应自然、保护自然，努力建设人与自然和谐共生的美丽中国。

实验三　水中重金属铬的测定

【实验目的】

（1）了解重金属铬的危害。

（2）掌握二苯碳酰二肼分光光度法测定金属铬的原理和方法。

（3）掌握分光光度计的使用方法。

【实验原理】

　　铬污染主要来自铬的工业污染源，比如铬矿石加工、金属表面处理、皮革鞣制、印染等工业生产以及燃料燃烧排出的含铬废气、废水及废渣等。铬污染对人体和环境会产生一定的危害。

　　工业废水中铬的化合物常见价态有 +6 和 +3，受水中 pH 值、有机物、氧化还原物质、温度及硬度等条件影响，三价铬和六价铬的化合物可以相互转化。铬的毒性及危害与其价态有关，通常认为六价铬的毒性比三价铬高 100 倍，+6 价铬是强致癌致突变物质，可通过消化道、呼吸道、皮肤和黏膜侵入人体被人体吸收并在体内蓄积，有诱发肺癌、鼻咽癌和肝癌等癌症危险，因此我国已把六价铬规定为实施总量控制的指标之一。

　　测定水中六价铬含量常采用二苯碳酰二肼分光光度法，其测定原理是二苯碳酰二肼在酸性介质中可与 +6 价铬反应生成紫红色配合物，最大吸收波长在 540nm，摩尔吸收系数为 4×10^4 L/(mol·cm)，其反应式为：

　　可见分光光度法是利用测量有色物质对某一单色光吸收程度来进行分析的方法，该方法适用于可见光区，波长范围在 400～780nm。其特点是灵敏度高、准确度高、仪器操作简便分析速度快。可见分光光度法的理论基础是朗伯-比尔定律。可见分光光度法分析微量成分含量时常用标准曲线法，如果样品是单组分的，且遵守吸收定律，选用适当的参比溶液，通过可见分光光度计测出被测物质在最大吸收波长下的吸光度值，然后再用标准曲线法求出被测样品的含量。

若要测定水样中总铬的含量，可先用高锰酸钾将水样中+3 价铬氧化成+6 价铬，再用亚硝酸钠分解过量的高锰酸钾，最后用尿素分解过量的亚硝酸钠，试样经处理后，加入二苯碳酰二肼显色剂后，利用分光光度法测定试样中总铬的含量。

【仪器和试剂】

（1）仪器：722N 型可见分光光度计、1 cm 比色皿、容量瓶、吸量管、比色管等。

（2）试剂：二苯碳酰二肼溶液、铬标准使用液（1.00μg/mL）、水样。

【实验内容】

1. 标准曲线的绘制

（1）取 9 支 50mL 比色管，依次加入 0mL、0.20mL、0.50mL、1.00mL、2.00mL、4.00mL、6.00mL、8.00mL 和 10.00mL 铬标准使用液，用水稀释至 50mL 标线，摇匀。

（2）加入 2mL 二苯碳酰二肼溶液，摇匀备用。

（3）放置 5～10min 后，在 540nm 波长下，分别用 1cm 比色皿，以空白溶液作参比测定上述溶液的吸光度 A。以吸光度为纵坐标，六价铬含量为横坐标，绘制标准曲线。

2. 水样的测定

取适量水样（含六价铬少于 50μg）于 50mL 比色管中，用水稀释至 50mL 标线。按照与标准溶液同样的配制和测定步骤，测定水样的吸光度值 A，根据标准曲线计算六价铬的含量。

【数据记录与处理】

1. 数据记录

表 10.4　水中重金属铬的测定

铬标准溶液体积/mL	0.20	0.50	1.00	2.00	4.00	6.00	8.00	10.00	水样
吸光度值									
铬含量/μg									

2. 数据处理

（1）以测定的系列吸光度值为纵坐标，铬含量为横坐标，在直角坐标系中绘制吸光度与铬含量的标准曲线，确定标准曲线的回归方程 $y = a + bx$ 和相关系数 R^2，计算原始水样中六价铬的含量。

$$铬含量（Cr^{6+}, mg/L） = \frac{m}{V}$$

式中　m——由标准曲线得到的六价铬的含量，μg；

V——水样的体积，mL。

（2）结合国家有关重金属污染管理政策，谈谈铬污染治理的措施。

【注意事项】

（1）所有玻璃仪器不能用重铬酸钾洗液洗涤，可选用硝酸、硫酸混合液或洗涤剂洗涤，洗涤后用水冲洗干净，使得玻璃器皿内壁光洁，防止因铬被吸收而产生实验误差。

（2）本实验参考国家质量标准 GB 7466—87，适用于地表水和工业废水中六价铬的测定。

（3）水样的预处理：①对于不含悬浮物、色度低的清洁地表水，可直接测定；②对浑浊、色度较深的水样，应进行锌盐沉淀分离预处理后测定；③对于含有氧化性或还原性物质的水样，应进行适当的预处理后方可进行测定。

（4）六价铬与二苯碳酰二肼的显色反应，显色酸度一般控制在 $0.05 \sim 0.3$ mol/L（$1/2\ H_2SO_4$ 的浓度），其中酸度为 0.2 mol/L 时显色最佳。显色时，温度和显色时间也对显色反应有较大的影响，当温度为 $15 ℃$，显色 $5 \sim 15$ min，颜色即可稳定。

（5）配制好的二苯碳酰二肼溶液应储存于棕色瓶中，保存于冰箱中备用。若发现变色，溶液失效，不可再使用。

（6）按溶液浓度由稀到浓顺序进行测定，以减少测定误差。

（7）溶液不要洒入样品室中，以免腐蚀仪器。

（8）取放比色皿时，用手拿磨砂玻璃面；擦拭比色皿外壁溶液时，用擦镜纸；比色皿内盛放溶液的高度为比色皿高度 $2/3 \sim 3/4$ 之间；比色皿透光玻璃面对准光路。

【思考题】

（1）如何测定水样中的总铬？

（2）如果水样中含有较多有机物，应该如何处理？

【预习内容】

（1）分光光度法原理及标准曲线法。

（2）分光光度计的操作方法。

 读一读

　　由中国自主研发制造的"东方红3"海洋科考船被称为"国内最安静"的海洋综合科考船。它的船舶水下辐射噪声通过了挪威船级社的权威认证，获得全球最高等级——"静音科考"级认证证书，成为国内首艘、国际上第四艘获得这一等级证书的海洋综合科考船，也是目前世界上获得该证书吨位最大的静音科考船。"东方红3"船将以其对海洋环境的精准测量成为"透明海洋"建设的坚实保障，成为海洋强国建设的国之重器。"东方红"系列海洋科考船不仅见证了海洋事业发展的历史，承载了一代代科研工作者的奋斗与梦想，也是国家实施科教兴国战略和可持续发展战略的重要体现。

实验四　环境噪声监测

【实验目的】

（1）掌握声级计的使用方法。

（2）学习噪声监测数据的统计处理及结果表述。

【实验原理】

环境污染中的噪声污染属于物理污染，如果环境噪声超过国家规定的环境噪声排放标准，并干扰了他人正常生活、工作和学习，就是环境噪声污染。环境噪声主要分为交通噪声（如汽车、火车和飞机等）、工厂噪声（如鼓风机、汽轮机等）、建筑施工噪声（如挖土机和混凝土搅拌机等）和社会生活噪声（如高音喇叭、收录机等）四类。随着城市机动车辆数量的增长，交通噪声日益成为城市的主要噪声，本实验通过对校园附近交通噪声的监测来分析交通噪声污染的现状及发展趋势，为噪声污染的规划管理和综合治理提供数据支持。

A声级能够较好地反应人耳对噪声的强度与频率的主观感觉，A声级主要适用于连续稳态噪声的测量和评价，它的数值可由噪声测量仪器的表头直接读取。然而道路交通噪声是不连续的噪声，一般用噪声能量平均值的方法来评价噪声对人的影响，即等效连续声级，它反映人实际接受的噪声能量的大小，对应于A声级来说就是等效连续A声级$L_{eq}A$。道路交通噪声可采用累计百分声级来评价噪声的变化。在规定测量时间内，有N（％）时间的A计权声级超过某一噪声级，该噪声级就称为累计百分声级，用L_N表示，单位为dB。累计百分声级用来表示随时间起伏的无规则噪声的声级分布特性，最常用的是L_{10}、L_{50}和L_{90}。

L_{10}表示在测量时间内10％的时间超过的噪声级，相当于噪声平均峰值。L_{50}表示在测量时间内50％的时间超过的噪声级，相当于噪声平均中值。L_{90}表示在测量时间内90％的时间超过的噪声级，相当于噪声平均底值。

如果数据采集是按等时间进行的，则L_N也表示有N（％）的数据超过的噪声级。如果测量的数据符合正态分布，则等效连续A声级和统计声级有如下关系：

$$L_{eq} = L_{50} + \frac{d^2}{60}$$
$$d = L_{10} - L_{90}$$

【仪器和试剂】

精度为2型及2型以上的积分平均声级计。

【实验内容】

1. 布点

在每两个交通路口之间的交通线上选择一个监测点，测点的具体位置应设在人行道上，传声器高于地面1.2m，距反射物不小于1m处，离马路边沿20cm，距交叉路口的距离应大于50m，路段不足100m的选路段中点，该测点的数据代表着两个路口之间这段马路的交通噪声。

2. 测量

（1）测量条件

① 天气条件：在无雨无雪、无雷电（特殊情况除外）天气状况下测量，风力三级以上加风罩（以避免风声干扰），风力五级以上应停止测量。

② 距地面距离：放置在三脚架上或手持，距地面 1.2m。声级计指向被测声源。

（2）道路交通噪声的测量　安装调试好仪器后，将声级计置于慢档，每隔 5s 读取一个瞬时 A 声级，连续读取 200 个数据，测量时要记录车辆数，附近主要声源（如交通噪声、施工噪声、生活噪声、锅炉噪声、食堂风机噪声、实验楼噪声等），以及记录鸣笛、刹车特别响的车辆数。

【数据记录与处理】

1. 数据记录

表 10.5　交通噪声数据记录表

年　　月　　日		时　　分至　　时　　分		
星期	天气	仪器型号	测量人	
路段名称	路段起止点	主要噪声源	计权网络	
档位	取样间隔	取样总数	车辆数	
			大型车	中小型车
测量数据（瞬时 A 声级/dB）				
⋮	⋮　　⋮　　⋮	⋮	⋮　　⋮	⋮

注：大型车指车长大于等于 6m 或者乘坐人数大于等于 20 人的载客汽车，以及总质量大于等于 12t 的载货汽车和挂车；中小型车指车长小于 6m 乘坐人数小于 20 人的载客汽车，总质量小于 12t 的载货汽车和挂车，以及摩托车。

2. 数据处理

（1）将所测得的 200 个数据从大到小排列，第 20 个数据为 L_{10}，第 100 个数据为 L_{50}，第 180 个数据为 L_{90}，同时要求计算等效连续 A 声级。因为交通噪声一般符合正态分布，所以可用［实验原理］中的近似公式计算。

（2）根据车流量及鸣笛等情况与等效连续 A 声级测定值的关系，并参考相关环境噪声质量要求，评价车辆行驶对声环境质量的影响。

【注意事项】

（1）声级计属于精密仪器，使用时注意避免碰撞，防止淋湿。

（2）本实验主要参考环境保护标准 HJ 640—2012。

【思考题】

（1）L_{10}、L_{50}、L_{90} 代表声级的意义分别是什么？

（2）噪声的主要危害有哪些？

（3）影响噪声测量的因素有哪些？

【预习内容】

（1）道路交通噪声的测定、布点和评价方法。
（2）声级计的工作原理和使用方法。

 **读一读**

　　染发已成为人们追求个性和魅力的一种时尚。然而染发剂中含有重金属成分，如铅、汞、砷等。在一些劣质染发剂，甚至洗发水、护发素中，这些重金属的含量都超标，长期使用含超限量重金属的染发剂，可使体内有毒重金属元素发生蓄积，出现毒性反应，危害人们的身体健康。染发剂中的重金属不仅会对人体造成伤害，还会影响人们的生活环境。每天来自城市美容美发店的含有重金属的废水，若未经安全有效处理就任意排放流入城市污水管网，或者染发剂废物经迁移转化进入土壤和地下水环境后，会对生态环境造成严重危害。今日的美丽中国处处孕育着勃勃生机，良好的生态环境是最普惠的民生福祉，公民应积极践行绿色生活方式，尽量减少染发剂的使用，染发时使用经过批准的、合格的染发产品，促进生态文明建设，让天更蓝，山更绿，水更清。

实验五　蔬菜中亚硝酸盐含量的测定

【实验目的】

（1）了解过量摄入亚硝酸盐对人体带来的危害及蔬菜中亚硝酸盐的国家限量标准。
（2）掌握目视比色法测定蔬菜中亚硝酸盐含量的原理与方法。
（3）掌握比色管的使用及目视比色法的实验操作。

【实验原理】

　　亚硝酸盐主要是指亚硝酸钠，亚硝酸钠为白色至淡黄色粉末或颗粒状，味微咸，易溶于水。国家食品安全标准对不同食品中亚硝酸盐的含量有严格的限量标准（表 10.6）。

表 10.6　部分食品的亚硝酸盐限量标准参考值（以 $NaNO_2$ 计）

食品名称	限量标准参考值（mg/kg）
食盐（精盐）、牛乳粉	≤2
鲜肉类、鲜鱼类、粮食	≤3
蔬菜	≤4
婴儿配方乳粉、鲜蛋类	≤5
香肠（腊肠）、香肚、酱腌菜、广式腊肉、火腿	≤20
肉制品、火腿肠、灌肠类	≤30
其他肉类罐头、其他腌制罐头	≤50
西式蒸煮、烟熏火腿及罐头、西式火腿罐头	≤70

　　食品中所含的亚硝酸盐如果超过了国家限量标准，会对人体的健康产生危害。如果人体过量摄入亚硝酸盐会造成慢性或急性中毒甚至致癌，其原因是亚硝酸盐在胃酸作用

下可与食物中蛋白质分解产物——仲胺、叔胺和酰胺等反应生成亚硝胺。亚硝胺具有强烈的致癌作用，主要引起食管癌、胃癌、肝癌和大肠癌等。如果孕妇食用过量的亚硝酸盐可经胎盘对胎儿产生致畸和毒性作用。如果一次性大剂量摄入亚硝酸盐，亚硝酸盐在体内能够引起高铁血红蛋白症，导致组织缺氧，还可使血管扩张血压降低。中毒机理是由于亚硝酸盐为强氧化剂，可使血液中低铁血红蛋白氧化成高铁血红蛋白，从而失去运氧的功能，致使组织缺氧而导致急性中毒。

蔬菜是人类摄取维生素等营养成分的重要来源之一，是日常膳食不可缺少的。由于近年来农用含氮化肥的大量使用，导致蔬菜中的硝酸盐含量明显增加，蔬菜中的硝酸盐在硝酸盐还原酶的作用下可转变为亚硝酸盐，而人体主要是通过蔬菜等食物摄取了过量的亚硝酸盐，据调查我国居民膳食中 80％左右的亚硝酸盐来自于蔬菜。

测定亚硝酸盐含量的原理是在酸性条件下亚硝酸盐与对氨基苯磺酸发生重氮化反应后生成重氮盐，该重氮盐遇偶合试剂盐酸萘乙二胺，则发生偶合反应生成紫红色的重氮染料，此染料颜色的深度与样品中亚硝酸盐的含量成正比，颜色越深，表示样品中亚硝酸盐的含量越高，故可作比色测定。其反应式如下：

$$2HCl + NaNO_2 + H_2N-\!\!\!\!\text{⬡}\!\!\!-SO_3H \xrightarrow{\text{重氮化}} Cl-N\!\!=\!\!N-\!\!\!\!\text{⬡}\!\!\!-SO_3H + NaCl + 2H_2O$$

$$2HCl \cdot H_2NH_2CH_2CHN-\!\!\!\!\text{(萘)}\!\!\!- + Cl-N\!\!=\!\!N-\!\!\!\!\text{⬡}\!\!\!-SO_3H \xrightarrow{\text{偶合}}$$
（盐酸萘乙二胺）

$$2HCl \cdot H_2NH_2CH_2CHN-\!\!\!\!\text{(萘)}\!\!\!-N\!\!=\!\!N-\!\!\!\!\text{⬡}\!\!\!-SO_3H + HCl$$
（紫红色）

本实验采用目视比色法，使用传统的比色管进行测定。使亚硝酸盐在显色剂下显色，配制成不同浓度的亚硝酸钠标准色阶溶液，然后将蔬菜汁在同等条件下显色，分别与亚硝酸钠标准色阶溶液进行比色，从而测定出蔬菜汁中亚硝酸盐的含量。

【仪器、试剂及材料】

（1）仪器及材料：天平、榨汁机、比色管、漏斗、吸量管、吸耳球、烧杯、滴管、量筒、玻璃棒、洗瓶、试管架、铁架台、铁圈、蔬菜（白萝卜、黄瓜等）、滤纸、纱布。

（2）试剂：$NaNO_2$ 标准溶液（0.1000mg/L）、对氨基苯磺酸试剂（0.4％）、盐酸萘乙二胺试剂（0.2％）、活性炭。

【实验内容】

1. 蔬菜提取液的制备

（1）将蔬菜洗净、甩干，再用滤纸尽量吸除水分。

（2）取蔬菜可食用部分，用榨汁机上榨出约 20mL 汁液，制成蔬菜匀浆。

（3）将蔬菜匀浆用纱布过滤，在滤液中加入少量活性炭使其脱色。

（4）用滤纸过滤，所得清液即为蔬菜提取液。

2. $NaNO_2$ 标准色阶溶液的制备

（1）取 9 只 25mL 比色管，洗涤干净并编号（1～9 号）。

（2）用吸量管按表 10.7 分别吸取 $NaNO_2$ 标准溶液，置于 1～9 号比色管中。

（3）分别向比色管中加入对氨基苯磺酸溶液 2.00mL，摇匀，静置 5min。

（4）再分别加入 1.00mL 盐酸萘乙二胺溶液，振荡使其充分显色。

（5）最后依次加入蒸馏水定容至刻度，摇匀，静置15min，见表10.7。

表 10.7 NaNO₂ 标准色阶溶液的制备

编号	NaNO₂ 标准溶液体积/mL	对氨基苯磺酸试剂体积/mL	盐酸萘乙二胺试剂体积/mL	定容体积/mL	NaNO₂ 含量/(mg/kg)
1	0.50	2.00	1.00	25.00	0.02
2	1.00	2.00	1.00	25.00	0.04
3	1.50	2.00	1.00	25.00	0.06
4	2.00	2.00	1.00	25.00	0.08
5	2.50	2.00	1.00	25.00	0.10
6	5.00	2.00	1.00	25.00	0.20
7	7.50	2.00	1.00	25.00	0.30
8	10.00	2.00	1.00	25.00	0.40
9	12.50	2.00	1.00	25.00	0.50

3. 蔬菜中亚硝酸盐含量的测定

（1）另取 4 支洁净的比色管，分别加入 5.00mL 不同种类的蔬菜提取液。

（2）分别向比色管中加入 2.00mL 对氨基苯磺酸溶液并摇匀，静置5min。

（3）再分别加入 1.00mL 盐酸萘乙二胺溶液，振荡使其充分显色。

（4）最后加入蒸馏水定容至刻度，摇匀，静置15min。

（5）将显色后的蔬菜提取液与 NaNO₂ 标准色阶溶液进行比色，确定蔬菜中亚硝酸盐的含量。

（6）如果蔬菜汁提取液显色后的颜色深于最高标准色阶溶液的颜色时，可将蔬菜汁提取液稀释后再进行测定，测定结果应乘以稀释倍数。

【数据记录与处理】

1. 数据记录

表 10.8 蔬菜汁中亚硝酸盐的含量测定

蔬菜				
蔬菜汁提取液的体积/mL				
亚硝酸盐的含量/(mg/kg)				

2. 数据处理

对实验结果进行分析，并总结影响实验结果准确性的因素。

【注意事项】

（1）用专用吸量管分别量取 NaNO₂ 溶液、对氨基苯磺酸溶液、盐酸萘乙二胺溶液及蔬菜提取液。

（2）自来水中常有微量亚硝酸盐存在，不宜作为测定用稀释液。

（3）显色的 pH 值应在 1.9～3.0 范围内，显色后的稳定性与温度有关。一般显色温度为 15～30℃，于 20～30min 内比色为宜。

【思考题】

（1）亚硝酸盐有什么危害？如何产生的？

（2）若食品中亚硝酸盐含量较高应如何除去？

【预习内容】

（1）目视比色法原理。

（2）吸量管与比色管的使用。

读一读

　　吃隔夜菜曾是人们节俭生活的一种表现。那你了解隔夜菜吗？"隔夜菜"并不单指隔夜的菜，只要首次烹饪后放置时间超过 8 小时以上，就算隔夜菜。隔夜菜即使放在冰箱中冷藏，也容易滋生细菌，在微生物的作用下极易被还原为亚硝酸盐，亚硝酸盐在胃酸作用下可与食物中蛋白质分解产物胺类物质反应生成强致癌物 N-亚硝胺，容易引起食管癌、胃癌和肝癌等癌症。而隔夜的绿叶蔬菜，烹饪后本身会变色，维生素等营养物质也大量丧失，隔夜后，蔬菜中的硝酸盐在硝酸盐还原酶的作用下会进一步转变为亚硝酸盐。经常吃隔夜菜会对人体健康产生一定危害，人们应该倡导健康生活方式，注意饮食安全和膳食营养，养成良好的饮食习惯。

10.2　实验基本操作

10.2.1　常用的玻璃量器

（1）量筒和量杯

　　量筒和量杯是用于量取液体体积的玻璃仪器，外壁上有刻度。量筒的形状为上下直径一致的圆柱状，量杯的形状为上口大下部小，如图 10.1(a) 所示。

　　使用量筒或量杯量取液体时，先倒入接近所需体积的液体，再用滴管滴加。读数时应把量筒或量杯放在水平桌面上，使视线与凹液面的最低点在同一水平面上，读取与凹液面相切的刻度值[图 10.1(b)]。

（2）移液管和吸量管

　　移液管和吸量管用于准确量取一定体积的溶液。上部有一条环形标线，中腰有膨大的肚子，下端为尖嘴状为移液管。直形并有精细分刻度，可准确量取所需刻度范围内某一体积的溶液为吸量管，如图 10.2(a) 所示。移液管和吸量管的使用：

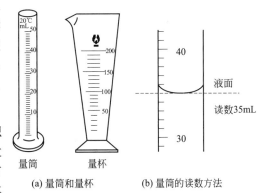

图 10.1　量筒和量杯及读数方法

　　① 观察。使用前应先观察移液管和吸量管的标记和刻度标线位置。

　　② 洗涤。分别用洗液、自来水和蒸馏水洗涤。慢慢吸取少量洗液至管中，用食指按住管口，将管平持，松开食指，转动移液管使洗液充分接触内壁，再将管垂直，使洗液放回洗液瓶中。以同样操作分别用自来水和蒸馏水洗涤数次。用滤纸吸去管外水分，再用待移取液润洗 2～3 遍。

　　③ 吸液。右手拇指和中指捏住管的上端，管尖插入溶液中，左手拿洗耳球，

排除球中空气后将球的尖嘴紧压在移液管上口,慢慢松开洗耳球使溶液徐徐吸入管内,如图 10.2(b) 所示。当液面上升至刻度线以上 1~2cm 时,立即用右手的食指按住管口。

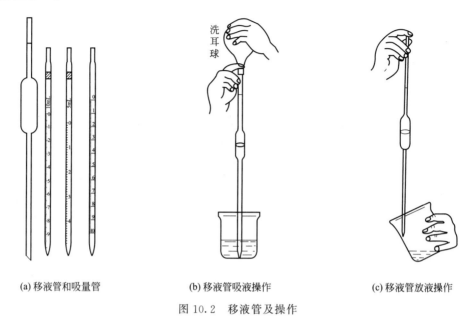

(a) 移液管和吸量管　　　　(b) 移液管吸液操作　　　　(c) 移液管放液操作

图 10.2　移液管及操作

④ 调节。将移液管垂直上提离开液面,尖端靠在容器内壁上,拇指和中指轻轻转动移液管,使管内液面降至凹液面底部与标线相切为止,立即用食指压紧管口,将尖端的液滴靠壁去掉,移出移液管,插入接收器皿中。

⑤ 放液。接收器皿倾斜 45°左右,移液管垂直,管尖靠在器皿内壁上,松开食指,溶液沿内壁徐徐流下,待全部溶液流出后需停靠 15s,如图 10.2(c) 所示。如移液管未标明"吹"字,残留在尖端的溶液不可吹出。

(3) 容量瓶

容量瓶是细颈梨形、具磨口玻璃塞的平底瓶,瓶颈上刻有环形标线,如图 10.3(a) 所示。容量瓶主要用于配制标准溶液,也可用来准确地稀释溶液。有无色和棕色两种,无色容量瓶较常用。配制见光易分解的溶液需用棕色容量瓶。容量瓶和瓶塞是配套的,为避免塞子打破或遗失,应用橡皮筋将塞子系在瓶颈上。

容量瓶的使用:

① 验漏。容量瓶使用前应检查是否漏水,如漏水则不能使用。检查方法是:加水至标线附近,盖好塞子,右手食指按住塞子,其余手指拿住瓶颈标线以上部分,左手托住瓶底倒立 2min,观察瓶塞周围有无漏水现象。

② 配液。准确称取的固体物质置于烧杯中溶解,将溶液转入容量瓶中。

③ 转移。左手拿玻璃棒,右手拿烧杯,烧杯嘴紧靠玻璃棒,棒的下端靠在瓶颈内壁

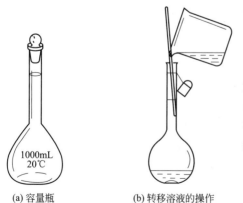

(a) 容量瓶　　　　(b) 转移溶液的操作

图 10.3　容量瓶及转移溶液的操作

上，使溶液沿玻璃棒和内壁流入容量瓶中。溶液全转移完后，烧杯嘴沿玻璃棒轻轻上提，同时将烧杯直立，再将玻璃棒放回烧杯中。用少量蒸馏水冲洗烧杯和玻璃棒数次，冲洗液一并转入容量瓶中，如图 10.3(b) 所示。

④ 定容。向瓶中加蒸馏水至 3/4 容积，将容量瓶沿水平方向摇转几圈，继续加水至标线下约 1cm 处，稍停待附在瓶颈上的水充分流下，用滴管加水至凹液面的下沿与标线相切。

⑤ 摇匀。盖上瓶塞，将容量瓶倒转并摇动，再倒转过来，使气泡上升至瓶顶，反复数次，使溶液充分混合均匀，如图 10.4 所示。

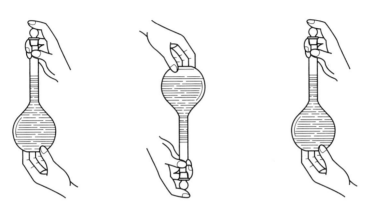

图 10.4　容量瓶倒转并摇动的操作

⑥ 如果用已知标准浓度的浓溶液稀释成标准浓度的稀溶液，可用移液管吸取一定体积的浓溶液于容量瓶中，然后按上述操作方法加水稀释至标线。

（4）酸式滴定管和碱式滴定管

滴定管是滴定时准确测量标准溶液体积的量器。分为两种：一种是下端带有玻璃旋塞的酸式滴定管，用于装酸性或氧化性溶液；另一种是碱式滴定管，在管的下端连接一橡皮管，内放一玻璃珠，橡皮管下端连接一个尖嘴玻璃管，用于装碱性或非氧化性溶液，如图 10.5 所示。有无色和棕色两种，无色滴定管较常用，见光易分解的溶液用棕色滴定管盛装。滴定管的使用：

① 准备。酸式滴定管使用前应洗涤、涂凡士林、检漏。

检漏的方法：将活塞关闭，在管内充水，将管夹在滴定管架上放置 2min，观察管尖及活塞两端是否有水渗出，如渗水，则重新涂抹凡士林后再检查直至无渗水现象为止。

涂抹凡士林：将旋塞取下，用滤纸条将旋塞和旋塞套擦干，用手指在旋塞粗径一端磨砂部位涂抹一薄层凡士林，如图 10.6(a) 所示。再用细竹签在旋塞套细径一端磨砂部位涂抹一薄层凡士林，如图 10.6(b) 所示。将旋塞小心插入旋塞套中。用手握住旋塞柄，按同一方向旋转旋塞，直至观察到凡士林层透明为止，如图 10.6(c) 所示。最后套上皮筋，以防旋塞从套中脱落。

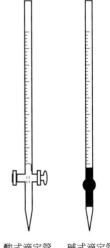

酸式滴定管　碱式滴定管
图 10.5　滴定管

碱式滴定管使用前应检查橡皮管是否老化、变质，玻璃珠是否大小适中，玻璃珠过大不方便操作，过小则会漏水。

②洗涤。根据污染状况使用不同的洗液。向无水的管中加入一定量洗液，斜持并转动使洗液浸润管的内壁，然后竖起滴定管，打开旋塞，将洗液从下口流回洗液瓶中。用自来水洗涤再用蒸馏水洗涤 3 遍，再用少量待装液润洗 2~3 次。

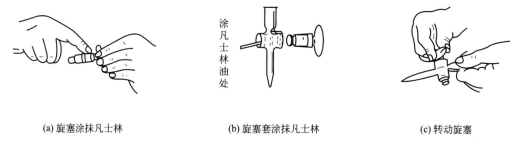

涂凡士林油处

(a) 旋塞涂抹凡士林　　　　(b) 旋塞套涂抹凡士林　　　　(c) 转动旋塞

图 10.6　酸式滴定管涂凡士林操作

③装液。将溶液加入滴定管中至"0"刻度以上 3cm 左右，开启旋塞或挤压玻璃圆球，把滴定管下端的气泡逐出。

酸式滴定管排除气泡的方法：右手拿滴定管上部无刻度处，并使滴定管稍倾斜，左手迅速打开活塞，使溶液冲出管口，反复数次，即可排除气泡。

碱式滴定管排除气泡的方法：将碱式滴定管垂直地夹在滴定管架上，左手拇指和食指捏住玻璃珠部位，使胶管向上弯曲并捏挤胶管，使溶液从管口喷出即可排除气泡，如图 10.7(a) 所示。

最后将滴定管内的液面调节至"0"刻度。

④滴定。滴定开始前，先把悬挂在滴定管尖端外的液滴除去。

碱式滴定管滴定时，左手握滴定管，拇指和食指捏挤玻璃珠周围一侧的胶管，使胶管与玻璃珠之间形成一个小缝隙，溶液即可流出。注意不要捏挤玻璃珠下部胶管，以免空气进入而形成气泡，影响读数，如图 10.7(b) 所示。

(a) 驱赶气泡操作　　　　　　　(b) 滴定操作

图 10.7　碱式滴定管的驱赶气泡及滴定操作

酸式滴定管滴定时，左手握滴定管，无名指和小指向手心弯曲，轻轻贴着出口部分，其他三个手指控制活塞，手心内凹，以免触动活塞而造成漏液，如图 10.8(a) 所示。

滴定操作通常在锥形瓶内进行。用右手拇指、食指和中指拿住锥形瓶，其余两指辅助在下侧，使瓶底离铁架台面高约 2~3cm，滴定管下端伸入瓶口内约 1cm，一边滴加溶液一边用右手摇动锥形瓶，使滴下去的溶液尽快充分混匀，如图 10.8(b) 所示。摇瓶时，应微动腕关节，使溶液向同一方向旋转。

　　将至滴定终点时，滴定速度要慢，最后要一滴一滴地滴入，防止过量，并用洗瓶挤少量水淋洗瓶壁，以免有残留的液滴未起反应。为了便于判断终点时指示剂颜色的变化，可把锥形瓶放在白色瓷板或白纸上观察。待滴定管内液面完全稳定后读数。

　　⑤ 读数。读数时用手拿滴定管上端无刻度处使管自由下垂。视线应与管内凹液面的最低处保持水平，如图 10.9 所示。注意：滴定前后均需记录读数。

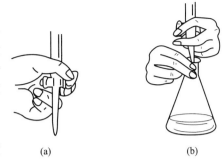

图 10.8　酸式滴定管滴定操作

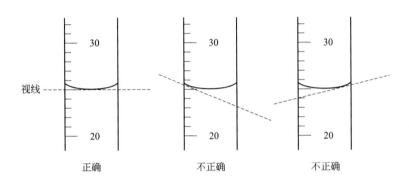

图 10.9　滴定管的读数方法

10.2.2　常压过滤

　　常压过滤所用的仪器有玻璃漏斗、小烧杯、玻璃棒和铁架台。

　　漏斗的选择：选择漏斗大小应以能容纳沉淀量为宜。若过滤后欲获取滤液，应按滤液的体积选择斗径大小适当的漏斗。

　　滤纸的选择：除了做沉淀的质量分析外，一般选用定性滤纸。滤纸的大小应与漏斗的大小相适应，一般滤纸上沿应低于漏斗上沿 1cm 左右为宜。

　　滤纸的折叠、剪裁：将滤纸对折两次，然后用剪刀剪成扇形，如图 10.10(a)。滤纸剪裁好后，展开即呈一圆锥体，一边为三层，另一边为一层，如图 10.10(b)，将其放入玻璃漏斗中。

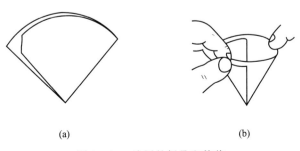

　　　　　(a)　　　　　　　　　　　(b)

图 10.10　滤纸的折叠和剪裁

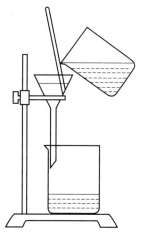

图 10.11　常压过滤操作

滤纸的安放：用食指将滤纸按在漏斗内壁上，用少量蒸馏水润湿滤纸，用玻璃棒轻压滤纸四周，赶去滤纸与漏斗壁间的气泡，务必使滤纸紧贴在漏斗壁上。

过滤操作：漏斗放在漏斗架或铁圈上，下面放一洁净容器承接滤液，调整漏斗架或铁圈高度，使漏斗颈下端斜口尖端一边紧靠接受容器内壁，如图 10.11 所示。转移沉淀时玻璃棒下端应与 3 层滤纸处接触，将待过滤液沿玻璃棒注入漏斗，漏斗中的液面高度应低于滤纸边缘 1cm 左右。待溶液转移完毕后，再将沉淀转移到滤纸上。过滤完毕，用少量蒸馏水洗涤原烧杯壁和玻璃棒，再将洗涤液一并转入漏斗中过滤，最后用少量蒸馏水冲洗滤纸和沉淀。

10.2.3　分光光度法

分光光度法是通过测定被测物质在特定的波长处或一定的波长范围内光的吸收度，对该物质进行定性和定量分析的方法。它具有灵敏度高、操作简便、快速等优点，分光光度法是化学实验中最常用的实验方法，许多物质的测定均可采用分光光度法。

光是一种电磁波，具有一定的波长和频率。可见光因波长的不同呈现不同的颜色，这些波长在一定范围内的光称为单色光。太阳或钨丝等发出的白光是复合光，是各种单色光的混合光。利用棱镜可将白光分成按波长顺序排列的各种单色光，即红、橙、黄、绿、青、蓝、紫等，这就是光谱。

有色物质溶液在光的照射激发下，可产生对光吸收的效应，物质对光的吸收是具有选择性的。由于物质的分子结构不同，对光的吸收能力不同，因此每种物质都有特定的吸收光谱。当一束单色光通过一定厚度溶液时，其能量会被吸收而减弱，如图 10.12 所示。

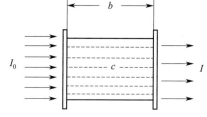

图 10.12　光吸收原理示意图
I_0—入射光强度；I—透射光强度；
b—液层厚度；c—溶液的浓度

有色物质溶液对光能量的吸收程度可以用吸光度 A 和透光率 T 表示，其定义分别为：

$$A = \lg \frac{I_0}{I}, T = \frac{I}{I_0}$$

$$A = -\lg T$$

有色溶液对光能量的吸收程度和物质的浓度有一定的比例关系，它们之间的关系符合比色原理——朗伯比尔定律，即：当某一束平行单色光通过单一均匀的、非散射的吸光物质溶液时，溶液的吸光度 A 与溶液的浓度 c（mol/L）和液层的厚度 b（cm）之积成正比：

$$A = \varepsilon b c$$

式中，ε 为摩尔吸收系数，它与入射光波长、溶液的组成和温度有关。如果摩尔吸收系数不变，液层的厚度固定，进行吸光物质溶液的吸光度测定，则溶液的吸光度 A 只与溶液的浓度 c 成正比。分光光度法就是利用物质的这种吸收特征对不同物质进行定性或定量分析的方法。

在比色分析中，有色物质溶液颜色的深度决定于入射光的强度、有色物质溶液的浓度及液层的厚度。当一束单色光照射溶液时，入射光强度愈强，溶液浓度愈大，液层厚度愈厚，溶液对光的吸收愈多，它们之间的关系符合物质对光吸收的定量定律——朗伯比尔定律。这就是分光光度法用于物质定量分析的理论依据。

测定被测物质在特定的波长处或一定的波长范围内的吸光度需要用到分光光度计，分光光度计是利用物质分子对光有选择性吸收而进行定性、定量分析的光学仪器，根据选择光源的波长不同，分光光度计可分为可见分光光度计、紫外分光光度计和红外分光光度计。

10.2.4　目视比色法

目视比色法使用的重要仪器是比色管。比色管主要用于比色、比浊分析。在目视比色法中，用于比较溶液颜色的深浅。以最大容积（mL）表示，常用的比色管规格有10mL、25mL、50mL、100mL 等几种，如图 10.13 所示。

常用的目视比色法为标准系列法。该方法采用一组由质料完全相同的玻璃制成的直径相等、体积相同的比色管。具体操作时，首先在一系列比色管中分别加入不同量的标准溶液和待测液，在实验条件相同的情况下，再加入等量的显色剂及其他辅助试剂，再稀释至比色管刻度，然后比较待测液与标准溶液颜色的深浅。若待测液与某一标准溶液颜色深度一致，则说明两者浓度相等，若待测液颜色介于两支相邻标准比色管颜色之间，则待测液的浓度应为两标准比色管溶液浓度的平均值。

目视比色法的主要优点是设备简单，操作简便。由于比色管内液层厚，使观察颜色的灵敏度较高，而且不要求有色溶液严格服从比耳定律，因而被广泛应用于准确度要求不高的常规分析中。

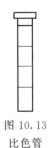

图 10.13
比色管

10.3　实验测量仪器

10.3.1　DDS-11A 型电导率仪

（1）DDS-11A 型电导率仪的面板结构
DDS-11A 型电导率仪的面板结构示意图如图 10.14 所示。

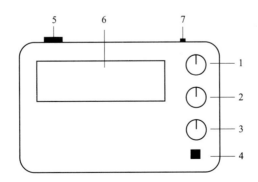

图 10.14　DDS-11A 型电导率仪面板结构示意图

1—量程旋钮；2—常数调节旋钮；3—温度补偿旋钮；

4—校准/测量按键；5—电源开关；6—读数显示屏；7—电极插口

（2）DDS-11A 型电导率仪的操作规程

① 开机：接通电源，仪器需预热 20min。

② 温度补偿：调温度补偿旋钮，使其指向待测溶液的实际温度。

③ 校准：将校准/测量键按下使仪器处于校准状态，将量程旋钮指向 $2\mu S/cm$（电极仍浸泡在初始的蒸馏水中），调节常数旋钮，使仪器显示所用电极的常数值。

④ 测量：弹起校准/测量键使仪器处于测量状态，将量程旋钮置于合适量程（注意不可超量程测量），待仪器显示屏数值稳定后，该数值即为被测溶液在一定温度下的电导率值。

⑤ 关机：仪器使用完毕，先关闭电源开关。然后将测量电极用蒸馏水冲洗干净，用滤纸吸干水分，归回原处。

（3）DDS-11A 型电导率仪的使用注意事项

① 电极引线不可受潮，电极应置于清洁干燥的环境中保存。

② 测量时，为保证样液不被污染，电极应用去离子水（或二次蒸馏水）冲洗干净，并用样液适量冲洗。

③ 当样液介质电导率小于 $1\mu S/cm$ 时，应加测量槽作流动测量。

④ 选用仪器量程档时，原则是能在低一档量程内测量的，不放在高一档测量。在低档量程内，若已超量程，仪器显示屏左侧第一位显示 1（溢出显示）。此时，再选高一档测量。

10.3.2　KC-6120 型综合采样器

10.3.2.1　KC-6120 型综合采样器外部结构

KC-6120 型综合采样器由主机、切割器、挂架、三脚支架构成，面板部件及主机各部分如图 10.15 所示。

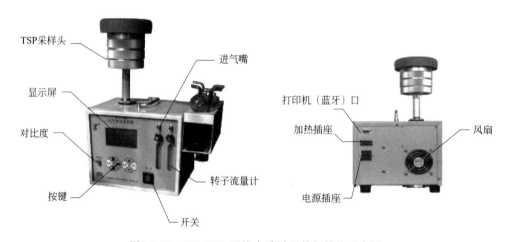

图 10.15　KC-6120 型综合采样器外部结构示意图

10.3.2.2　KC-6120 型综合采样器使用方法

以大气环境中颗粒物 $PM_{2.5}$ 的测定为例介绍 KC-6120 型综合采样器的使用方法。

（1）准备

将采样滤膜提前放在 15～30℃ 范围内任一温度，相对湿度控制在 45%～55% 范围内的恒温恒湿箱中平衡 24h 后称重、编号。

（2）PM$_{2.5}$ 采样头的安装

① 将环形滤膜托架放在捕集板上，环型滤膜放托架上，用环型滤膜压环压紧，再依次安装冲击板和切割器帽，即完成 PM$_{2.5}$ 切割器的组装。

② 将圆形滤膜放在滤膜托网上，用滤膜压环压紧。然后将其放在下锥体上（内放密封垫）。最后将切割器旋在下锥体上，将上下两部分组装在一起，即完成 PM$_{2.5}$ 采样头的组装，如图 10.16 所示。

【注意事项】

切割器的材质是铝合金，注意各部件不能碰撞、摔落、损伤而发生变形，影响粒径捕集精度。

（3）现场安装

将采样器安装到三脚架上固定好，再将装好的采样头连在采样器上，仪器距离地面高度约 1.2～1.5m 之间。将主机连接好后，打开电源开关，仪器首先显示开机自检画面，然后进入采样主菜单，如图 10.17 所示。

此时若发现仪器背面的电风扇不转，检查后再采样，以免仪器内温度过高损坏仪器。若发现显示屏黑屏或无显示，调节面板上的对比度旋钮。

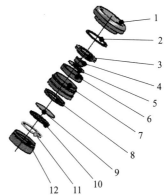

图 10.16　PM$_{2.5}$ 切割器结构图

1—切割器帽；2—密封垫；
3—PM$_{2.5}$ 冲击板；
4—环形滤膜压环；5—环形
滤膜托架；6—捕集板；7—外壳；
8—滤膜压环；9—滤膜；10—托网；
11—密封垫；12—下锥体

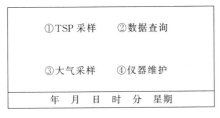

①TSP 采样　　②数据查询
③大气采样　　④仪器维护
年　月　日　时　分　星期

图 10.17　主菜单界面示意图

TSP 自动采样	
①开始采样	④采时：00h00m
②流量：100.0L/m	⑤间隔：00h00m
③延时：00h01m	
年　月　日　时　分　星期	

图 10.18　TSP 自动采样设置界面示意图

【注意事项】

a. 显示屏 1min 无操作输入，屏幕背光关闭，可按任何一个键开启背光。

b. 禁止在没有装滤膜的情况下开机。

① TSP 自动采样　在图 10.17 主菜单界面中，选择"TSP 采样"，按"确定"键进入 TSP 采样设置菜单，再选择"自动采样"，进入 TSP 自动采样状态，如图 10.18 所示。

在此菜单中，可根据需要设置"流量""延时""采时"和"间隔"。所有菜单中，按"↑""↓"键交替可选择各项参数，按"确定"键进入修改参数状态，按"→"键选择要修改的数据，按"＋""－"键修改参数值，最后按"→"键到确认状态（全黑），再按"确定"键确认参数值。设置结束后选择"开始采样"进入自动采样状态，如图 10.19 所示。

图 10.19　TSP 自动采样延时界面示意图　　图 10.20　TSP 自动采样界面示意图

仪器延时结束后开始自动采样，如图 10.20 所示。在此菜单下，若要终止 TSP 采样，连续按两次"返回"键，仪器显示返回到主菜单。

此菜单中，流量：实际采样流量，其大小依据提前设置的流量数值。

　　　　　　设时：提前设置的采样时间。

　　　　　　累时：累计采样时间。

　　　　　　大气压：提前测量的大气压值。

　　　　　　计温：当前流量计的计前温度

　　　　　　记压：当前流量计的计前压力。

　　　　　　实体：采样实际体积。

　　　　　　标体：采样标况体积。

采样时间到后仪器自动停止采样，记录标况体积等数据，点"返回"到初始界面再关机。

【注意事项】

a. 仪器的"延时"时间最少是 1min，不能设为 0。

b. 所有子菜单中，都是按"返回"键返回到上一级菜单，8min 内无操作输入也返回到上一级菜单。

c. 设置的参数至少可保存 10 年，下次开机采样时不必重新设置。

d. 可设置的最大采样时间为 24h 00min。

e. 仪器采样结束后，在关机之前必须退出采样功能，否则下次开机时仪器可能会无法按照设定的时间采样。

f. 如果在采样工作过程中，仪器意外断电，那么在其恢复供电后，仪器会继续断电之前的采样工作，直到将剩下的时间采完。

② 气象参数的设定　在主菜单画面下，选择"仪器维护"，按确定键进入"仪器维护"菜单，如图 10.21 所示，输入正确密码后，进入"仪器维护"界面，如图 10.22 所示。

图 10.21　密码输入界面示意图

在"仪器维护"界面，选择"气象参数标定"，按"确定"键，仪器进入大气压标定状态，如图 10.23 所示，将当前的大气压值输入当前气象中气压项中，设置完成点"确定"，再点"返回"，提示是否保存，确定保存，大气压力设定完成。

【注意事项】

标定气象中的气压和气温是仪器标定时设定的，所以不要更改这些参数，否则会影响仪器的准确度。仪器出厂前已校准。

图 10.22　仪器维护界面示意图　　　　　图 10.23　大气压修正界面示意图

10.3.2.3　KC-6120 型综合采样器的使用注意事项

① 若设置的采样流量小于 60.0L/min，则采样流量调整为 60.0，假设设置的采样时间小于 24h，若在采样过程中电源停电，再来电后将自动补偿采样累计时间，直至下一次采样前 30min 将停止采样，以免影响下一次采样。若设置的采样时间大于等于24h，则不论有无停电都将按设定的参数采样。

② 电机自动保护功能：TSP 采样若在一定时间内仍未达到设定流量且计压小于限值，将自动停止采样，等待 30min 后再启动采样检测。

③ 采样数据自动记忆：仪器将自动保存 TSP 采样时的累计时间、采样实际体积和采样标况体积、采样日期等数据，提供 80 组数据供操作者查询。

④ 在维护菜单中切勿随意改动动压、计压、流量和大气压菜单中的各项参数，以免影响采样流量的准确性。

⑤ 仪器采样结束后，在关机之前必须退出 TSP 自动采样功能和取消大气自动功能，否则下次开机时仪器可能会无法按照设定的时间采样。

⑥ 注意切勿触摸到仪器的电源插头以免造成人身伤害！

10.3.2.4　KC-6120 型综合采样器日常维护

① 仪器严禁不装滤膜开机运行，否则灰尘、杂物会被吸入传感器及采样泵，损坏仪器。

② 仪器在运输和使用过程中，尽量避免强烈的震动碰撞及灰尘、雨雪的侵袭。

③ 严防误接电源。请确认工作电源是 220V，如果误接其他工业电会对仪器造成直接损害，甚至造成人身伤害。

④ 电源须可靠接通后再打开仪器上的电源开关。

⑤ 关机后应间隔至少 30s 后再开机。

10.3.3　BY-2003P 数字式大气压力表

① BY-2003P 数字式大气压力表外部结构　如图 10.24 所示。

② BY-2003P 数字式大气压力表操作规程。

a. 将气压表暴露在大气中，保持气路通畅，按下开/关 "ON/OFF" 键，接通电源，显示屏显示的数字表示当前大气压力值。

b. 按下功能 "Function" 键，可以切换当前温度值，以℃表示。

c. 测量后再按下开/关 "ON/OFF" 键关闭电源。

③ BY-2003P 数字式大气压力表的使用注意事项。

图 10.24 BY-2003P 数字式大气压力表外部结构图
1—显示屏；2—功能 "Function" 键；3—开/关 "ON/OFF" 键

a. 使用本产品是要轻拿轻放，不要过度震动。

b. 禁止在超出工作温度范围下使用。

c. 长时间不用时应将表内的电池取出同时注意防潮。

d. 在使用、保存、运输过程中，必须保持导压管畅通，避免锈蚀、堵塞。

10.3.4 722N 型可见分光光度计

（1）722N 型可见分光光度计的外部结构

722N 型可见分光光度计的外部结构如图 10.25 所示。

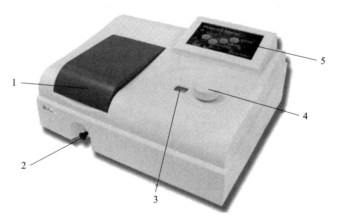

图 10.25 722N 型可见分光光度计外部结构图
1—样品室门（内是样品室，有比色皿支架）；2—比色皿架拉杆；
3—波长显示窗口；4—波长调节旋钮；5—触摸液晶显示屏

① 样品室门：打开样品室门将样品放入比色皿架内，关上后进行测量。

② 比色皿架拉杆：拉动比色皿架拉杆可使被测样品依次对准光路。

③ 波长显示窗口：显示当前波长值。

④ 波长调节旋钮：用于调节波长，转动波长调节旋钮时可改变显示窗口的波长值。

⑤ 触摸液晶显示屏：通过触摸点击各种操作模式进行仪器测量及功能转换。

（2）722N 型可见分光光度计的操作规程

① 测量前的调整

a. 打开仪器开关，进入仪器主菜单，将仪器预热 15min 后即可进行测量。

b. 旋转波长旋钮，使波长显示窗示数为测量波长。

c. 将盛有参比溶液的比色皿放入样品室中，并关好样品室门。

d. 点击液晶显示屏上功能键"光度测量"，进入光度测量模式，点击"T％/Abs"透射比与吸光度转换键，使显示屏显示透射比。

e. 拉动比色皿架拉杆将参比溶液对准光源后，点击 100％键进行调百，待液晶显示屏透射比为 100％时表示已调整完闭。

f. 打开样品室门，观察显示屏透射比是否显示为零，如不是则点击 0％键进行调零，待透射比为 0％时表示已调整完闭。

g. 将参比溶液再次对准光源，观察透射比值是否为 100％，如不是则再次进行调百和调零，直至参比溶液的透射比测量值为 100％，样品室门打开时透射比测量值为 0％时完成仪器的调整。

② 吸光度的测量。在完成仪器的调整后，点击"T％/Abs"透射比与吸光度转换键，使显示屏显示吸光度值，拉动比色皿架拉杆将盛有待测溶液的比色皿对准光源，读取显示屏所显示的吸光度值。

③ 测定完，关闭电源开关。取出比色皿，将比色皿用蒸馏水冲干净，放回原位。

注意：在测量过程中如果发现在打开样品室门时透射比值不为 0，拉入参比溶液时透射比值不为 100％，需重新进行仪器的调整。

（3）722N 可见分光光度计的使用注意事项

① 该仪器应放在干燥的房间内，使用时放置在坚固平稳的工作台上。

② 使用比色皿时，必须拿毛玻璃的两面，并且必须用擦镜纸擦干透光面，以保护透光面不受损坏或产生斑痕。使用比色皿前必须用待测溶液冲洗 3 次，以免改变溶液的浓度。

③ 为了避免仪器积灰和受潮，仪器在停止工作期间，应在样品室内放置防潮硅胶袋并用罩子罩住仪器。

④ 本仪器存储时应包装完好并存储于有遮蔽的仓库内，周围无酸性气体、碱及其他有害物质。仓库的环境温度在 $-25 \sim 40℃$ 之间，相对湿度不大于 85％。

10.3.5　BSA124S 电子分析天平

（1）BSA124S 电子分析天平的外部结构

BSA124S 电子分析天平的外部结构如图 10.26 所示。

（2）BSA124S 分析天平的操作规程

① 调水平：调整地脚螺栓高度，使水平仪内空气气泡位于圆环中央。

② 预热：天平在初次接通电源或长时间断电之后，至少需要预热 30min。为获得理想的测量结果，天平应保持在待机状态。

③ 开机：接通电源，按开关键，使称盘空载并按开关键，天平进行显示自检（显示屏所有字段短时点亮）显示天平型号，当天平显示回零时，天平即可进行称量。

④ 校准：为获得准确的称量结果，首次使用天平必须进行校准。校准应在天平经过预热并达到工作温度后进行，遇到以下情况必须对天平进行校准：首次使用天平称量

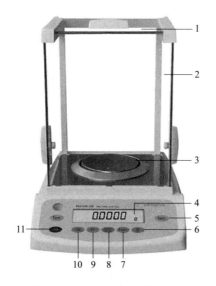

图 10.26 BSA124S电子分析天平外部结构图

1—玻璃天窗；2—玻璃侧门；3—秤盘；
4—显示屏；5—"Tare"按键；6—⊟ 按键；
7—"Enter"按键；8—"Select/Menu"按键；
9—"CF"按键；10—"Cal"按键；
11—开关按键

之前、天平改变安放位置后、称量工作中定期进行。

具体校准方法：

a. 准备好校准用的标准砝码，确保称盘空载。

b. 按"Tare"键：使天平显示回零。

c. 按"Cal"键：显示闪烁的 CAL—XXX，（XXX 一般为 100、200 或其他数字，提醒使用相对应的100g、200g 或其他规格的标准砝码），将标准砝码放到称盘中心位置，天平显示 CAL……，等待十几秒钟后，显示标准砝码的质量。此时，移去砝码，天平显示回零，表示校准结束，可以进行称量。如天平不回零，可再重复进行一次校准工作。

⑤ 称量：天平经校准后即可进行称量，使用除皮键，除皮清零。放置样品进行称量。称量时被测物必须轻拿轻放，并确保避免天平超载，以免损坏天平的传感器。

⑥ 关机：确保称盘空载后按开关键。

(3) BSA124S 分析天平的使用注意事项

① 将天平放在稳定的工作台上，避免振动、气流、阳光直射和剧烈的温度波动。

② 避免向天平上加载超过其称量范围的物体，绝不能用手压称盘或使天平跌落地下，以免损坏天平或使重力传感器的性能发生变化，另外称量一个物体（特别是较重的物体）一般不要超过 30s。

③ 使用去皮功能时，容器和待称物的总质量不可大于天平的最大称量。

④ 保持天平内外清洁，称量废弃物及时用刷子小心去除。

⑤ 当遇到各种功能键有误无法恢复时，重新开机即可恢复出厂设置。

⑥ 天平应一直保持通电状态（24h），不使用时将开关键关至待机状态，使天平保持保温状态，可延长天平使用寿命。

(4) BSA124S 分析天平的维护保养

① 在对天平清洗之前，将天平与工作电源断开。

② 称量废弃物用刷子小心去除。

③ 在清洗天平时，不能使用强力清洁剂（溶剂类等），应使用中性清洁剂浸湿的清洁布擦拭（擦拭不要让液体渗到天平内部），然后使用清洁布拭干。

10.3.6 CENTER-320 数字式噪声计

(1) 外部结构

CENTER-320 数字式噪声计外部结构如图 10.27 所示。

(2) 操作规程

① 打开电源，检查电量是否充足。

② 按下"LEVEL"上、下键，选择适合的测量档位，以不出现"UNDER"或"OVER"符号为主。

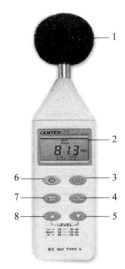

图 10.27　CENTER-320 数字式噪声计外部结构图

1—麦克风；2—显示屏；3—"A/C"键；4—"FAST/SLOW"键；5—"LEVEL"下键；

6—开/关键；7—"MAX/MIN"键；8—"LEVEL"上键

③ 若测量以人为感受的噪声量用 dBA，若测量分析机械噪声量用 dBC，按"A/C"键转换。

④ 若读取即时的噪声量用"FAST"，若获得当时的平均噪声量用"SLOW"，按"FAST/SLOW"键转换。

⑤ 若要取得噪声量的最大、最小值，按"MAX/MIN"键转换。

⑥ 测量时，手持噪声计以麦克风距离声源 1~1.5m 的距离测量，读取显示屏上的测量值。

⑦ 测量完毕，将检测器头盖盖回，关闭电源。

(3) 使用注意事项

(1) 请勿在高温、高湿环境下测量。

(2) 长时间不使用须取出电池，避免电池漏液损伤仪器。

(3) 麦克风头请勿敲击并保持干燥。

(4) 在室外测量噪声的场合，可在麦克风头装上防风罩，避免麦克风直接被风吹到而测量到无关系的杂音。

(5) 当显示屏上显示出 $\boxed{+\ -}$ 符号时，表示电池已经老化，必须更换电池后再使用。

参考文献

[1] 国家环境保护总局《水和废水监测分析方法》编委会．水和废水监测分析方法．4 版.北京：中国环境科学出版社，2002.

[2] 国家环境保护总局，空气和废气监测分析方法编委会．空气和废气监测分析方法．4 版.北京：中国环境科学出版社，2003.

[3] 周遗品．环境监测实践教程．武汉：华中科技大学出版社，2017.

[4] 陈穗玲,李锦文,曹小安．环境监测实验．广州：暨南大学出版社，2010.